1000
TRUCKS

1000 TRUCKS

Geschichte ▪ Klassiker ▪ Technik

© Naumann & Göbel Verlagsgesellschaft mbH, Köln
Autor: Hans G. Isenberg
Gesamtherstellung: Naumann & Göbel Verlagsgesellschaft mbH, Köln
Alle Rechte vorbehalten
ISBN 978-3-625-10767-5
www.naumann-goebel.de

Einleitung

Im Nachhinein erscheint alles so einfach. Karl Benz und Gottlieb Daimler entwickeln im Dezember 1883 unabhängig voneinander den schnell laufenden Verbrennungsmotor. Am 29. Januar 1886 erhält Karl Benz das Patent für den ersten Motorwagen. Somit war der Weg frei für die epochale Erfindung des Automobils. Genauer betrachtet verkehrten schon 40 Jahre vor dieser Erfindung etwa 100 Busse mit Dampfantrieb in den Straßen von London und anderen Großstädten Europas.

Haben sich nie persönlich kennen gelernt: Gottlieb Daimler (links) und Karl Benz.

Gottlieb Daimler stand mit seiner Erfindung also fast auf verlorenem Posten, ohne die Hilfe einiger technikbegeisterter Gönner wäre Daimler gescheitert. Die Früchte seiner Arbeit sackten erst die Nachfolger ein. Er selbst geriet mehrfach in akute Zahlungsschwierigkeiten mit seiner Motorenfirma, im Alter von 66 Jahren starb er 1900 an Herzversagen. Ein besseres Los zog sein einstiger Rivale Karl Benz. Sein Unternehmen war von Beginn an auf die Produktion von Personen- und Lastwagen ausgerichtet, weniger auf die Herstellung von Industrie- und Bootsmotoren, die Gottlieb Daimler anfangs favorisierte. Karl Benz wurde im April 1929 als wohlhabender Unternehmer in Ladenburg beigesetzt.

Mit dem Laster an die Front

Als Kriegsgewinnler konnten sich alle etablierten Lastwagenhersteller in Europa und den USA fühlen. Ihnen gelang zwischen 1914 und 1918 der echte Durchbruch zum besten Transportgerät für Mensch und Material. Auch an der Zuverlässigkeit der Laster gab es wenig zu mäkeln, nachdem Oberleutnant Hans Koeppen schon 1908 als erster Mensch die Erde in einem 30 PS starken Lastwagen der Firma Protos umrundet hatte. Mit Henry Ford an der Spitze florierte nun die kostengünstige Fließbandproduktion. Mit über zwei Millionen Automobilen glänzten die USA in den Zulassungszahlen, während in Deutschland gerade einmal 60 878 Fahrzeuge mit Benzinmotor, Dampf- oder Elektroantrieb unterwegs waren. Leider verschweigt die Statistik die sinnvolle Aufteilung in Personen- und Nutzfahrzeuge.

Der Selbstzünder lernt das Laufen

Anfang der 20er Jahre schossen neue Lastwagenfabriken wie Pilze aus dem Boden. 1920 waren allein in Deutschland 75 deutsche Automobilhersteller aktiv. 1924 brummten die ersten Dieselmotoren in deutschen Lastern. Noch bekriegte man sich an der Verkaufsfront heftig, aber technologisch war man sich bei Benz, Daimler und MAN einig: Dem Dieselmotor gehört die Zukunft. Letztlich gewann das bei MAN eingesetzte Direkteinspritzerverfahren das Rennen. MAN durfte die Erfindung der Saurer-Werke für seine eigenen Lastwagen nutzen. Nicht weniger bedeutend ist der Durchbruch in der Reifenentwicklung Mitte der 20er Jahre. Statt der bis-

Der 1921 von der Continental auf den Markt gebrachte Riesenluftreifen löste allmählich die Vollgummibereifung ab.

Geruhsame Zeiten fast ohne Straßenverkehr: Der Blick vom Dach des Stuttgarter Hauptbahnhofs auf das damals hochmoderne, heute denkmalgeschützte Planie-Gebäude zeigt den Wandel unserer Städte. Das Foto entstand noch vor dem Ersten Weltkrieg.

lang verwendeten Vollgummireifen konnten nun auch bei schweren Trucks so genannte Riesenluftreifen von Continental, Michelin, Dunlop und Goodyear aufgezogen werden. Mit der 1926 von der deutschen Bank initiierten Fusion von Daimler und Benz entstand endlich der passende Rahmen für beide Unternehmen, die wegen der galoppierenden Inflation in eine bedrohliche Schieflage geraten waren.

Dem Dampfwagen geht die Puste aus

In den USA setzt sich die Motorisierung der Massen auch in den 30er Jahren fort. Ford bedient den mittelständischen Handel mit seinen anspruchslosen Lastern. Autocar, Brockway, Chevrolet, Diamont T, Dodge, GMC, International Harvester, Mack und White, alle sind sie auf ihrem Gebiet bis nach den 60er Jahren erfolgreich. In Frankreich führt Citroen als erster europäischer Hersteller die Fließbandproduktion nach amerikanischem Muster ein. In England verschwinden erst Ende der 30er Jahre die genügsamen Dampflastwagen aus dem Verkehr. Leyland kriegt rechtzeitig „die Kurve" und setzt nun ganz auf selbst entwickelte Dieselmotoren. Auch in Skandinavien lösen sich Scania

und Volvo-Vabis von den amerikanischen Vorbildern und entwickeln eigenständige Trucks.

Einheitslaster für den Krieg

Gewagte Konstruktionen halten die Welt der Trucker in Deutschland in Atem. MAN liefert 1930 den stärksten dieselbetriebenen Lastwagen der Welt, der nun eine 100-prozentige Eigenentwicklung ist. Erzrivale Büssing holt zum großen Rundumschlag aus und versorgt ganz Europa mit seinen mächtigen Dreiachsern, Marktanteil in Deutschland: 95 Prozent. Bei Henschel entsteht derweil ein schnaufendes Ungetüm mit Dampfgeneratorantrieb. Daimler-Benz entwickelt sich nach dem glücklichen Ende der Weltwirtschaftskrise prächtig und rüstet nun auch kleinere Lastwagen und Personenwagen mit der von Bosch entwickelten Dieseleinspritzpumpe aus. Die Nationalsozialisten planen den Krieg, und alle deutschen Lastwagenhersteller freuen sich auf die volle Auslastung ihrer Montagebänder. Der Einheitslastwagen wird zum Kassenschlager in Deutschland, aber auch in Amerika, wo die Liberty-Trucks zu hunderttausenden von den Fließbändern rollen.

Neue Trucks aus Schutt und Asche

Nach dem Ende des Zweiten Weltkriegs beginnt die Suche nach verwertbarem Material, um neue Lastwagen daraus zu basteln. Technisch gesehen handelt es sich bei allen europäischen und amerikanischen Lastwagen um Vorkriegsmodelle. Erst 1950 startet die internationale Nutzfahrzeugindustrie wieder durch und zeigt auf der IAA Neuigkeiten, die Hoffnungen auf eine bessere Zukunft wecken. Ein schillerndes Glanzlicht stellt der Krupp Titan dar, der von einem Zweitakt-Dieselmotor angetrieben wird. Nicht weniger kolossal präsentiert Daimler den neuen Mercedes L 6600 mit ellenlanger Schnauze. MAN stellt den ersten Motor mit Turbolader vor, verzichtet allerdings auf eine Serienproduktion. Nicht zuletzt lässt der pummelige VW-Bully Handwerker vom Wirtschaftswunder auf Rädern träumen. Nun werden auch in den USA die ersten Trucks serienmäßig mit Dieselmotoren ausgestattet. Nicht um Sprit zu sparen, sondern wegen der besseren Durchzugskraft bei niedrigen Drehzahlen. Auch in Russland, China und im fernen Japan entstehen Lastwagenfabriken, nur interessiert dies hier zu Lande keinen.

Mit dem Turbolader zum Erfolg

Eine wahre Revolution bedeutet 1954 Volvos kühner Versuch, die kraftfördernde Turboaufladung durchzusetzen. Ein waghalsiges Experiment, zugegeben. Aus knapp 10 Litern Hubraum sollten 185 Pferde galoppieren? Einige Kollegen sehen für den schwedischen Hersteller einen „Selbstmord auf Raten" voraus. In der harten Praxis bewährt sich der aufgeladene Volvo Titan weit besser als von vielen Experten erwartet. Sechs Jahre später ist MAN mit von der Partie und rüstet seine Fernverkehrszüge mit Turboladertechnik aus. Nun gibt es kein Halten mehr, alle ziehen nach, bis auf einen – Borgward. Die angesehene Bremer Firma geht 1961 in Konkurs. Es ist der Beginn einer Flut von Kooperationen, Übernahmen und vielen Zusammenbrüchen traditioneller Firmen in den kommenden Jahren.

In den 60er Jahren steckte die Geschwindigkeitsmessung mit den neuen Radargeräten noch in den Kinderschuhen, aber die Jagd auf zahlungskräftige Verkehrssünder entpuppte sich rasch als willkommene Einnahmequelle für die finanzschwachen Kommunen. Der hübsche DKW 3-6 im Hintergrund galt mit 40 PS und einer Höchstgeschwindigkeit von knapp 120 km/h als betont sportliches Fahrzeug.

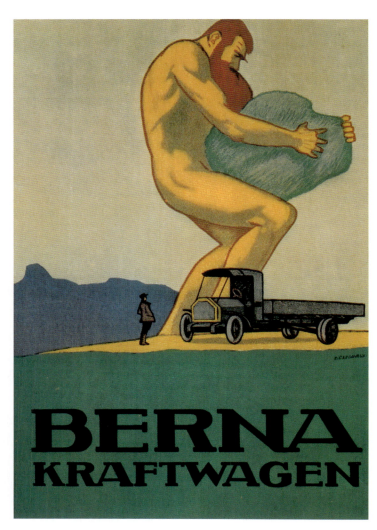

Konfrontation auf allen Ebenen

Das hochgelobte deutsche Wirtschaftswunder ist Vergangenheit. Die Kleinen werden geschluckt, die Großen beherrschen den Markt. Krupp stolpert über seine eigenen Fehler und gibt die Lastwagenproduktion 1968 komplett auf, Hanomag und Henschel schließen sich notgedrungen zusammen. Faun und Kaelble geraten ins Wanken mit ihren Kleinserien, und auch in England flackern die Lichter in den Werkshallen von Atkinson und Seddon. 1969 reißt es die deutschen Fernfahrer von den Sitzen bei dieser Eilmeldung: Büssing ist pleite. MAN übernimmt die Reste und festigt dadurch seine Position als legitimer Nachfolger des einstigen Weltmarktführers bei den schweren Dreiachsern.

Die Starken schlucken die Schwachen

Scania ist in den 70er und 80er Jahren der neue Shootingstar der Branche. Kalt erwischen die Schweden ihre Konkurrenten 1969. Der neue Scania-Achtzylinder bringt 350 PS auf die Straße. Nur wenige amerikanische Riesenmotoren waren bislang zu ähnlicher Leistungsentfaltung fähig. Nun setzt in Europa und den USA ein gigantisches Wettrüsten um mehr Leistung und gleichzeitig geringeren Verbrauch ein. „Verschlafene" oder sagen wir freundlicher traditionsbezogene Unternehmen manövrieren sich innerhalb weniger Jahre ins Abseits. Magirus-Deutz verliert mit seinen luftgekühlten Motoren den Anschluss und muss mit Fiat, Lancia, OM und Unic 1975 eine „Vernunftehe" mit dem Namen Iveco eingehen, die sich langfristig betrachtet als Glücksfall erweist. Die sympathische Mutter aller Truckhersteller, Berliet, wird vom staatlichen Konzern Renault 1978 „in die Arme genommen". In der Schweiz kollabieren 1982 Saurer, Berna und FBW trotz der vielen Innovationen, die vom Bodensee kamen. Auch in England und den USA schlagen die Wellen hoch. DAF übernimmt den einstigen Marktführer Leyland und gerät damit selbst in die Bredouille. ERF, Foden und Seddon Atkinson führen ein Mauerblümchendasein auf der Insel und hoffen auf einen starken Partner. Wie ein Fels in der Brandung steht die Nutzfahrzeugabteilung von Daimler-Benz in dieser hektischen Periode da. Nach wie vor steigert sich die PKW-Produktion von einem Rekordergebnis zum nächsten und spült frisches Geld in die Entwicklung neuer Lastwagenmodelle. Daimler-Benz forciert den Zukauf interessanter Unternehmen wie Freightliner in den USA und baut sich zum Weltmarktführer der ganzen Branche auf. Im Gegenzug übernimmt Volvo den amerikanischen Konkurrenten White und dessen Töchter Autocar und Diamont. MAN behält die Selbstständigkeit und schluckt unter anderen so traditionsreiche Unternehmen wie Pegaso, ERF, Steyr und kauft 2009 von der Volkswagen AG das südamerikanische Tochterunternehmen VW do Brasil.

Fortschritt ohne Limit

Hightech wird Mitte der 90er Jahre zum geflügelten Wort in der Branche. Mit der Öffnung der

Grenzen im vereinten Europa gerät der Bahntransport immer mehr ins Abseits. Verheerende Unfälle durch Bremsversagen werden von der Öffentlichkeit zu Recht an den Pranger gestellt. Die Hersteller reagieren darauf mit deutlich verbesserten, elektronisch überwachten Bremssystemen und Stabilitätsprogrammen wie ESP. Scheibenbremsen gehören nun zum Standard moderner Trucks. Statt der bei jedem Schaltvorgang rußenden Oldies werden nun modernste Pumpe-Düse-Einspritzsysteme eingebaut, die als Common Rail-System ab 2000 Stand der Technik sind. Für noch mehr Leistung sorgen neue Turbolader mit variabler Geometrie, und nicht zuletzt statten alle bedeutenden Hersteller ihre Trucks mit Vierventilmotoren und Automatikgetrieben aus. Die 600 PS-Grenze wurde von Volvo, MAN und anderen Herstellern schon geknackt, ein beispielloser Kraftakt aus jeder Perspektive. Die geruhsamen Zeiten sind seit der Einführung des Mautsystems und der hitzigen Feinstaubdiskussionen endgültig vorbei. Mit äußerst rigiden Emissionsschutzgesetzen werden alle Hersteller auch in Zukunft so auf Trab gehalten, dass es nur noch eine Frage der Zeit ist, bis die verbliebenen Hersteller weitere Kooperationen oder Fusionen eingehen werden.

Verlag und Autor wünschen ihren Lesern anregende Stunden bei der weiterhin spannenden Geschichte unserer Lastwagen.

Bescheidener Anfang: 1911 passt die gesamte Belegschaft der amerikanischen Mack-Werke noch in einen Omnibus.

13

1898 – 1945
Der Diesel macht das Rennen

Der Diesel macht das Rennen

In den letzten 100 Jahren wurden über 4500 Lastwagen-Firmen gegründet, deren Besitzer nur ein Ziel vor Augen hatten: Besser zu sein als die anderen Hersteller und reich damit zu werden.

Der Lockruf des Geldes erfasste in den Gründerjahren nicht nur geniale Konstrukteure wie Gottlieb Daimler, Karl Benz oder Wilhelm Maybach, die ihr Handwerk gelernt hatten. Einige der amerikanischen Pioniere, ehemalige Holzhändler, Bordellbesitzer oder auch Bankiers, schlossen sich diesen Zeiten des großen Aufbruchs an. Oft reichte es den Glücksrittern nur zu einer Klitsche, und nach ein paar Exem-

plaren war schon Schluss, andere verspielten ihr ganzes Vermögen oder gaben sich die Kugel. Schon 1910 war es kein Problem mehr, sämtliche Einzelteile eines Trucks anliefern zu lassen. Aus diesem Puzzle entstand dann eine neue Lastwagen-Marke.

In Europa konnte sich die Schweizer Firma Saurer zum wichtigsten Motorenlieferant für später bedeutende Firmen hocharbeiten. Die ersten Pritschenwagen von MAN entstanden aus Saurer-Komponenten. In Frankreich entwickelte sich aus dem dortigen Saurer Motorenwerk der bedeutende Schwerlastwagenhersteller Unic. Saurer Österreich wurde zu Steyr, und aus der Saurer Verkaufsniederlassung in den USA entstand Mack. Die Schweizer belieferten selbst Russland und Japan sowie einige nordafrikanische Länder mit kompletten Lastwagen und Motoren.

Schon vor dem Ersten Weltkrieg standen 467 amerikanische Lastwagenhersteller in den Büchern der Handelskammer, bis 1940 stieg die Zahl auf über 2000 an. Für diese Entwicklung gab es stichhaltige Gründe. Nach dem Ersten Weltkrieg wurden tausende ehemaliger Militärlastwagen, die meist von Mack und White stammten, wieder in die USA verschifft. Dort erfolgte dann der Umbau in alltagstaugliche Laster für den Straßenbau mit neuen Benzinmotoren von Buda, Continental, Hercules, Herschell-Spillmann, Waukesha und Wisconsin. Aus Alt mach Neu – der ramponierte

Armeelaster von White mutierte zu einem AA All American- oder Moreland-Truck. Kein einziger dieser damals bedeutenden Motorenhersteller überlebte. An ihre Stelle traten Lycoming, Cummins, Caterpillar und Detroit Diesel. Lycoming verlagerte seine Interessen schon in den 40er Jahren auf Flugmotoren, während die drei anderen Kollegen nun dem europäischen Vorbild folgten und für schwere Trucks Dieselmotoren anboten. In einem Punkt waren sich alle Hersteller einig: Das Chassis bauen wir selbst, die Motoren und Getriebe kaufen wir bei den Motorenlieferanten. In den 30er Jahren stiegen die Zulassungszahlen nach Ende der Weltwirtschaftskrise rasant an, entsprechend motiviert warben die amerikanischen Hersteller für ihre Modellpalette. General Motors` bestes Pferd im Stall, GMC, hatte zwischen dem leichten 1,5 Tonner und dem schweren 15 Tonner 395 (!) verschiedene Modelle im Angebot. Wurde Größenwahn zur Berufskrankheit in der amerikanischen Automobil-Industrie?

Mit anderen Leiden kämpfte vor dem Zweiten Weltkrieg ein beachtlicher Teil der englischen Hersteller. Sie hielten trotz der aufwändigen und zeitintensiven Wartung an ihren Dampflastwagen fest, obwohl die Lastwagen vom Festland doppelt so hohe Nutzlasten in gleicher Zeit transportieren konnten. Erst Mitte der 30er Jahre rissen die meisten Dampfwagenhersteller das Ruder herum und verschrieben sich den neuen Dieselmotoren. Tradition kann auch geschäftsschädigend sein. Wer kann sich heute noch an die wuchtigen Schwerlastwagen von AEC, Commer oder Thornycroft erinnern? Selbst Leyland, Großbritanniens absoluter Marktführer in den 30er bis 60er Jahren, ist fast vergessen. Von Guy, Scammell oder Sentinel erzählen nur noch wenige Automobil-Historiker.

Bei Renault in Frankreich entstand 1925 der erste Dieselmotor. 1939 bestritt Renault schon 40 Prozent der französischen LKW-Produktion. Berliet führte die schwere Klasse an. In Deutschland und Italien wuchs der Bestand an Lastwagen aller Klassen bis 1940 stetig an. Aber immer noch rollten 80 Prozent aller weltweit zugelassenen Lastwagen aus amerikanischen Fabriken.

AEC – Mit dem Doppeldecker zum Erfolg

Die britische Firma Associated Equipment Co. Ltd., kurz AEC genannt, ist heute nur noch Oldtimer-Fans bekannt, obwohl sie zu den bedeutendsten Nutzfahrzeugherstellern weltweit gehörte. 1912 gegründet, schlossen sich 1979 für immer die Fabriktore. Ein Großteil der Londoner Doppeldecker-Busse entstand bei AEC. Weniger bekannt sind die Schwerstlastwagen von AEC, die auch in Australien und Südafrika montiert wurden.

AEC Monarch

Schon der erste Doppeldecker-Bus von AEC erfreute die Londoner Bevölkerung. Bis zu 34 Personen fanden darin Platz. Für damalige Zeiten war der 39 PS starke Petroleum-Vierzylindermotor der passende Antrieb. Unser Foto zeigt einen AEC Monarch Viertonner von 1935.

Modell:	AEC Monarch
Baujahr:	1935
PS/kW:	60 PS/44 kW
Hubraum ccm:	5800
Motortyp:	R/6 Zylinder

Ahrens-Fox

In den amerikanischen Städten waren verheerende Großbrände in den 20er und 30er Jahren keine Seltenheit. Holz galt damals als bestes Baumaterial für die rationelle und preiswerte Fertigung ganzer Stadtteile. Ahrens-Fox bestückte seine hochwertigen Feuerlöschwagen meist mit Hercules- oder Waukesha-Benzinmotoren. Unser Foto zeigt einen holländischen Ahrens-Fox von 1927 mit Continental-Motor.

Modell:	Ahrens-Fox
Baujahr:	1927
PS/kW:	78 PS/57 kW
Hubraum ccm:	5200
Motortyp:	R/6 Zylinder

Ahrens-Fox – Beste Qualität aus Cincinnati

1911 entstand der erste Ahrens-Fox Feuerwehrwagen. Trotz eines treuen Kundenstamms besaß Ahrens-Fox in den nächsten 50 Jahren nie die finanzielle Stärke für eine marktbeherrschende Rolle, die in Nordamerika erforderlich ist. So ging die Firma mehrmals in andere Hände über. 1961 erfolgte die vollständige Übernahme durch Mack, wo die Innovationen von Ahrens-Fox nun in die eigene Firecoach-Reihe integriert wurden.

Albion – Feine Trucks aus Glasgow

Die ersten Eintonner-Lastwagen von Albion entstanden um die Jahrhundertwende in einer kleinen Werkstätte bei Glasgow. Das genaue Datum der Firmengründung ist auch britischen Historikern nicht bekannt. Als Ausrüster für die Alliierten Streitkräfte im Ersten Weltkrieg lieferte Albion dann über 6000 Dreitonner, die sich bestens bewährten.

Albion 35

Im fernen Schottland wurde dieser hübsche Albion 1929 einer Bierbrauerei übergeben. Ausstellbare Frontscheiben galten damals als unverzichtbar, denn selbst im regenreichen Schottland gibt es sonnige Tage. Zur leichteren Kontrolle von Motor und Zubehör konnte das ganze Fahrerhaus mit wenigen Schrauben abmontiert werden. Albion wurde 1972 von Leyland übernommen.

Modell:	Albion 35
Baujahr:	1929
PS/kW:	35 PS/26 kW
Hubraum ccm:	3480
Motortyp:	R/4 Zylinder

Amedée Bollée Dampfwagen

Im gesamten Europa und Amerika wurden vor 1900 ganz erstaunlich leistungsfähige Dampfwagen hergestellt, die als Transportmittel für den Personen- und Gütertransport dienten. Unser Foto zeigt einen französischen Dampfwagen von 1875, der als Droschke viele Jahre in der Schweiz eingesetzt wurde und auch heute noch voll funktionsfähig ist.

Modell:	Amedée Bollée Dampfwagen
Baujahr:	1875
PS/kW:	ca. 12 PS/9 kW
Motortyp:	Dampfmaschine

Bedford – Amerikanische Verwandtschaft mit Folgen

Den Mut zum riskanten Investment zeigte General Motors schon vor dem Zweiten Weltkrieg. Mitten in der größten Wirtschaftskrise aller Zeiten stellte GM in Hendon und Luton bei London zwei Fabriken auf die Beine. Hier wollte GM den Erfolg seiner amerikanischen Lastwagen-Baureihe unter dem Namen Bedford duplizieren.

Bedford WHB

Als sich General Motors 1930 in den USA entschloss, eine Fabrikationsstätte in England zu errichten, wurden die ersten Bedfords Kopien der amerikanischen Chevrolet-Lastwagen. Das Foto zeigt einen der ersten Bedford WHB vcn 1931, der auch als Bus für 14 bis 20 Personen in der WHL-Version angeboten wurde.

Modell:	Bedford /VHB
Baujahr:	1934
PS/kW:	44 PS/32 kW
Hubraum ccm:	3200
Motortyp:	R/6 Zylinder, Benzin

Benz – Der Pionier setzt sich durch

Das erste erfolgreiche Fahrzeug mit Verbrennungsmotor entwarf Karl Benz. Trotz der immensen Probleme mit der Finanzierung seiner kühnen „Träume" gelang es ihm und seiner Frau Berta, neue Geldgeber zu finden. Mit dem Hoffotografen Emil Bühler und einigen Teilhabern gründete er 1882 die Gasmotorenfabrik in Mannheim. Das Aktienkapital betrug 100 000 Goldmark. Schon drei Monate später schied Karl Benz im Streit mit seinen Geldgebern aus der neuen Firma aus. Fast ohne eigenes Kapital versuchte Karl Benz einen Neuanfang und gründete die Benz & Co Rheinische Gasmotorenfabrik in Mannheim. Am 29. Januar 1886 erhielt der 44 Jahre alte Konstrukteur endlich das lang erwartete Patent für den ersten Motorwagen der Geschichte.

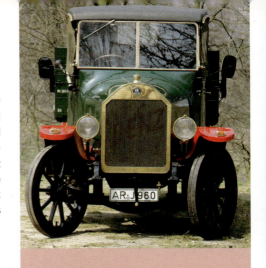

Büssing – Beste Qualität aus Braunschweig

Schon der erste Dreitonner-Lastwagen der 1903 gegründeten H. Büssing AG konnte überzeugen. Das Braunschweiger Familienunternehmen verkaufte Lizenzen nach England, Budapest und Wien und etablierte sich rasch als Spezialist für robuste und leistungsstarke Lastwagen, die nichts krumm nahmen. Der gute Ruf wurde 1909 mit der Vorstellung des ersten Sechszylindermotors in der Lastwagengeschichte untermauert. Mit einer Leistung von 90 PS legte dieser Benzinmotor das Fundament für immer größere und stärkere Lastwagen, die in ganz Europa Furore machten.

Büssing

Man schrieb das Jahr 1931. Büssing übernimmt seinen Hauptkonkurrenten, die NAG, (Nationale Automobil AG Berlin und Leipzig), und verfügt nun über eine breite Palette von Lastwagen und Busse. Das Foto zeigt einen hervorragend restaurierten Büssing-Pritschenwagen, der an der Hinterachse noch mit Vollgummireifen bestückt ist. Ab 1930 wurden dann alle Büssing-Lastwagen und Busse mit den komfortablen Luftreifen ausgerüstet.

Modell:	Büssing
Baujahr:	1929
PS/kW:	70 PS/51 kW
Hubraum ccm:	9300
Motortyp:	R/6 Zylinder

Benz-Gaggenau

Die meisten Lastwagen der Benz & Co Rheinische Automobil und Motorenfabrik AG wurden nach der Übernahme der Süddeutschen Automobil Fabrik GmbH im Badischen Gaggenau montiert. Aus dieser Fusion von 1910 entstand das neue Firmenlogo Benz-Gaggenau. Bei den leichteren 1,5-Tonnern setzten die Benz-Werke auf den neuartigen Kardanantrieb. Der bewährte Kettenantrieb verhalf den 2,5- bis Fünftonnern beim Biertransport und ähnlich schweren Gütern zum gemächlichen Vorankommen mit der schweren Last. Das Foto zeigt einen Fünftonner der Brauerei Veltins.

Modell:	Benz-Gaggenau
Baujahr:	1920
PS/kW:	40 PS/29 kW
Hubraum ccm:	4280
Motortyp:	R/4 Zylinder

Buick – Trucks ohne Fortune

In der Sturm- und Drangzeit der ersten Jahre gelang es David Dunbar Buick 1903, einen Zweizylinder-Boxermotor zur Serienreife zu entwickeln. 1904 wurden die ersten Buick-Personenwagen mit einem deutlichen Minus in der noch jungen Firmenkasse verkauft. Die nächsten drei Jahre brachten dann mit dem neuen Mehrheitsaktionär William C. Durant den Durchbruch an der Verkaufsfront. Nur vom Ford T-Modell geschlagen, avancierte Buick, inzwischen im General Motors Konzern etabliert, 1907 zum zweitstärksten Automobilproduzenten Amerikas. Der Ausflug in die Lastwagenszene blieb 1922 nur ein kurzes Zwischenspiel ohne weitere Folgen.

Buick SD4

Nur ein Jahr lang stellte Buick selbst Lastwagen her. Unser Foto zeigt diesen ganz seltenen Eintonner-Buick SD4 von 1922/23, der in den wesentlichen Teilen aus der Personenwagenproduktion stammt. Buick lieferte in den kommenden Jahren ein verlängertes PKW-Chassis nebst Motoren und Getriebe an andere Hersteller wie Flexible/Ohio, die dort zur Montage von Feuerlöschwagen oder auch für Busse verwendet wurden.

Modell:	Buick SD4
Baujahr:	1923
PS/kW:	30 PS/22 kW
Hubraum ccm:	2800
Motortyp:	R/4 Zylinder

Chevrolet – Ein Schweizer Rennfahrer wird zum Unternehmer

Der Schweizer Louis Joseph Chevrolet galt zwischen 1905 und 1915 als einer der besten Rennfahrer Amerikas. Sein überlegener Sieg beim berühmten Vanderbilt Cup öffnete ihm eine zusätzliche Karriere als Unternehmer. Ein verlockendes Angebot von William Durant, dem Mehrheitsaktionär von Buick, stieß diese Tür vollends auf. Gemeinsam lancierten sie die sportlich angehauchte Marke Chevrolet, die ab 1918 auch Lastwagen unter dem Label Chevrolet Motors Corp. im neu firmierten General Motors Konzern herstellte.

Chevrolet LP Capitol

Ein hervorragend restaurierter Chevrolet LP Capitol von 1927. An der Verbindungsstange zwischen den Scheinwerfern erkannte damals jeder Autofan: Hier ist der neue Chevrolet Capitol im Einsatz. Nicht weniger beeindruckend waren damals die 30x5er Luftreifen auf den teilbaren Felgen und das Vierganggetriebe.

Modell:	Chevrolet LP Capitol
Baujahr:	1927
PS/kW:	28 PS/20 kW
Hubraum ccm:	3700
Motortyp:	R/4 Zylinder

Chevrolet Independence 194

Von 1931 stammt dieser tadellos erhaltene Chevrolet Independence 194 cid Feuerlöschwagen. Independence heißt Unabhängigkeit. Auffallend sind die schön geformten Disc-Wheels. Sie wurden nur zwischen 1929 und 1931 angeboten.

Modell:	Chevrolet Independence 194
Baujahr:	1931
PS/kW:	50 PS/37 kW
Hubraum ccm:	3179
Motortyp:	R/6 Zylinder, Benzin

Chevrolet KP

Mitten im Krieg präsentierte Chevrolet seine neue Modellreihe KP, die 60 Typen mit neun Aufbaulängen umfasste. Das Bild zeigt einen leicht getunten 1,5-Tonner Pickup von 1941. Erst 1948 folgte dann eine neue Baureihe mit deutlich mehr Chrom an der Front.

Modell:	Chevrolet KP
Baujahr:	1941
PS/kW:	90 PS/66 kW
Hubraum ccm:	3850
Motortyp:	R/6 Zylinder

Chrysler – Halbe Fahrt voraus

William Chryslers Personenwagen gehörten vor dem Zweiten Weltkrieg zur absoluten Spitze der Automobiltechnik. Selbst Luxuswagen mit 16-Zylindermotoren wurden hier an die Prominenz verkauft. So ist es kein Wunder, dass das Interesse am Nutzfahrzeug äußerst verhalten ausfiel. Mit dem Zukauf von Dodge 1929 änderte sich die Einstellung dann grundlegend.

Chrysler XM 400

Für militärische Aufgaben stellte Chrysler in den 40er Jahren zahlreiche Amphibienfahrzeuge her, die sich auch für zivile Zwecke eignen, wie dieses Foto von 1985 zeigt. Der Antrieb erfolgt nur durch die Rotation der sechs oder acht angetriebenen Räder. Wie bei den meisten Fahrzeugen dieser Bauart besteht der ganze Aufbau aus hochfestem Aluminium.

Modell:	Chrysler XM 400
Baujahr:	1942
PS/kW:	160 PS/118 kW
Hubraum ccm:	4890
Motortyp:	R/6 Zylinder

Citroen – Keine Angst vor der Blamage

Wie kaum ein anderer Unternehmer stürzte sich André Citroen in waghalsige Unternehmungen und Expeditionen, die auch heute noch Bewunderung verdienen. Als Spezialist für Großmotoren-Getriebe für Passagierdampfer verdiente der junge Ingenieur so viel Geld, dass er für die französischen Streitkräfte eine Waffenproduktion aufziehen konnte. Nach Ende des Ersten Weltkriegs trennte sich Citroen von diesem Geschäft und begann 1919 mit einer Automobilproduktion nach amerikanischem Großserien-Muster. Parallel zur Fertigung von Personenwagen sollten Nutzfahrzeuge in kleinerem Umfang hergestellt werden. Letztlich wurden beide Vorhaben trotz der hohen Kosten realisiert. Die Entwicklung des revolutionären Fronttrieblers Citroen Traction Avant verschlang 1934 die letzten Reserven im Entwicklungsbudget. Nun übernahm Michelin die Regie im Hause Citroen.

Citroen Sahara B2

Am 16. Dezember 1922 brachen fünf Citroen-Kettenfahrzeuge in Algerien zur ersten Sahara-Durchquerung mit einem motorisierten Fahrzeug auf, deren alle zehn Teilnehmer schon am 7. Januar 1923 ihr Ziel Timbuktu/Westafrika erreichten. Die sensationelle Nachricht ging um die Welt und festigte das Vertrauen in den französischen Erfindergeist und die Marke Citroen. Eine weitere Expedition führte über 20 000 Kilometer quer durch Afrika bis zum Indischen Ozean.

Modell:	Citroen Sahara B2
Baujahr:	1922
PS/kW:	26 PS/19 kW
Hubraum ccm:	1800
Motortyp:	R/4 Zylinder B

Citroen C6 P21 Kegresse

Keine andere Expedition erforderte einen ähnlichen logistischen und technischen Aufwand wie die berühmte „Gelbe Expedition 1931–1932" von Citroen. Die Strecke führte von Beirut am Mittelmeer über den Himalaya bis nach Peking/China. Und wieder bewährten sich die Citroen-Kettenfahrzeuge hervorragend. Die Trommel an der Vorderachse soll das ungewollte Aufsitzen verhindern. In die Radnaben sind Untersetzungsgetriebe eingebaut, zwei Laufräder sind angetrieben, das dritte Rad läuft leer mit. Die Ketten sind aus einem flexiblen Gummimaterial.

Modell:	Citroen C6 P21 Kegresse
Baujahr:	1931
PS/kW:	40 PS/29 kW
Hubraum ccm:	2442
Motortyp:	R/6 Zylinder B

Citroen C6F Kegresse

Die Überquerung des Himalayagebirges auf schmalsten Eselspfaden und 40-prozentigen Steigungen war eine unmenschliche Tortur. Einmal mussten die Fahrzeuge wegen eines unpassierbaren Erdrutsches in dreitägiger Arbeit komplett zerlegt werden. Einheimische Träger schleppten dann die 30 kg schweren Einzelteile auf die sichere Seite. Vier Tage später standen die Fahrzeuge wieder zur nächsten Etappe bereit.

Modell:	Citroen C6F Kegresse
Baujahr:	1931
PS/kW:	40 PS/29 kW
Hubraum ccm:	2442
Motortyp:	R/6 Zylinder B

Cugnot Traktor 1769

Vor den Augen des französischen Kriegsministers demonstrierte Kapitän Nicolas Joseph Cugnot 1769 die Einsatzbereitschaft seines Traktors, der mit Dampf angetrieben wurde. Cugnot gilt als Erfinder des ersten selbst angetriebenen Fahrzeugs der Geschichte. In den nächsten beiden Jahren wurden noch zwei deutlich verbesserte Traktoren dieser Bauart vor einigen Tausend Schaulustigen vorgestellt. Cugnots Dampftraktor war in der Lage, ein vier Tonnen schweres Artilleriegeschütz im Fußgängertempo voran zu bewegen.

Modell:	Cugnot Traktor 1769
Baujahr:	1769
PS/kW:	ca. 2 PS/1,5 kW
Motortyp:	Dampfmaschine

DAF – Frisches Denken aus dem Land der Tulpen

Mit einer kleinen Werkstätte für Bootsreparaturen und Schweißarbeiten begann 1928 die erstaunliche Karriere der Gebrüder van Doorne. Mehr Geld ließ sich dann mit dem kompletten Bau von Hängern verdienen, die im Gegensatz zu den verschraubten Hängern der Kollegen mit dem neuen Elektro-Schweißverfahren gefertigt wurden. Erst nach dem Zweiten Weltkrieg begann die Serienproduktion von Last- und Personenwagen der Marke DAF.

DAF Losser

Die holländischen Brüder Hub und Wim van Doorne konstruierten schon 1936 wohl den ersten Container, der wahlweise für den Eisenbahntransport als auch für den Transport auf ihren Lastwagen geeignet war, wie das Foto zeigt. Der Container war etwa drei Meter lang und konnte mit rund 3,5 Tonnen Ware beladen werden.

Daimler – Die Erfolgsstory 1. Teil

Gottlieb Daimler ist laut der Patentschrift 280 22 vom 16. Dezember 1883 der Erfinder des ersten schnell laufenden Benzinmotors. Ohne seinen Kollegen und Teilhaber Wilhelm Maybach wäre der an einer Herzschwäche leidende Gottlieb Daimler wohl kaum in der Lage gewesen, seine Erfindung marktreif zu präsentieren, denn Elektro- und Dampfwagen bestimmten damals noch den motorisierten Verkehr zu Wasser und auf den Straßen. Dass sich der schnell laufende Benzinmotor trotz aller Versorgungsprobleme mit Treibstoff letztlich um die Jahrhundertwende durchsetzte, ist der Kreativität und dem Geschäftssinn dieser beiden Erfinder und Karl Benz zu verdanken.

Die 1890 gegründete Daimler-Motoren-Gesellschaft kann 1903 ihr neues Werk in Stuttgart-Untertürkheim beziehen. Im Frühjahr 1903 werden 821 Mitarbeiter gezählt und ein Jahr später stehen schon 2 200 Schwaben auf der Gehaltsliste. Das historische Foto zeigt die damals hochmoderne Schlosserei. Nach einem Arbeitskampf erzwingt die Arbeiterschaft die Reduzierung der täglichen Arbeitszeit ab dem 2. April 1906 von Montag bis Samstag auf neun statt der bisherigen zehn Stunden. Erst am 1. Mai 1911 wird der freie Samstag-Nachmittag eingeführt, freilich unter Beibehaltung der 54-Stunden-Woche.

Daimler LKW Nr. 1

Den ersten Lastwagen mit Verbrennungsmotor stellte die Gottlieb Daimler Motorengesellschaft in Berlin-Marienfelde 1896 auf die Räder. Die Basis für diesen leichten Transporter lieferte ein Personenwagen-Modell mit Riemenantrieb und stehendem Zweizylindermotor vom Typ Phoenix mit etwa fünf PS. Die Nutzlast betrug 800 kg. Verkauft wurde das gute Stück für 6 600 Reichsmark. Ausgestattet war dieser Erstling mit einem Viergang-Wechselgetriebe und einem Rückwärtsgang. Schon im darauf folgenden Jahr konnte Daimler fünf leichte und mittelschwere Lastwagen von 1,5- bis zu fünf Tonnen in ganz Europa anbieten.

Modell:	Daimler LKW Nr. 1
Baujahr:	1898
PS/kW:	5 PS/37 kW
Hubraum ccm:	1530
Motortyp:	R/2 Zylinder

Delahaye 140.113

Delahaye gehörte bis 1956 zur Elite der französischen Automobilhersteller durch seine Luxussport- und Grand Prix-Rennwagen. Schon 1908 entstand bei Delahaye der erste Feuerlöschwagen mit einem 72 PS starken Achtzylinder-Reihenmotor. Das Foto zeigt einen Delahaye-Sechszylinder von 1936 mit einem Tankvolumen von 400 Liter. Die Firma Ratteau lieferte die Pumpeneinrichtung.

Modell:	Delahaye 140.113
Baujahr:	1936
PS/kW:	113 PS/83 kW
Hubraum ccm:	3558
Motortyp:	R/6 Zylinder

Diamond T 353 District Pumper

Das Verkaufsprogramm der Diamond-Werke enthielt vor dem Zweiten Weltkrieg nicht nur Lastwagen in allen Variationen. Auch die Feuerwehrfahrzeuge verkauften sich prächtig, denn der große Börsencrash war 1936, als dieser Wagen ausgeliefert wurde, überstanden. Stolz vermeldete Diamond in seinem Verkaufsprospekt: 150 Städte in Amerika können sich nicht irren – auf Diamond-Feuerwehrwagen ist Verlass. 1200 Liter Löschwasser pro Minute pumpt dieser fein restaurierte 353 in den Brandherd. Eingebaut ist ein Hercules-Benzinmotor.

Modell:	Diamond T 353 District Pumper
Baujahr:	1936
PS/kW:	118 PS/87 kW
Hubraum ccm:	6 620
Motortyp:	R/6 Zylinder

Diamond T – Schwere Brocken aus Chicago

Das T auf dem Namensschild symbolisiert einen Kipper. Tatsächlich wurden die ersten Diamond-Lastwagen schon 1911 als Baustellenfahrzeuge mit einer von Hand betätigten Kippeinrichtung verkauft. Jetzt hatte sich die Kundschaft an das markante T schon gewöhnt, und deshalb zierte das Markenlogo für die nächsten 55 Jahre jeden Diamond Truck.

Diamond T-80

Mit einer dreiviertel Tonne Nutzlast war dieser T-80 von 1938 der leichteste Truck bei der Firma Diamond T, die sich immer mehr auf schwere Laster spezialisierte. Neben dem Buda-Sechszylinder-Benzinmotor kamen auch Hercules-Motoren zum Einbau. Bei den größeren Trucks empfahl die Firma Lycoming-Benziner- und Cummins-Dieselmotoren, die ab 1941 alle Benziner von den Montagebändern verdrängten.

Modell:	Diamond T-80
Baujahr:	1938
PS/kW:	61 PS/45 kW
Hubraum ccm:	3360
Motortyp:	R/6 Zylinder, Hercules

Essex Super Six

Detroit, das Mekka der amerikanischen Automobil-Industrie, zog die besten Ingenieure in den 20er Jahren magisch an. Das Foto zeigt einen ziemlich einmaligen Essex Super Six-Feuerlöschwagen, der mit einer Startautomatik ausgerüstet ist, damals eine echte Sensation. Mit einer Pumpenleistung von 1200 Liter pro Minute konnte so manches Feuer erfolgreich bekämpft werden.

Modell:	Essex Super Six
Baujahr:	1930
PS/kW:	50 PS/37 kW
Hubraum ccm:	2584
Motortyp:	R/6 Zylinder

FBW – Ein Kunstschlosser schreibt Autogeschichte

Der in Kroatien geborene Franz Brozincevic wanderte in die Schweiz aus und eröffnete 1904 eine Reparaturwerkstätte für Automobile, die schnell über Zürich hinaus bekannt wurde. 1911 verblüffte „Motoren-Franz", wie der nun für 810 Franken eingebürgerte Ex-Kunstschlosser genannt wurde, die Fachwelt. Sein selbst entwickelter Fünftonner-Lastwagen wurde erstmals in Europa über eine Kardanwelle statt des bislang gebräuchlichen Kettenantriebs bewegt. FBW war lange Jahre mit Henschel verbunden. Die ersten Henschel-Lastwagen waren ab 1925 Lizenzprodukte von FBW.

Modell:	FBW-F Allwetterwagen
Baujahr:	1925
PS/kW:	50 PS/37 kW
Hubraum ccm:	5300
Motortyp:	4 Zylinder, Benzin

FBW-F Allwetterwagen

Die Schweizer FBW-Werke in Wetzikon belieferten jahrzehntelang die schweizerische Armee mit zuverlässigen Lastwagen und die Post mit Bussen. Unser 13-sitziger Bus kletterte von 1925 an bis 1932 die gefürchtete Bergstrecke von Ilanz nach Flims in Graubünden hoch. Im Winter war dies ein echtes Abenteuer für den Fahrer und seine offensichtlich Kälte resistenten Passagiere. Erst 1970 wurde der FBW als nun umgebauter Turmdrehwagen in den vorläufigen Ruhestand versetzt. Das Fahrzeug gelangte in Privatbesitz, wurde aufwändig restauriert und in seinen Originalzustand zurückversetzt. Der Motor läuft heute noch wie ein Schweizer Uhrwerk.

Federal Traktor

Seit 1920 produzierte die amerikanische Firma Federal zuverlässige Trucks, die auch bei anderen Herstellern hohes Ansehen genossen. Auf unserem Bild werden halbfertige Karosserien von Auburn zur Sattlerei gebracht. Auburn gehörte zur Gruppe Auburn-Cord-Duesenberg, die einmalige Luxuswagen herstellte. Bei Federal schlug die letzte Stunde 1959, nachdem ein großer Militärauftrag geplatzt war.

Modell:	Federal Traktor
Baujahr:	1926
PS/kW:	45 PS/33 kW
Hubraum ccm:	4280
Motortyp:	R/4 Zylinder

Foden – Konsequent in jeder Beziehung

Im Jahre 1900 gegründet, errang die britische Firma Hancock & Foden rasch die Reputation als ein besonders solider Hersteller von robusten Dampflastwagen. Die britische Armee fuhr mit Foden-Dampfwagen in den Ersten Weltkrieg. Nachdem die meisten anderen Dampfwagenhersteller in den 20er Jahren die Segel endgültig strichen, blieb Foden seiner Geschäftspolitik treu. Zu den besten Abnehmern zählten bis in die 30er Jahre hinein zahlreiche bedeutende Brauereien auf der Insel. 1932 verlegte sich Foden dann doch noch auf den Bau von Lastwagen, die zuerst mit Gardner-Dieselmotoren ausgerüstet wurden.

Foden 3T Dampflastwagen

Schon 1900 brachte der britische Ingenieur Edwin Foden seinen Dreitonner Overtype-Dampflastwagen auf den Markt. Im Gegensatz zu den mit Benzin betriebenen Lastern der damaligen Zeit, verfügten die rustikalen Foden-Dampflastwagen über eine beachtliche Durchzugskraft. Das Militär war begeistert! Zu Beginn des Ersten Weltkriegs wurden dann fast alle zivilen Dampflastwagen zwangsweise eingezogen.

Modell:	Foden 3T Dampflastwagen
Baujahr:	1900
PS/kW:	ca. 15 PS/11kW
Hubraum ccm:	entfällt
Höchstgeschwindigkeit:	ca. 20 km/h

Foden C/6

Kein anderer Hersteller von Dampfwagen erlangte eine ähnlich gute Reputation wie Foden. Konsequent setzte man auf den Overtype mit horizontal angeordnetem Kessel und dahinter liegendem Antrieb. Im Gegensatz zu den meisten Konkurrenten rüstete Foden seine Steamer mit einem Zweiganggetriebe aus, das für eine Höchstgeschwindigkeit von knapp 30 km/h sorgte. Für den Fernverkehr war kein Dampfwagen geeignet, denn alle 30 bis 40 Kilometer verlangte das Dampfross nach Wasser und Kohle.

Modell:	Foden C/6
Baujahr:	1926
PS/kW:	ca. 23 PS/17 kW
Hubraum ccm:	entfällt
Motortyp:	Overtype

Foden C/8

Mit feiner Kleidung trat kein Trucker der Dampflastwagen-Ära seinen schweren Dienst an, wie das Foto zeigt. Schon das Anheizen des Kessels bedeutete viel Geduld und noch mehr Schweiß. Auch unterwegs war man öfter auf die Hilfe freundlicher Menschen angewiesen, wenn die Kohle knapp wurde und der Vorrat an Wasser beängstigend abnahm. Dafür hatte man immer ein warmes Plätzchen am Volant.

Modell:	Foden C/8
Baujahr:	1929
PS/kW:	ca.26 PS/19 kW
Hubraum ccm:	entfällt
Motortyp:	Overtype

29

Ford T Firecoach

Die ersten Ford T-Feuerlöschwagen wurden 1908 auf einem verlängerten Chassis aufgebaut. Technisch gesehen fanden der gleiche Motor und das gleiche Planetengetriebe wie beim Personenwagen-Modell mit zwei Gängen Verwendung, die über ein Fußpedal geschaltet wurden. Gebremst wurde nur mit den Hinterrädern. Nach weit über 15 Millionen verkauften Ford T-Wagen konnte Henry Ford zu Recht von seiner genialen Konstruktion behaupten: „...., der die ganze Welt mit Rädern ausgerüstet hat."

Modell:	Ford T Firecoach
Baujahr:	1913
PS/kW:	22 PS/16 kW
Hubraum ccm:	2864
Motortyp:	R/4 Zylinder

Ford – Mit kühnen Visionen zum Welterfolg

Mit über einer Million verkaufter Ford TT-Lastwagen war Ford zwischen 1917 und 1927 der größte Lastwagenhersteller der Welt. Rechnet man noch die etwa 16 Millionen Ford T-Personenwagen dazu, so kann man vor dieser gigantischen Leistung auch heute noch den Hut ziehen. Durch seine ausgefeilte Fließbandproduktion waren die amerikanischen Arbeiter bei Ford in der Lage, einen Dreitonner-Lastwagen achtmal schneller zu montieren als deutsche Hersteller. Die deutsche Ford-Lastwagenproduktion begann 1928 mit der Einführung des Ford AA-Vierzylindermodells.

Ford TT Light Truck

Über eine Million leichter Trucks brachten die Ford-Werke von 1917 bis 1927 in den Handel. Der Ford TT ist die verlängerte Version des Ford T Personenwagen-Modells. Werksseitig wurden von diesem Typ auch Feuerwehr- und Krankentransportwagen, sowie leichte Busse und Railcars angeboten.

Modell:	Ford TT Light Truck
Baujahr:	1920
PS/kW:	22 PS/16 kW
Hubraum ccm:	2864
Motortyp:	R/4 Zylinder

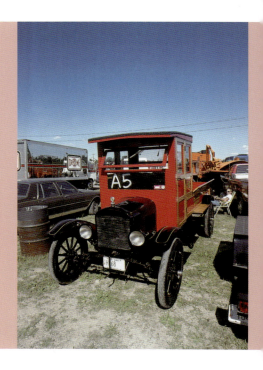

Ford T Spezial

Kaum ein anderes Automobil reizte den Erfindergeist mehr als das unverwüstliche Ford T-Modell von Henry Ford. Unser Foto von 1917 zeigt einen amerikanischen Wildhüter bei seinem schweren Dienst in den tief verschneiten Wäldern. Letztlich bewährte sich diese clevere Konstruktion so gut, dass auch heute noch Wildhüter im Yosemite Nationalpark mit ähnlichen Schneekufen-Trucks unterwegs sind.

Modell:	Ford T Spezial
Baujahr:	1917
PS/kW:	22 PS/16 kW
Hubraum ccm:	2864
Motortyp:	R/4 Zylinder

Ford TT Open Cab

Die meisten Ford TT-Lastwagen wurden mit dem Aufpreis pflichtigen geschlossenen Fahrerhaus ausgeliefert. Dieser norwegische Ford TT fuhr trotz widriger klimatischer Bedingungen offen über die noch ungeteerten Straßen von Bergen/Norwegen, der regenreichsten Stadt Europas. Mit der Sicherung der Ladung hatte man Mitte der 20er Jahre nicht viel im Sinn, wie das historische Foto zeigt.

Modell:	*Ford TT Open Cab*
Baujahr:	*1925*
PS/kW:	*22 PS/16 kW*
Hubraum ccm:	*2864*
Motortyp:	*R/4 Zylinder*

Ford A Pickup

Wohl niemand bestreitet, dass Henry Ford ein genialer Unternehmer war. Doch manchmal trieb ihn sein unbeugsamer Wille zu noch effektiverer Rationalisierung auf den falschen Weg. So wurde bei den offenen Ford A-Wagen von 1928 auf die außen liegenden Türgriffe verzichtet. Ab 1929 gab es dann wieder serienmäßige Türgriffe bei allen Ford A-Modellen.

Modell:	*Ford A Pickup*
Baujahr:	*1928*
PS/kW:	*40 PS/29 kW*
Hubraum ccm:	*3284*
Motortyp:	*R/4 Zylinder*

Ford AA Modell 1928

In vollem Umfang lief die deutsche Personenwagen- und Lastwagenproduktion bei Ford 1931 an. Zuvor waren seit 1928 Ford AA-Lastwagen in Teilen montiert worden. Der robuste Vierzylindermotor aus der A-Personenwagenreihe wurde bis 1942 als B-3000 in die preiswerten Laster eingebaut.

Modell:	*Ford AA Modell 1928*
Baujahr:	*1928*
PS/kW:	*40 PS/29 kW*
Hubraum ccm:	*3236*
Motortyp:	*R/4 Zylinder*

Ford AA Feuerwehr

Durch die rationelle Fließbandfertigung bekam Ford genügend Geld in die Firmenkasse, dass man auf Sonderwünsche der Kundschaft eingehen konnte. So wurden nicht nur Feuerwehrwagen, sondern auch gepanzerte Werttransporter, Railcars, Gefängniswagen und dergleichen auf Wunsch gefertigt. Unser Foto zeigt einen makellosen holländischen Ford AA von 1930.

Modell:	*Ford AA Feuerwehr*
Baujahr:	*1930*
PS/kW:	*40 PS/29 kW*
Hubraum ccm:	*3236*
Motortyp:	*R/4 Zylinder*

Ford Automobile

Ford AA Modell 1930

An den soliden Scheibenrädern erkennt man den technischen Fortschritt, der zwischen dem 1928er Ford AA-Modell und dem 1930er-Modell liegt, das bis 1931 in großen Stückzahlen ausgeliefert wurde. Unter der Motorhaube blieb alles beim Alten mit dem inzwischen weltweit fast fünfmillionenfach bewährten Vierzylindermotor.

Modell:	*Ford AA Modell 1930*
Baujahr:	*1930*
PS/kW:	*40 PS/29 kW*
Hubraum ccm:	*3236*
Motortyp:	*R/4 Zylinder*

Ford AA 1,5-Tonner

Auf der Basis des äußerst erfolgreichen A-Modells von 1928 entstand 1930 dieser Ford AA-Lastwagen, der sich hervorragend bewährte. Nicht zuletzt sorgten die soliden, gegossenen Felgen anstatt der bisher verwendeten Speichenräder für mehr Standfestigkeit auf den holprigen Straßen jener Zeit.

Modell:	*Ford AA 1,5-Tonner*
Baujahr:	*1930*
PS/kW:	*40 PS/29 kW*
Hubraum ccm:	*3236*
Motortyp:	*R/4 Zylinder*

Ford BB

1935 schrieb die Ford-Presseabteilung zu diesem Bild: Bei der diesjährigen Mittelgebirgsfahrt errangen die beteiligten Ford-Lastwagen zwei Goldmedaillen. Einer der siegreichen Ford-Lastwagen auf einem „guten" Wegstück der Strecke, die gewaltige Anforderungen an Wagen und Fahrer stellte. Zitat Ende. Letztlich ging es hier um zukünftige Beschaffungsmaßnahmen der Wehrmacht, die alle deutschen Hersteller mit Großaufträgen köderte.

Modell:	Ford BB
Baujahr:	1935
PS/kW:	50 PS/37 kW
Hubraum ccm:	3236
Motortyp:	R/4 Zylinder

Ford G 917 T

Die Entwicklung des ersten Achtzylinders für die Massenproduktion im Personenwagen- und Lastwagenbau war eine strategisch gesehen außergewöhnlich mutige Entscheidung der amerikanischen Firmenleitung von Ford/USA. Die Rechnung ging auf, Ford holte sich mit Bravour verlorene Marktanteile zurück. Unser Bild zeigt den schnittigen deutschen Ford-Lastwagen mit V8-Motor von 1939. Der unverwüstliche Vierzylinder wurde parallel dazu bis 1942 verkauft.

Modell:	Ford G 917 T
Baujahr:	1939
PS/kW:	90 PS/66 kW
Hubraum ccm:	3560
Motortyp:	V8 Zylinder

Ford 73

Der Name Ford steht seit dem legendären Ford T-Modell für zuverlässige, leichte Trucks, die preiswert verkauft werden. Im Jahr 1937 war die Weltwirtschaftskrise von 1933 überwunden, und damit war es Zeit für neue Modelle. Mit der Wahl von drei Radständen und acht verschiedenen Aufbauten konnten alle zufrieden sein. Das Modell 73 war für eine halbe Tonne Nutzlast konzipiert.

Modell:	Ford 73
Baujahr:	1937
PS/kW:	60 PS/44 kW
Hubraum ccm:	3600
Motortyp:	V8 Zylinder, Benzin

Ford 11-C

Mit drei verschiedenen Motortypen rüstete Ford 1941 seine Lastwagen aus. Die Palette reichte von einer halben Tonne Nutzlast bis 1,5 Tonnen. Das Spitzenmodell bekam den Achtzylindermotor in V-Form eingebaut, die Mittelklasse den bewährten Sechszylinder-Reihenmotor, und die Standardklasse musste sich mit einem überarbeiteten Vierzylinder begnügen.

Modell:	Ford 11-C
Baujahr:	1941
PS/kW:	85 PS/62 kW
Hubraum ccm:	3621
Motortyp:	V8 Zylinder, Benzin

Ford Amphibien Jeep

Aus Teilen der LKW-Produktion wurde dieser schwimmfähige Ford-Geländewagen entwickelt. Im Gegensatz zu anderen Herstellern begnügte sich Ford mit dem bloßen Radantrieb im Wasser und verzichtete auf einen Nebenantrieb mit Schiffsschraube. Die komplette Karosserie bestand aus Aluminium.

Modell:	Ford Amphibien Jeep
Baujahr:	1943
PS/kW:	95 PS/70 kW
Hubraum ccm:	3924
Motortyp:	V8 Zylinder

Foster Steamer

Zwischen 1900 und 1925 wurden in England mehr Dampflastwagen verkauft als die durch willkürliche Gesetze „verteufelten" Benziner. Etwa 500 britische Dampflastwagen standen der französischen Armee im Ersten Weltkrieg, der 1918 zu Ende ging, zur Verfügung. Auch kleinere Firmen sahen nun ihre große Chance beim Wiederaufbau der Wirtschaft. Eine davon war die Firma Foster & Co. LTD aus Lincoln, die 1919 ihren ersten Dampflastwagen vorstellte, der sich in den kommenden Jahren allerdings nur schleppend verkaufte.

Modell:	Foster Steamer
Baujahr:	1921
PS/kW:	ca. 30 PS/22 kW
Hubraum ccm:	entfällt
Motortyp:	Overtype

GMC – Gute Geschäfte mit der Army

William C. Durant übernahm 1911 eine ganze Reihe kleinerer Lastwagenfirmen und formte daraus die General Motors Truck Company. Der umtriebige Unternehmer war gleichzeitig Mehrheitsaktionär von Buick und Chevrolet und somit der Boss im gesamten General Motors Konzern. 1912 stellte Durant seine ersten Ein- und Zweitonner GMC-Trucks vor, die schnell das Vertrauen der Kundschaft gewannen. So richtig flott lief das Geschäft nach einem Großauftrag der Army, die 15 000 GMC-Zweitonner bestellte. Nach dem Ersten Weltkrieg war GMC eine feste Größe im amerikanischen Truck-Geschäft, denn im Gegensatz zu Ford erweiterte GMC kontinuierlich seine Modellreihe nach oben. 1922 wurde schon ein Zehntonner mit dem schönen Namen Big Brute, großes Tier, angeboten, damals der gewichtigste Truck Amerikas.

GMC K-16

Das norwegische Motormuseum in Lillehammer hütet teilweise einmalige Exponate der Automobilgeschichte. GMC bekam nach dem Sieg der Fernfahrt von Seattle/ Westküste der USA nach New York/ Ostküste und zurück den begehrten Zuschlag für die Lieferung von 16 000 Zweitonner-Lastwagen für die Armee. Aus diesem K-Typ entstand ein ganze Baureihe, aus der dieser hübsche Tanklastwagen von 1919 stammt. 25 Jahre lang kletterte er ohne Klagen die steilsten Passstraßen hinauf.

Modell:	GMC K-16
Baujahr:	1919
PS/kW:	42 PS/31 kW
Hubraum ccm:	3600
Motortyp:	R/4 Zylinder B

Hansa Lloyd

Ab dem 1. Mai 1926 richtete die Deutsche Luft Hansa den Liniendienst von Berlin nach Königsberg ein. Das umfangreiche Gepäck der Fluggäste wurde dem luftbereiften Hansa Lloyd-Gepäckwagen anvertraut, damals keine Selbstverständlichkeit. Zwei Trommelbremsen an der Hinterachse sorgten bei einer Höchstgeschwindigkeit von maximal 45 km/h für eine ausreichende Verzögerung. Vorderradbremsen waren damals noch reiner Luxus.

Modell:	Hansa Lloyd
Baujahr:	1925
PS/kW:	38 PS/28 kW
Hubraum ccm:	5260
Motortyp:	R/4 Zylinder

International Harvester Speed Truck A

In den 30er Jahren wurde International Harvester zum bedeutendsten amerikanischen Hersteller von Nutzfahrzeugen aller Art. Neben seinen Lastwagen, die von zwei Tonnen bis 40 Tonnen reichten, bediente IHC auch die Landwirtschaft und Bergwerkindustrie mit innovativen Traktoren und Muldenkippern. Unser Foto zeigt einen gepflegten Speed Truck der A-Serie, der bis 1942 gebaut wurde.

Modell:	International Harvester Speed Truck A
Baujahr:	1941
PS/kW:	52 PS/38 kW
Hubraum ccm:	3680
Motortyp:	R/6 Zylinder

Kaelble – Schwäbisches Urgestein

Seit 1906 werden im württembergischen Backnang schwere Lastwagen und Zugmaschinen in Handarbeit gebaut. Mit zwei offenen Ohren für die Wünsche der Kundschaft unterschied man sich von Beginn an von der kapitalkräftigeren Konkurrenz, die ganze Bauserien auflegte. Schließlich hatte die mittelständische Firma einen guten Ruf als Hersteller von Dampfwalzen und Steinbrechern zu verlieren. Jedes Fahrzeug von Kaelble kann deshalb fast als Unikat bezeichnet werden.

Kaelble Z3 S

Die wohlhabenden Zirkusunternehmen fuhren vor dem Zweiten Weltkrieg noch mit drei Anhängern durch die Lande. Gemächlich gings dahin. So liegt die Höchstgeschwindigkeit dieser 1938 gebauten Kaelble-Zugmaschine bei 25 km/h. Dafür entwickelt der langhubige Vierzylindermotor schon bei 900 Umdrehungen seine maximale Leistung von 40 PS.

Modell:	Kaelble Z3 S
Baujahr:	1938
PS/kW:	40 PS/29 kW
Hubraum ccm:	4 800
Motortyp:	R/4 Zylinder

Krauss-Maffei 8 to

Seit 1931 ist Krauss-Maffei im Nutzfahrzeuggeschäft involviert. Krauss-Maffei entwickelte für die deutsche Wehrmacht 1937 diesen sogenannten „mittleren Zugkraftwagen", der in ähnlicher Standardbauweise auch von Opel und Mercedes-Benz gefertigt wurde. Das Bild zeigt eines der ganz wenigen Exemplare im Originalzustand.

Modell:	Krauss-Maffei 8 to
Baujahr:	1937
PS/kW:	140 PS/103 kW
Hubraum ccm:	6191
Motortyp:	R/6 Zylinder

Krupp-Junkers

Wie bei kaum einem anderen deutschen Hersteller bewegten sich die Ingenieure für Nutzfahrzeuge von Krupp jahrzehntelang auf dem schmalen Grat zwischen einer genialen Idee und dem totalen Absturz. Ein Beispiel für diese Behauptung eines Mitbewerbers ist dieser Krupp von 1933, der mit einem Zweitakt-Dieselmotor mit gegenläufigen Kolben ausgerüstet ist. Krupp fertigte seine unkonventionellen Doppelkolben-Motoren in Lizenz der Junkers Flugzeuge- und Motorenwerke. Auf der Kühlerfront prangen deshalb der „Fliegende Mensch" von Junkers und die drei Ringe von Krupp.

Modell:	Krupp-Junkers
Baujahr:	1933
PS/kW:	125 PS/92 kW
Hubraum ccm:	5448
Motortyp:	R/4 Zylinder

Leyland – Mit Dampf fing alles an

Wie so viele andere britische Hersteller fusionierten 1907 die Lancashire Steam Motors Gesellschaft und ihr Partner Leyland-Crossley. Gemeinsam produzierte man robuste Dampflastwagen unter dem Namen Leyland Motors Ltd. Schon bald sah man bessere Chancen mit einer Zweigleisigkeit der Produktion und entwickelte ab 1910 eigene Benzinmotoren für Lastwagen und Busse. Die kränkelnde Sparte der Dampflastwagen wurde allerdings bis 1926 am Leben erhalten.

Leyland Titan

Die ersten Titan Doppeldecker-Busse von Leyland rollten 1925 aus der Fabrik. Zuerst war ein nur 40 PS starker Benzinmotor eingebaut, der im Laufe der Jahre einem stärkeren Sechszylinder-Dieselmotor vom Typ Hesselmann weichen musste. Erst 1926 trennte sich Leyland vom Bau der Dampflastwagen und verkaufte die ganze Produktion an Atkinson/Walker, die bis Mitte der 30er Jahre an dieser Antriebsart festhielten.

Modell:	Leyland Titan
Baujahr:	1929
PS/kW:	75 PS/55 kW
Hubraum ccm:	7500
Motortyp:	R/6 Zylinder

Leyland Metz

Seit 1907 fertigte die einst so bekannte Firma Leyland Motors bei Preston/England Lastwagen für zivile und militärische Aufgaben. Die berühmten Londoner Doppeldeckerbusse stammen meist aus der Fabrik von Leyland. Dieser sehr gut erhaltene Leyland-Leiterwagen von 1937 ist mit einer deutschen Metz-Drehleiter ausgerüstet.

Modell:	Leyland Metz
Baujahr:	1937
PS/kW:	135 PS/99 kW
Hubraum ccm:	7800
Motortyp:	R/6 Zylinder

Lohner-Porsche

Längst nur noch Automobil-Historikern bekannt, war die österreichische Firma Lohner eine erstklassige Adresse für Elektrofahrzeuge. Beim ersten Lohner-Porsche von 1900 leisteten die zwei Radnabenmotoren 20 Minuten lang je sieben PS. Verbrennungsmotoren gaben damals etwa 2,5 PS bei 120 U/min ab. Ein 44-zelliger Akku von 3000 Ampèrestunden und 80 Volt verhalf diesem innovativen, aber 1000 kg schweren Fahrzeug zu einer Reichweite von 50 Kilometern. Etwa 300 Lohner-Porsche wurden an prominente Zeitgenossen verkauft. So vergnügten sich der Bankier Rothschild, Fürst Max E. von Thurn und Taxis oder der Schokoladenfabrikant Ludwig Stollwerck mit einem Lohner-Porsche.

Modell:	Lohner-Porsche
Baujahr:	1900
PS/kW:	14 PS/10 kW
Hubraum ccm:	entfällt
Motortyp:	Elektrofahrzeug

Lohner-Porsche 1901

1897 erfand der 22-jährige Ferdinand Porsche den elektrisch betriebenen Radnabenmotor. Drei Jahre später stand der erste Lohner-Porsche nach diesem System auf der Weltausstellung von Paris. Unser Foto zeigt die deutlich stärkere Ausführung von 1901. Technisch gesehen handelt es sich um eine Allrad angetriebene Zugmaschine, die bei Brandeinsätzen verkohltes Fachwerk und Bauschutt beseitigte. Das Gewicht der Batterien betrug 1800 kg.

Modell:	Lohner-Porsche 1901
Baujahr:	1901
PS/kW:	ca. 40 PS/29 kW
Hubraum ccm:	entfällt
Motortyp:	vier Elektromotoren, Batterieantrieb

Mack – Qualität setzt sich durch

Amerikas berühmteste Lastwagenmarke ist Mack. Schon 1902 rollte der erste Bus der Gebrüder Mack aus der kleinen Werkstatt. Gus, Jack und Willie Mack wussten schon damals ziemlich genau, worauf es der Kundschaft ankam: hohe Transportlasten und möglichst wenig Ärger mit der Maschine. 1911 unterzeichneten die Brüder Mack einen Lizenzvertrag mit der Schweizer Firma Saurer, der letztlich dazu führte, dass Mack nun endgültig der Durchbruch auf dem amerikanischen Markt gelang. Das Unternehmen gehört seit 2001 zur Volvo-Renault-Gruppe.

Mack 80 LS Pumper

Anfang der 30er Jahre legte Mack drei übersichtlich gestaffelte Baureihen ihrer bewährten Feuerwehr-Einsatzwagen auf. Für kleinere und mittelgroße Städte gab es die Typen 25, 30, 40 und 45 mit einer Löschleistung von 350 bis 1750 Litern pro Minute. Unser Mack 80 LS Pumper wurde für die Großstädte benötigt. 1938 erwarb New York 20 Wagen von diesem Typ, der mit der neuen Mack Thermodyne-Maschine ausgerüstet wurde. Technische Highlights: Eine obenliegende Nockenwelle, auswechselbare Zylinderlaufbuchsen und eine Kurbelwelle, die aus einem Stück gefertigt wurde. Löschleistung 2625 Liter pro Minute.

Modell:	Mack 80 LS Pumper
Baujahr:	1938
PS/kW:	168 PS/124 kW
Hubraum ccm:	10 012
Motortyp:	R/6 Zylinder

Magirus – Ulmer Spezialitäten

Lange bevor die ersten selbstfahrenden Feuerlöschwagen zum Einsatz kamen, entwickelte und fertigte der Ulmer Feuerwehrkommandant Conrad D. Magirus die modernsten Löschgeräte der damaligen Zeit. Erst 40 Jahre später entstand 1906 das erste Magirus-Lastwagenfahrgestell, das sich für Feuerwehrwagen, Busse und Lastwagen eignete. 1938 übernahmen die Kölner Deutz Motorenwerke KHD die C.D. Magirus AG, damit die eigene Motorenproduktion besser ausgelastet wäre. Die Rechnung ging auf.

Magirus Feuerwehr

Von 1934 bis 1976 stand dieser in über 2000 Stunden perfekt restaurierte Oldtimer im Dienst der Freiwilligen Feuerwehr von Freiburg am Neckar. Die Ulmer Magirus-Werke spezialisierten sich ab 1916 auf den Bau kompletter Feuerwehrfahrzeuge, nachdem sie von 1864 an fortschrittliche Schiebe- und Drehleitern etc. mit großem Erfolg in alle Welt verkaufen konnten. Fahrzeuggewicht: 4000 kg.

Modell:	Magirus Feuerwehr
Baujahr:	1934
PS/kW:	70 PS/51 kW
Hubraum ccm:	4530
Motortyp:	R/6 Zylinder Deutz

Magirus KL 18

Mitte der 30er Jahre übernahm die Klöckner-Humboldt-Deutz AG die Mehrheit der Magirus-Aktien, um fortan einen sicheren Abnehmer für die eigene Motorenproduktion zu haben. So ist dieser Magirus KL von 1938 mit einem Deutz-Rohölmotor ausgerüstet, der den rüstigen Oldie noch heute auf ca. 80 km/h Spitzengeschwindigkeit bringt. Der Verkaufspreis betrug damals 13 776,40 Reichsmark.

Modell:	Magirus KL 18
Baujahr:	1938
PS/kW:	80 PS/59 kW
Hubraum ccm:	6 400
Motortyp:	R/6 Zylinder

Magirus-Deutz S 3000

Als schweres Löschgruppen-Fahrzeug wurde dieser Magirus 1942 im schwäbischen Geislingen zur Brandbekämpfung bei Bomberangriffen im Krieg eingesetzt. 20 weitere Jahre stand dieses seltene Exemplar dann als Werksfeuerwehrwagen in der Filzfabrik in Giengen allzeit bereit. Im Gegensatz zu den späteren luftgekühlten KHD-Motoren wurde hier noch ein wassergekühlter Vierzylinder-Vorkammer-Dieselmotor von KHD eingebaut.

Modell:	Magirus-Deutz S 3000
Baujahr:	1942
PS/kW:	80 PS/59 kW
Hubraum ccm:	4942
Motortyp:	R/4 Zylinder KHD F4M513

MAN – Perfektes Timing mit Schweizer Hilfe

Als Hersteller besaß MAN seit über 15 Jahren die größten Erfahrungen im Bau von Großmotoren nach dem Patent von Rudolf Diesel. Auf Druck der Regierung entschloss sich MAN kurz vor Beginn des Ersten Weltkriegs eine eigene Lastwagenproduktion zu etablieren. Als schnellste und auch beste Lösung erschien den Augsburgern ein Lizenzvertrag mit den Schweizer Saurer-Werken, die in Lindau, Arbon/Schweiz, den USA und in Suresnes/Frankreich Lastwagen herstellten. Das Geschäft kam zustande, und ab 1915 rollten der ersten MAN-Saurer aus den Fabrikhallen in Lindau und Nürnberg. Fast zehn Jahre lang fuhren MAN-Lastwagen mit Saurer-Technik, dann setzte man ganz auf eigenständige Konstruktionen.

MAN S1 H6

Unser Foto zeigt den Super Truck der 30er Jahre. Mit raffinierten Konstruktions-Details wurde 1932 die Fachwelt verblüfft. So lief der Sechszylinder im Standgas nur mit etwa 250 U/min auf drei Zylindern, während die maximale Drehzahl mit Hilfe zweier Regler bei 1400 U/min nicht überschritten werden konnte. Der sparsame und durchzugskräftige Motor dankte es mit einem langen Leben. Wie schnell fuhr der stärkste Diesellastwagen der Welt? Mit gerade mal 40 km/h.

Modell:	MAN S1 H6
Baujahr:	1932
PS/kW:	140 PS/103 kW
Hubraum ccm:	16 625
Motortyp:	R/6 Zylinder D 4086

MAN Kässbohrer Bus Z1

Nach der Machtübernahme der Nationalsozialisten 1933 setzten alle deutschen Automobilhersteller auf windschlüpfrige Karosserien. Die ersten Autobahnkilometer animierten dazu. Bei MAN wurden nun die sparsamen Diesellastwagen der Bauserie Z1 als Schnell-Lastwagen bezeichnet. Auf dieser Basis entstand der überaus formschöne Bus von Kässbohrer, der mit flotten 90 km/h unterwegs war. Vergleichbare Lastwagen schafften maximal 75 km/h.

Modell:	MAN Kässbohrer Bus Z1
Baujahr:	1936
PS/kW:	75 PS/55 kW
Hubraum ccm:	6754
Motortyp:	R/6 Zylinder D 0530

MAN Z1 DL18

Ein Sammlerstück von hohem Wert ist dieser seltene MAN Z1 von 1936. Damals bestanden die meisten Drehleitern noch aus Holz, die bei gefährlichen Löscharbeiten in Brand geraten konnten. Die Magirus-Drehleiter kann bis zu einer Arbeitshöhe von 18 Metern ausgefahren werden. Unsere Oltimerfreunde Donadaltheim gaben sich alle Mühe, den rüstigen Oldie noch viele Jahre in Fahrt zu halten.

Modell:	MAN Z1 DL18
Baujahr:	1936
PS/kW:	75 PS/55 kW
Hubraum ccm:	6755
Motortyp:	R/6 Zylinder, Benzin

Mercedes-Benz – In der Not findet man zusammen

1919 sah es nach einer Zusammenarbeit, ja Fusion zwischen den Firmen Daimler und Benz aus, denn der Krieg hatte spürbare Wunden im Geschäftsergebnis hinterlassen. Nach zweijährigen zähen Verhandlungen unter der Führung der Deutschen Bank unterzeichneten die beiden Kontrahenten 1924 einen sogenannten Interessensgemeinschafts-Vertrag, der am 28./29. Juni 1926 dann als „Verschmelzung" von den Aktionären beider Firmen abgesegnet wurde. Als Sitz der neuen Gesellschaft wurde Berlin beschlossen, die Hauptverwaltung blieb in Stuttgart-Untertürkheim.

Mercedes-Benz KS 20

Einer der ersten Einsatzwagen mit Dieselmotor war 1933 diese Mercedes-Benz KS 20 „Kraftfahrspritze", so der offizielle Name aus den damaligen Verkaufsunterlagen. Der Karlsruher Feuerwehrspezialist Metz brachte dieses perfekt restaurierte Modell der Werksfeuerwehr in Gaggenau in die passende Form.

Modell:	Mercedes-Benz KS 20
Baujahr:	1933
PS/kW:	74 PS/54 kW
Hubraum ccm:	6200
Motortyp:	R/6 Zylinder, Diesel

Mercedes-Benz L 60

Von 1934 bis 1966 erfreute dieser 9992 Reichsmark teure Mannschafts- und Gerätewagen seine Besatzung bei der Freiwilligen Feuerwehr in Bretten/Baden. Über 2300 Stunden Arbeit stecken in dem perfekt restaurierten Fahrzeug des Feuerwehr-Förderungsvereins Bretten. Die Gaggenauer Daimler-Werke rüsteten den 68 km/h schnellen Mannschaftswagen mit einem erprobten Benzinmotor vom Typ M66 aus, denn mit den neuen Dieselmotoren wollten die meisten Feuerwehrleute noch nichts zu tun haben. Die mangelnde Startfreudigkeit in kalten Winternächten galt als größtes Problem bei den Selbstzündern.

Modell:	Mercedes-Benz L 60
Baujahr:	1934
PS/kW:	66 PS/49 kW
Hubraum ccm:	4908
Motortyp:	R/4 Zylinder M66 Benzin

Modell:	Mercedes-Benz L 6500
Baujahr:	1935
PS/kW:	150 PS/111 kW
Hubraum ccm:	12 500
Motortyp:	R/6 Zylinder, Diesel

Mercedes-Benz L 6500

Dieser schwere Laster erregte 1935 wirklich die Gemüter. Wer ihn besaß, war ein reicher Fuhrunternehmer. Ganze 2137 Stück wurden zwischen 1935 und 1940 verkauft, denn nach der Weltwirtschaftskrise waren eher die mittelschweren Lastwagen gefragt. Bei einer Höchstgeschwindigkeit von 60 km/h fuhr man damals mit zwei Hängern über die neuen deutschen Autobahnen.

Mercedes-Benz L 4500 ZWF

Manch ein Trucker wünschte sich solide Puffer an der Stoßstange, für den Fall, dass der vorausfahrende Kollege nicht die Steigung schaffen sollte. Dieser ungewöhnliche Mercedes L 4500 war als Zweiwegefahrzeug der deutschen Wehrmacht ein funktionsfähiger Laster für die Straße und zudem eine zugelassene Lokomotive der Reichsbahn. Die Höchstgeschwindigkeit betrug 65 km/h.

Modell:	Mercedes-Benz L 4500 ZWF
Baujahr:	1937
PS/kW:	112 PS/82 kW
Hubraum ccm:	7270
Motortyp:	R/6 Zylinder OM 67/4

Mercedes-Benz L 3000 D

1937 übernahm der erste Besitzer diesen Mercedes-Laster mit Hochpritsche für 9428 Reichsmark. Sein späterer Fahrer transportierte Waren dann bis Mitte der 80er Jahre durch ganz Thüringen. Der heutige Eigner kann Stolz auf seine Restauration sein, das Werk ist hervorragend gelungen. Nutzlast 3090 kg, Vorkammer-Dieselmotor.

Modell:	Mercedes-Benz L 3000 D
Baujahr:	1937
PS/kW:	70 PS/51 kW
Hubraum ccm:	4876
Motortyp:	R/6 Zylinder, Diesel

43

Mercedes-Benz L 5000 ZWF

Das Überschreiten der Reichsbahnanlagen ist streng verboten, aber nicht das Befahren mit einem Mercedes-Laster vor dem Zweiten Weltkrieg. Mercedes stellte auch Luxuswagen auf die Eisenbahnräder, und einige Unimogs sind bis heute als Lokomotiven zugelassen.

Modell:	Mercedes-Benz L 5000 ZWF
Baujahr:	1938
PS/kW:	112 PS/82 kW
Hubraum ccm:	7270
Motortyp:	R/6 Zylinder OM 67/4

Mercedes-Benz KS 15-LoS 2000

Im Krieg stark lädiert, kam dieser erstklassig restaurierte Mercedes-Feuerwehrwagen von 1938 bis 1972 zum Einsatz bei der Freiwilligen Feuerwehr in Gaggenau. Im Daimler Werk von Gaggenau wurde auch das Fahrgestell an die Aufbaufirma Metz ausgeliefert. Das schwarze Nummernschild dokumentiert die französische Zone Baden im Schwarzwald. Höchstgeschwindigkeit des Benziners: 55 km/h.

Modell:	Mercedes-Benz KS 15-LoS 2000
Baujahr:	1938
PS/kW:	55 PS/40 kW
Hubraum ccm:	3760
Motortyp:	R/6 Zylinder

Mercedes-Benz L 4500 DL 22

Auch während der Kriegsjahre wurden Feuerwehrwagen gebaut. Dieser DL 22 entstand bei Daimler in Gaggenau, er wurde beim späteren Konkurrenten Magirus in Ulm komplettiert. Sein Gewicht: 9000 kg. Die Basis für dieses Modell war der schwere Einheitslaster der deutschen Armee im Zweiten Weltkrieg, Typ L 4500.

Modell:	Mercedes-Benz L 4500 DL 22
Baujahr:	1943
PS/kW:	100 PS/74 kW
Hubraum ccm:	7274
Motortyp:	R/6 Zylinder OM 67

Mercedes-Benz L 4500 Einheits-lastwagen

Schon wenige Wochen nach Kriegsende begann im Werk Gaggenau wieder die Neu-produktion der schweren Einheitslast-wagen aus den Kriegsjahren. Bei diesem, von Daimler selbst restaurierten Pritschen-wagen von 1945, sieht man noch die „abge-speckte" Version ohne Stoßstangen, Peils-täbe und die kleinen Scheinwerfer. Der mangels verfügbarer Stahlbleche auf ein Minimum reduzierte Holzaufbau ließ den Fahrer nie im Unklaren darüber, dass es eisige Nächte nicht nur in Sibirien gibt.

Modell:	Mercedes-Benz L 4500
Baujahr:	1945
PS/kW:	112 PS/82 kW
Hubraum cm:	7270
Motortyp:	R/6 Zylinder Vorkammer-Diesel OM 67/4

Opel Blitz 1,5-Tonner

Der Name Opel Blitz wurde durch ein Preisausschreiben in den 20er Jahren kre-iert. Im März 1929 ging die Aktienmehrheit der Opel AG nach langen Verhandlungen in den Besitz von General Motors über. Zwei Jahre später führte Opel als erster Hersteller in Deutschland die Fließband-arbeit ein.

Modell:	Opel Blitz 1,5-Tonner
Baujahr:	1930
PS/kW:	36 PS/26 kW
Hubraum ccm:	1932
Motortyp:	R/4 Zylinder

Opel Blitz 2 To.

Die Welt erlebt von 1929 an die schlimmste Wirtschaftskrise des Jahrhunderts. 486 000 Personen- und Lastwagen sind in Deutsch-land zugelassen, über 300 000 Besitzer müssen 1932 ihre Fahrzeuge aus Kosten-gründen abmelden. Opel kann nur noch die Hälfte seiner bisherigen Produktion ver-kaufen, obwohl der Zweitonner Opel Blitz der Preiswerteste seiner Klasse ist. Nur 2,6 Pro-zent des Gütertransports wird 1932 von Last-wagen in Deutschland bewältigt, weil kein Geld mehr für den Betrieb vorhanden ist.

Opel – Moderne Zeiten an Rhein und Ruhr

Die ersten Opel-Lieferwagen wurden schon 1899 verkauft. Als richtiger Lastwagen konnte 1910 der neue Eintonner bezeichnet werden. Ein wahres Schlüsselerlebnis stand 1913 für die Familie Opel an: Die Geschäftsleitung von Ford gewährte die Besichtigung seiner rationellen Fließbandproduktion des Ford T-Modells. Was man gesehen hatte, hinterließ Spuren. Für den Familienrat bedeutete dies einschnei-dende Änderungen in der bisherigen Planung und Fertigung. Ohne einen starken Partner würde die Zukunft finster aussehen. Mitten in der Weltwirtschaftskrise übernahm General Motors 1929 fast das komplette Aktienpaket der Familie Opel.

Modell:	Opel Blitz 2 To.
Baujahr:	1932
PS/kW:	50 PS/37 kW
Hubraum ccm:	3700
Motortyp:	R/6 Zylinder B

Opel Blitz Typ S

1936 kostet der populäre Opel Blitz Eintonner nur 2 450 Mark. Für unseren Dreitonner vom Typ S müssen bescheidene 4 500 Mark auf den Tisch gelegt werden. Eine „Gebirgsübersetzung" wird als Sonderausstattung für 100 Mark bestens verkauft. Opel schlägt alle Verkaufsrekorde und kann 1935 z.B. als erster deutscher Hersteller über 100 000 Fahrzeuge ausliefern, wobei etwa 20 000 Opel Blitz verkauft wurden. Im Typ S ist der neue Admiral Motor eingebaut, der bis 1959 fast unverändert weitergebaut wurde.

Modell:	Opel Blitz Typ S
Baujahr:	1938
PS/kW:	75 PS/55 kW
Hubraum ccm:	3625
Motortyp:	R/6 Zylinder

Opel Blitz 1-Tonner

Kaum ein anderer Hersteller hatte vor dem Zweiten Weltkrieg ein besseres Gespür für die tatsächlichen Wünsche der Kundschaft wie Opel. Opel war in den 30er Jahren nicht nur Deutschlands größter PKW- und Lastwagenproduzent, sondern auch der größte Fahrrad- und Motorradhersteller, und zudem der wichtigste Exporteur. Der Opel Blitz 1-Tonner war das ideale Fahrzeug für den Handwerker.

Modell:	Opel Blitz 1-Tonner
Baujahr:	1938
PS/kW:	55 PS/40 kW
Hubraum ccm:	2473
Motortyp:	R/6 Zylinder

Opel Blitz 3-Tonner

Kein anderer Hersteller verkaufte vor dem Zweiten Weltkrieg mehr Lastwagen und Personenwagen in Deutschland als Opel. Dieser perfekt restaurierte Opel Blitz entstand 1943 als Einheitslastwagen nicht nur bei Opel, sondern auch bei Daimler-Benz auf Anordnung der Wehrmacht. Kurz nach Kriegsende wurde die Produktion dieser besonders zuverlässigen Lastwagen bei Daimler wieder aufgenommen und zu annähernd gleichen Teilen von Opel und Daimler bis 1949 verkauft.

Modell:	Opel Blitz 3-Tonner
Baujahr:	1943
PS/kW:	68 PS/50 kW
Hubraum ccm:	3630
Motortyp:	R/6 Zylinder

Ransomes. Sims & Jeffries

Auch kleinere Firmen wagten in den 20er Jahren den Schritt zur Selbstständigkeit als Lastwagenhersteller. Bislang stellte man Hänger oder landwirtschaftliche Geräte her, jetzt sollten es selbst fahrende Steamer sein. Technisch gesehen war dieses 1923er-Modell schon etwas überholt, wie die Fotos der Sentinel oder Foden Steamer zeigen, die deutlich mehr Ladevolumen aufwiesen.

Modell:	Ransomes. Sims & Jeffries
Baujahr:	1923
PS/kW:	ca. 20 PS/15 kW
Hubraum ccm:	entfällt
Motortyp:	Overtype

Renault Bus 1910

Die ersten leichten Lastwagen von Renault begnügten sich 1906 noch mit einem Zweizylindermotor und zehn PS Leistung. Vier Jahre später entstand dieser Renault-Bus der Dreitonner-Klasse, der wie alle anderen Busse der damaligen Zeit auf einem Lastwagen-fahrgestell montiert wurde. Im Ersten Weltkrieg avancierte Renault schnell zum Hauptlieferant der französischen Armee.

Modell:	Renault Bus 1910
Baujahr:	1910
PS/kW:	38 PS/28 kW
Hubraum ccm:	6100
Motortyp:	R/4 Zylinder B

Republic Delivery Truck

Die amerikanischen Republic-Werke in Alma/Michigan wurden 1914 gegründet und fusionierten 1929 mit American LaFrance. Von diesem 1917 hergestellten Delivery Truck wurden nur fünf Stück hergestellt. Vollgummireifen waren damals noch Standard. Neben selbst entwickelten Vierzylindermotoren wurden auch Buda- und Continental-Motoren eingebaut.

Modell:	Republic Delivery Truck
Baujahr:	1917
PS/kW:	20 PS/15 kW
Hubraum ccm:	2880
Motortyp:	R/4 Zylinder

Saurer 3TC Bus

Mit dem Pendelbus von Saurer brachte die Deutsche Luft Hansa A.G. schon 1928 ihre Passagiere vom Zentrum Berlins zum Flugplatz Tempelhof und zurück. Die Junkers G 24 galt damals als Großflugzeug und war in der Lage, neun Passagiere im abenteuerlichen Nachtflug von Berlin nach Königsberg zu transportieren. Der Saurer 3TC galt als besonders zuverlässiges Fahrzeug, weil seine patentierte Motorbremse Bergabfahrten ungefährlicher erscheinen ließen als mit der sonst üblichen Hinterradbremse.

Modell:	Saurer 3TC Bus
Baujahr:	ca. 1923
PS/kW:	30 PS/22 kW
Hubraum ccm:	5320
Motortyp:	R/4 Zylinder

Saurer – Der Pionier vom Bodensee

1888 erhält die Firma Saurer aus Arbon in der Schweiz ein Patent für einen stationären Petroleummotor. Schon ein Jahr nach Karl Benz und Gottlieb Daimler lief am schönen Bodensee dann der erste Benzinmotor, der in Kutschen ähnliche Personenwagen eingebaut und verkauft wurde. Der erste Saurer-Lastwagen, ein robuster Fünftonner, verfügte schon 1903 über einen 27 PS starken Vierzylindermotor mit vier einzeln stehenden Zylindern und Dreiganggetriebe. Der Durchbruch zum damals dominierenden Lastwagenhersteller gelang Saurer

1904 mit der Erfindung der Motorbremse, eines Mehrstoff-Vergasers und eines Druckluftstarters. Rudolf Diesel und Hippolyt Saurer entwickelten bei der Züricher Motorenschmiede SAFIR gemeinsam den ersten Fahrzeug-Dieselmotor mit einer Leistung von 25 PS bei 800 U/min. Wegen der damals noch üblichen Brennstoffeinblasung ist der Motor in einem Fahrzeug noch nicht verwendbar. Das gute Stück kann heute im Deutschen Museum in München besichtigt werden. Vor dem Ersten Weltkrieg war Saurer der größte Lastwagenproduzent weltweit.

Saurer 3BLD

Während die Konkurrenz sich noch mit den feuchtigkeitsanfälligen Benzinmotoren herumschlug, setzten die Saurer-Werke konsequent auf die neue Diesel-Technologie, die von den Schweizern zur Serienproduktion weiterentwickelt wurde. Dieser Saurer 3BLD-Drehleiter-Feuerwehrwagen von 1934 bekam den von Saurer entwickelten Direkteinspritzer-Dieselmotor mit obenliegender Nockenwelle verpasst, der heute in jedem schweren Nutzfahrzeug eingebaut ist.

Modell:	Saurer 3BLD
Baujahr:	1934
PS/kW:	100 PS/73 kW
Hubraum ccm:	7800
Motortyp:	R/6 Zylinder

Sentinel Standard Wagon

Der Erste Weltkrieg war 1918 endlich überstanden. Während in ganz Europa und den USA benzinbetriebene Lastwagen die schweren Dampfwagen aufs „Abstellgleis" verbannten, entwarfen englische Ingenieure neue Modelle. Die Firma Sentinel galt damals als wegweisend für die ganze Branche. Bis 1922 wurden über 1500 Dampfwagen von diesem Typ meist an Brauereibetriebe verkauft.

Modell:	Sentinel Standard Wagon
Baujahr:	1918
PS/kW:	ca. 25 PS/18 kW
Hubraum ccm:	entfällt
Motortyp:	Undertype

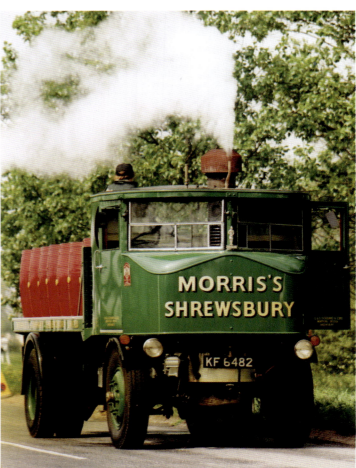

Sentinel DG 4P

Bis in die 30er Jahre hinein fuhren die meisten englischen Dampfwagen nur im direkten Gang, ohne Kupplung und Getriebe – wie eine Dampflokomotive. Alle Dampfwagen entwickeln ihre maximale Durchzugskraft schon bei niedrigsten Drehzahlen, dafür fehlt es dann an der Spitzengeschwindigkeit. Sentinel beseitigte dieses Manko mit einem Zweiganggetriebe beim gezeigten Typ DG 4P von 1931. Nun lag die Höchstgeschwindigkeit bei ca. 50 km/h.

Modell:	Sentinel DG 4P
Baujahr:	1931
PS/kW:	ca. 55 PS/40 kW
Hubraum ccm:	entfällt
Motortyp:	Later undertype

Sentinel S4

Sentinel stellte 1933 diesen formal und technisch gesehen durchaus modernen Dampfwagen auf die Räder. Bis zu Beginn des Zweiten Weltkriegs wurden etwa 400 Stück davon verkauft, und auch nach dem Krieg fanden noch etwa 100 Sentinel S4/6 als Dreiachser aufgebaut bei einem argentinischen Bergwerksunternehmen Verwendung. Der pflegearme Kardanantrieb löste nun endgültig den bisherigen Kettenantrieb ab, und auch die Leistung des Dampfmotors konnte sich im Vergleich zu den inzwischen längst marktbeherrschenden Benzinern sehen lassen.

Modell:	Sentinel S4
Baujahr:	1935
PS/kW:	ca. 60 PS/44 kW
Hubraum ccm:	entfällt
Motortyp:	Later undertype

Sentinel S Traktor

Den bisherigen Schlusspunkt der Dampfwagen-Entwicklung stellt nach Meinung anerkannter Experten die Baureihe Sentinel S dar. Der Kessel befindet sich hinter der Vorderachse und die Antriebseinheit unter dem Chassis, daher der Begriff Later undertype. Bei dieser hervorragend restaurierten Zugmaschine von 1936 wird noch der ständig rasselnde Kettenantrieb verwendet. Jeder Sentinel-Dampfwagen wurde exakt nach den Wünschen der Kundschaft montiert.

Modell:	Sentinel S Traktor
Baujahr:	1936
PS/kW:	ca. 60 PS/44 kW
Motortyp:	Later undertype

Volvo – Eine Kugellagerfabrik stand Pate

Der eine war ein hervorragender Verkaufsmanager, der andere ein nicht weniger talentierter Ingenieur. Beide arbeiteten bei der schwedischen Kugellagerfabrik SKF. Assar Gabrielson und Gustav Larson kam 1924 die Erkenntnis, dass die importierten Automobile aus Nordamerika nicht den Ansprüchen der oft rauen skandinavischen Verhältnisse genügen würden. Doch bei dieser Erkenntnis blieb es nicht, 1927 erblickte der erste Volvo-Personenwagen die schwedische Sonne. Ein Jahr später rollte dann der erste Volvo-Lastwagen aus der Fabrikhalle der SKF in Lundby bei Göteborg. Nun begann die Erfolgsstory der schwedischen Autobauer.

Steyr

Man sieht es den Fahrern und Mechanikern der russischen Langstreckenfahrt an, dass hier ganze Arbeit geleistet worden war. Nur drei Jahre nach Beginn der Lastwagenproduktion war dies ein wichtiger Sieg für die junge Marke, die vorher als Österreichische Waffenfabrik Gesellschaft in Steyr ihr Geld verdient hatte. Zwei berühmte Konstrukteure arbeiteten in dieser Zeit bei Steyr: Hans Ledwinka, der zu Tatra wechselte, und Ferdinand Porsche, der bei Mercedes kündigte und die freie Stelle bei Steyr annahm.

Modell:	Steyr
Baujahr:	1925
PS/kW:	40 PS/29 kW
Hubraum ccm:	4014
Motortyp:	R/6 Zylinder B

Volvo Serie 1 LV40

Die ersten Volvo-Lastwagen wurden 1928 ausgeliefert, nachdem man schon 1927 aus der PKW-Produktion fast 500 Wagen verkaufen konnte, für damalige Zeiten ein ganz beachtlicher Erfolg. In diesem hübschen Feuerwehrwagen ist noch der erste Vierzylindermotor aus der PKW-Produktion eingebaut, der bald schon von einem stärkeren Hesselmann-Sechszylinder in der LV-Serie abgelöst wurde.

Modell:	Volvo LV40
Baujahr:	1928
PS/kW:	40 PS/29 kW
Hubraum ccm:	1900
Motortyp:	R/4 Zylinder B

Volvo LV76-78

Die ersten Volvo-Lastwagen vom Typ LV66 wurden 1929 angeboten. Unser Foto zeigt den Volvo LV76 von 1934. Volvo rüstete seine schweren Lastwagen vom Typ LV mit der berühmten Hesselmann-Zündanlage aus. Damit war es möglich, verschiedene Kraftstoffarten zu verwenden und den Zündzeitpunkt entsprechend zu verändern. Die Motorleistung lag zwischen 65 und 75 PS, je nach Produktionszeitraum. 1250 Volvo-Laster wurden bis 1938 ausgeliefert.

Modell:	Volvo LV76-78
Baujahr:	1934
PS/kW:	65 PS/48 kW
Hubraum ccm:	3266
Motortyp:	R/6 Zylinder, Benzin/Diesel

Volvo LV101

Von 1936 bis 1938 komplettierte Volvo seine LV-Bauserie mit dem Viertonner LV93, dem gezeigten 4,5-Tonner LV101 und dem Fünftonner LV290. Alle drei verfügten schon über hydraulische Bremsen an allen vier Rädern. Die Fahrzeuge der LV-Baureihe waren die letzten Vertreter der zweiten Volvo-Lastwagenproduktion, die 1928 begonnen hatte.

Modell:	Volvo LV101
Baujahr:	1938
PS/kW:	75 PS/55 kW
Hubraum ccm:	3266
Motortyp:	R/6 Zylinder

Volvo TVC

Bei der schwedischen Küstenartillerie wurde dieser unorthodoxe Frontlenker mit Allradantrieb bis in die 80er Jahre eingesetzt. Der Radstand betrug nur 3,35 Meter bei einem Gesamtgewicht von 14 000 kg in der 6x4-Ausführung. Ganze 168 Volvo TVC wurden zwischen 1942 und 1943 hergestellt.

Modell:	Volvo TVC
Baujahr:	1942
PS/kW:	140 PS/103 kW
Hubraum ccm:	4890
Motortyp:	FBT

Volvo HBT

Sein Vaterland zu verteidigen war eine Pflicht, die Volvo in den 40er Jahren ernst nahm. Das Halbkettenfahrzeug HBT wurde 1943 an die Streitkräfte mit dem Hesselmann-Mehrstoffmotor ausgeliefert. Ähnliche Halbkettenfahrzeuge stellten in Deutschland Opel und Mercedes-Benz während der Kriegsjahre her.

Modell:	Volvo HBT
Baujahr:	1943
PS/kW:	130 PS/95 kW
Hubraum ccm:	7600
Motortyp:	R/6 Zylinder

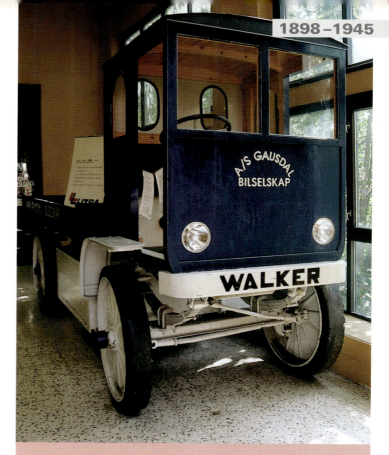

Walker Electric

Die Walker Vehicle Company galt in den USA als einer der fortschrittlichsten Hersteller von Elektrowagen. Von 1907 bis 1937 verließen etwa 3750 Walker Elektro-Nutzfahrzeuge die Werkshalle in Chicago. Der griffige Werbeslogan der Firma überzeugte manchen kühlen Rechner: „Electric power – half the cost of gas". Unser Exemplar steht im Norwegischen Automuseum von Lillehammer. Der Wagen wurde von 1917 an für über zehn Jahre zum Transport von Milchkannen benutzt und bewährte sich bestens.

Modell:	Walker Electric
Baujahr:	1917
Reichweite:	65 km
Geschwindigkeit:	18 km/h

White Scenic Bus

Die White Company eröffnete ihr erstes Automobil-Werk schon 1900 in Cleveland/Ohio. Die ersten Lastwagen und Busse wurden noch durch Dampfmotoren angetrieben, ehe man sich 1910 den Benzinern verschrieb. Dieser perfekt restaurierte White Hotelbus wurde 1925 ausgeliefert. Die eigenen Vierzylindermotoren wurden damals auch an andere Firmen verkauft. Aus kleinen Anfängen wuchs White nach dem Krieg zu einem der drei führenden Nutzfahrzeughersteller der USA.

Modell:	White Scenic Bus
Baujahr:	1925
PS/kW:	45 PS/33 kW
Hubraum ccm:	5400
Motortyp:	R/4 Zylinder

1946–1960
Frontlenker kontra Langnasen

Frontlenker kontra Langnasen

Durch eine Fülle neuer Vorschriften und Gesetze enden die klassischen Lastwagen mit den langen Motorhauben vor dem Fahrerhaus innerhalb weniger Jahre in der Schrottpresse. Der moderne Frontlenker setzt sich in ganz Europa durch.

Nach der bedingungslosen Kapitulation der deutschen Wehrmacht verboten die siegreichen alliierten Streitkräfte kurzerhand alle Lastwagen mit drei Achsen. Eine zusätzliche Vorschrift begrenzte die Maximalleistung aller Lastwagen auf 150 PS. Selbstverständlich galt diese Verordnung des Kontrollrats nur für deutsche Hersteller. Denn die bis zu 180 PS starken Dreiachser von Büssing, Henschel, Krupp, Mercedes-Benz, MAN und Vomag hatten sich im Krieg als beste Transportmittel für den Nachschub erwiesen. Ein Mercedes-Benz L 10 000 von 1937 konnte ohne Mühe 18 Tonnen Kriegsmaterial im Hängerbetrieb an die Front befördern. Mit diesem reichlich abstrusen Erlass wollten die Alliierten eventuelle Gelüste nach einer Wiederaufrüstung im Keim ersticken.

Die arg gebeutelten Transporteure wussten sich zu helfen. Nun kamen die berühmten Straßenschlepper von Büssing, Hanomag, Kaelble oder Lanz wieder zu neuen Ehren, wenn es galt, schwere Lasten mit einem oder zwei Hängern zu befördern. Gezogen wurde vorne, gebremst auch hinten. Vor dem Gefälle stieg der Beifahrer aus und kletterte auf den hinteren Hänger. Unser Sozius kurbelte nun die Feststellbremse so weit herunter, dass eine sichere Abfahrt zumindest meistens gewährleistet war. Auf schneebedeckter Fahrbahn geriet allerdings so manches Gespann durch blockierende Räder von der Straße ab. Die Alliierten betrachteten nach knapp fünf Jahren den Zweck ihrer Maßnahmen als erfüllt und strichen den Erlass bezüglich der maximalen Motorisierung und der drei Achsen ersatzlos. Ab 1950 feierten PS-starke Lastwagen wieder fröhliche Auferstehung in Deutschland. Bedarf gab es reichlich, denn das deutsche Wirtschaftswunder war in vollem Gange. Neue Speditionsgesellschaften zog es in die Ferne. Für die Langstrecken waren die knuffeligen, kaum 50 km/h schnellen Straßenschlepper nicht geeignet. So schnell stirbt eine ganze Wagengattung aus.

Ähnlich leidvolle Erfahrungen mussten einige deutsche Lastwagenfirmen verkraften. Ihre „Langnasen" verkauften sich immer schlechter, denn der Verkehr in den Städten nahm Ende der 50er Jahre dramatisch zu. Heftiges Wehklagen der Chauffeure: Mein Laster ist zu lang für die Innenstadt. Schon vor dem Krieg erregten die ersten kompakten Frontlenker von Autocar und Diamond T in Amerika die Gemüter. Ohne die Sicht behindernde Motorhaube konnten auch weniger talentierte Fahrer sicherer und eleganter im Großstadtverkehr manövrieren. Die englischen und italienischen Hersteller setzten schon vor dem Krieg auf ihre plattnasigen Frontlenker. Die andere Seite der Medaille wog anfangs schwer. Mit null Aufprallschutz fühlten sich die meisten Fuhrleute im schnellen Fernverkehr dem Schicksal ausgeliefert.

Schwer wog auch das Argument der Service-freundlichkeit. Ohne die heute üblichen kippbaren Fahrerhäuser gerieten Reparaturarbeiten am Motor eines Frontlenkers zur Schwerstarbeit. Büssing reagierte darauf mit Unterflurmotoren, Scania mit dem ersten kippbaren Fahrerhaus.

Nach einigen hitzigen Debatten sorgte der Gesetz-geber in Deutschland für eine deutliche Entschei-dung zugunsten der neuen Frontlenker. Konrad

Adenauers umtriebiger Verkehrsminister Walter Seebohm koppelte die Aufbaulänge mit der zu-lässigen Nutzlast und schickte alle Langhauber bin-nen weniger Jahre ins Abseits. Frontlenker konn-ten somit höhere Lasten mit kurzer Aufbaulänge transportieren. Als gesunden Kompromiss emp-fanden viele Transporteure in den 50er und 60er Jahren die so genannten Kurzhauber von MAN und Mercedes-Benz. Statt der langen Sechs- und Acht-zylinder-Reihenmotoren wurden in Windeseile kurz bauende V6- und V8-Motoren entwickelt, die sich hervorragend bewährten. Letztlich setzte sich der „ungeliebte" Frontlenker auf der ganzen Linie durch, denn jedes bisschen Plus an zusätzlicher Nutzlast zahlt sich lang-fristig im Fernverkehr aus.

American LaFrance – Beste Qualität seit 1903

Vor schwierigen Aufgaben schreckte American LaFrance nie zurück. So entstanden in Elmira bei New York ab 1903 die leistungsfähigsten Pumpen, die mit Dampfkraft angetrieben wurden. Schließlich galt es, die schon damals bis zu 100 Meter hohen Gebäude von New York bei Bränden zu schützen. 1916 entwickelte die Firma eine Hochdruckpumpe, die 3500 Liter Löschwasser pro Minute in den Brandherd pumpen konnte.

Zusammen mit General Motors entwarfen die Feuerwehrspezialisten 1931 einen 240 PS starken Zwölfzylindermotor, der nicht nur die eigenen Fahrzeuge antrieb, sondern auch an Brockway und Greyhound geliefert wurde. Das Glanzstück der Firma war vor dem Zweiten Weltkrieg eine Spezialpumpe, die in der Lage war, die Spitze des damals höchsten Gebäudes der Welt, des Empire State Buildings, zu erreichen.

American LaFrance 700

Beim ersten Frontlenker-Modell von American LaFrance von 1950 ist der Motor hinter dem Fahrer, und damit teilweise unter den hinteren Sitzen der Begleitmannschaft platziert. Bei hohen Temperaturen kamen die Feuerwehrmänner schon während der Anfahrt zum Brandherd gehörig ins Schwitzen.

Modell:	American LaFrance 700
Baujahr:	1950
PS/kW:	180 PS/132 kW
Hubraum ccm:	8990
Motortyp:	V8 Zylinder, Benzin

American LaFrance 800

Vor dem Zweiten Weltkrieg galt American LaFrance als einer der weltweit führenden Hersteller von Feuerwehrfahrzeugen. Daimler Chrysler übernahm inzwischen die Firma, und damit ist die Basis für Neuentwicklungen geebnet. Das Foto zeigt den Typ 800 von 1957 mit Twinflow-Pumpe, die für eine Pumpleistung von 800 Gallonen oder 3028 Liter pro Minute sorgte.

Modell:	American LaFrance 800
Baujahr:	1957
PS/kW:	260 PS/191 kW
Hubraum ccm:	12 890
Motortyp:	V8 Zylinder, Diesel

Autocar DC-102

Seit 1907 stellt Autocar konventionelle Trucks her, die weniger durch technische Neuerungen auffielen, dafür aber schon immer als grundsolide galten. 1953 übernahm White den einstigen Konkurrenten. Dieser Autocar von 1954 wurde im Laufe der letzten 50 Jahre von seinem Besitzer kontinuierlich auf den „neuesten" Stand gebracht. Die hohe Mulde aus Aluminium stammt aus dem Baujahr 1962, an der neuen Motorhaube von 1964 sieht man die Jahreszahl 54. Lediglich der große Luftfilter zeigt das wahre Alter noch am besten an.

Modell:	Autocar DC-102
Baujahr:	1954
PS/kW:	225 PS/165 kW
Hubraum ccm:	10 800
Motortyp:	R/6 Zylinder

American LaFrance 900

Die klassischen amerikanischen Feuerlöschwagen sind seit 1905 untrennbar mit dem Namen American LaFrance verbunden. Schon 1931 fanden selbst entwickelte, bis zu 240 PS starke Zwölfzylinder-Benzinmotoren in ihren Feuerwehrfahrzeugen und in Überlandbussen Verwendung. Als Chassis der älteren Feuerwehrwagen dienten modifizierte Busfahrgestelle. Löschleistung: 3150 Liter pro Minute.

Modell:	American LaFrance 900
Baujahr:	1958
PS/kW:	260 PS/191 kW
Hubraum ccm:	12 890
Motortyp:	V8 Zylinder, Diesel

(Barkas) Framo 901/2

Die VEB Fahrzeugwerke Karl-Marx-Stadt fertigten auf Anweisung von „ganz oben" für alle osteuropäischen Staaten den Framo 1,5-Tonner. Dieser Framo von 1959, den ein Waiblinger Sammler in mühevoller Arbeit zu neuem Leben erweckte, ist ein ganz seltenes Liebhaber-Fahrzeug im Westen Deutschlands. Besser bekannt sind die Barkas B 1000-Lieferwagen, die bis vor einigen Jahren das Bild auf den Straßen der DDR mitbestimmten. Als Antrieb dient ein weiterentwickelter DKW-Zweitaktmotor.

Modell:	(Barkas) Framo 901/2
Baujahr:	1959
PS/kW:	28 PS/21 kW
Hubraum ccm:	900
Motortyp:	3 Zylinder 2 Takt

Bedford – Eine wechselvolle Geschichte

In starken Exportmärkten lässt sich viel Geld verdienen. Zu dieser Erkenntnis kam 1931 auch General Motors und errichtete in Hendon bei London ein Montagewerk mit dem Namen Bedford. Nach einem verhaltenen Start stieg die Produktion zu Beginn des Zweiten Weltkriegs sprunghaft an. Über 250 000 Bedford 1,5- bis Dreitonner wurden allein bei den britischen Streitkräften gebraucht. 1958 standen 1 Million verkaufte Bedford-Lastwagen in den Annalen der Firma, und fast niemand zweifelte an einer weiteren Erfolgsstory. Durch eine etwas undurchsichtige, ganz auf die britischen Verhältnisse eingestellte Modellpolitik rutschte Bedford in den darauf folgenden Jahren immer mehr gegenüber der Konkurrenz aus dem restlichen Europa ab.

Bedford SB

Die ersten Bedford-Laster nach dem Krieg waren technisch gesehen Vorkriegsmodelle. Interne Bezeichnung: Bedford OX, OY und OL, die auf 1,5 bis drei Tonnen ausgelegt waren. Der Bedford OL kam als erstes Frontlenker-Modell auf den Markt. Von diesem Typ ist der Bedford SB abgeleitet. Das Foto wurde 1999 in Lagos/Portugal aufgenommen.

Modell:	Bedford SB
Baujahr:	1952
PS/kW:	110 PS/81 kW
Hubraum ccm:	4900
Motortyp:	R/6 Zylinder, Benzin

Bedford NZ

Aus den 50er Jahren stammt dieser betagte Bedford aus Neuseeland. Noch ist das skurrile Wohnmobil zugelassen, wie das Nummernschild zeigt, aber große Sprünge wird es keine mehr unternehmen.

Bedford

1931 wurde Bedford/England als zweites Standbein zu den amerikanischen General Motors-Werken gegründet. Der Erfolg der leichten Chevrolet Lastwagen sollte in Europa wiederholt werden, das Experiment gelang nur zum Teil. Dieser schwer beladene rote Bedford stammt aus der englischen Produktion und fährt heute noch jeden Tag zum Markt nach Saint Louis/Haiti.

Modell:	Bedford
Baujahr:	1954
PS/kW:	85 PS/62 kW
Hubraum ccm:	4890
Motortyp:	R/6 Zylinder, Benzin

Bedford Bus

In den ehemaligen Kolonialländern Englands trifft man heute noch auf Überbleibsel alter Zeiten. Hier quält sich ein uralter Bedford durch den ostafrikanischen Busch. Eingebaut ist ein solider Perkins-Dieselmotor.

Modell:	Bedford Bus
Baujahr:	1956
PS/kW:	90 PS/66 kW
Hubraum ccm:	6290
Motortyp:	R/6 Zylinder

Bedford SA

Auch in Südafrika wurden unter der Leitung von General Motors englische Bedford-Trucks gebaut. Dieses Foto entstand im Januar 2004 im Königreich Lesotho. Das „Gesicht" hat deutlich amerikanische Züge.

Modell:	Bedford SA
Baujahr:	1957
PS/kW:	90 PS/66 kW
Hubraum ccm:	6290
Motortyp:	R/6 Zylinder, Diesel

Borgward B 2500

Schon wenige Monate nach Kriegsende konnten die Borgward-Werke in Bremen die Produktion wieder aufnehmen. Wie bei Opel, Ford und Daimler Benz unterschieden sich die ersten Nachkriegsmodelle äußerlich nur wenig von den Vorkriegsmodellen. Die B-Baureihe fing bei zwei Tonnen Nutzlast an und reichte bis 4,5 Tonnen. Unser Bild zeigt den 2,5-Tonner.

Modell:	Borgward B 2500
Baujahr:	1954
PS/kW:	60 PS/44 kW
Hubraum ccm:	3308
Motortyp:	R/4 Zylinder, Diesel

Borgward – Trauriges Ende einer großen Karriere

Der Zweite Weltkrieg zerstörte fast alle Hoffnungen bei den Bremer Borgward-Werken, denn nur wenige Gebäude überstanden den vernichtenden Bombenhagel der Alliierten. Ein Lichtblick: Deutlich weniger versehrt waren die wertvollen Maschinenanlagen. Mit der für Carl Borgward typischen Art trommelte er die Reste seiner Belegschaft zusammen und organisierte den Wiederaufbau der Produktion innerhalb weniger Monate. Durch einige Fehlentscheidungen bei der Modellreihe der Personenwagen geriet der ganze Konzern Ende der 50er Jahre in Zahlungsschwierigkeiten, und letztlich drehten die Banken 1961 den Geldhahn endgültig zu. Damit verschwand eines der besten und kreativsten deutschen Unternehmen sang- und klanglos vom Markt.

Borgward B 2000 A/O

Neun Soldaten fanden im Borgward-Kübelwagen bequem Platz. Der für seine hervorragende Geländegängigkeit geschätzte Allradler lief von 1955 bis 1961 als Dreivierteltonner vom Fließband. In diesem Exemplar ist noch der ältere Vergasermotor aus der PKW-Produktion eingebaut. Die letzten Exemplare erhielten einen schwächeren Dieselmotor, der allerdings deutlich pflegeleichter und zuverlässiger war als der „wetterfühlige" Benziner.

Modell:	Borgward B 2000 A/O
Baujahr:	1957
PS/kW:	80 PS/59 kW
Hubraum ccm:	2337
Motortyp:	R/6 Zylinder

Modell:	Borgward B 4500
Baujahr:	1957
PS/kW:	95 PS/70 kW
Hubraum ccm:	4962
Motortyp:	R/6 Zylinder

Modell:	Borgward MTW
Baujahr:	1957
PS/kW:	80 PS/59 kW
Hubraum ccm:	2337
Motortyp:	R/6 Zylinder

Borgward B 4500

Sonderaufbauten waren eine Spezialität der Bremer Borgward-Werke. Dieser Küchenwagen von 1957 ist mit dem Sechszylinder-Wirbelkammer-Dieselmotor eigener Fertigung ausgestattet, erkennbar an der kleinen Lufthutze in Höhe der Scheinwerfer. Von diesem standfesten Motor gab es drei Leistungsstufen mit 75, 85 und 95 PS. Das Fahrzeug selbst konnte mit und ohne Vorlege-Fünfganggetriebe bestellt werden.

Borgward MTW

Borgward war bis 1961 einer der wesentlichen Ausrüster der Bundeswehr und der technischen Hilfswerke. Dieser Borgward MTW wurde 1957 noch mit dem Borgward 6 M Vergaser-Benzinmotor ausgeliefert. Die späteren Exemplare bekamen einen Wirbelkammer-Dieselmotor spendiert. Die allradbetriebenen Borgward Kübel- und Pritschenwagen stehen beim harten Kern der Offroad-Fans immer noch hoch im Kurs, wie dieses schön restaurierte Fahrzeug beweist. Vierganggetriebe mit Vorgelege, der Vorderradantrieb kann bei guten Straßenverhältnissen abgetrennt werden.

Büssing-NAG S 7000

Büssing war in den ersten Jahren nach dem Zweiten Weltkrieg klar die Nummer Eins auf dem europäischen Markt. Mit dazu bei trugen die berühmten Hauber mit zurückversetzter Vorderachse, wie dieser S 7000. Der Sechs-zylinder-Vorkammer-Dieselmotor ist stehend eingebaut. An sich begeisterte sich Büssing mehr für die Unterflur-Bauweise, die sich bei Bussen bewährte, beim Lastwagen zeigten sich allerdings die Grenzen dieser Bauart.

Modell:	Büssing-NAG S 7000
Baujahr:	1950
PS/kW:	150 PS/110 kW
Hubraum ccm:	13 539
Motortyp:	R/6 Zylinder

Büssing – Der Marktführer gerät ins Wanken

Schon wenige Wochen nach Kriegsende 1945 rollten bei Büssing wieder neue Last-wagen aus der weitgehend intakten Fabrik. Das Familienunternehmen florierte in den kommenden Jahren, und zeitweise übernahm Büssing die Spitze in den Zulassungs-zahlen bei den schweren Lastwagen über 7,5 Tonnen. In der mittleren Baureihe ver-lor Büssing mit dem „Burglöwen" und den schwer verkäuflichen Unterflur-Modellen gewichtige Marktanteile an Mercedes-Benz und MAN, was sich auf das gesamte Familienunternehmen mit seinen 6000 Beschäftigten auswirkte. Büssing geriet von 1962 an in die Verlustzone. Die Salzgitter AG übernahm ein gutes Drittel des Büssing-Aktienpakets.

Büssing 8000 Typ GD 6

Von 1995 bis 2003 wurde dieser Büssing 8000 aufwändig restauriert. 1950 galten die Büssing-Hauber als „Könige der Land-straße", obwohl die Konkurrenz teilweise erheblich leistungsfähigere Motoren anbot als das mittelständische Familienunter-nehmen aus Braunschweig. Dennoch, die Legende lebt, wie der Restaurator von TCH Hauser zu Recht behauptet.

Modell:	Büssing 8000 Typ GD 6
Baujahr:	1950
PS/kW:	150 PS/110 kW
Hubraum ccm:	13 539
Motortyp:	6R/6 Zylinder Büssing GD 6

Büssing 8000-S13

1952 brachte Büssing seinen bei Spedi-tionen besonders geschätzten Langhauber mit der 180 PS starken S13-Maschine auf den Markt. In jenen Zeiten waren zweite Hänger noch weit verbreitet, und hier zeigte sich der bislang verwendete 150 PS-Motor oft als zu leistungsschwach. Aufbau von Wagen und Hänger sind von Schenk. Die Restaurationszeit für dieses tolle Gespann betrug sieben Jahre. Es ist der einzige voll restaurierte Wagen von diesem Modell.

Modell:	Büssing 8000-S13
Baujahr:	1952
PS/kW:	180 PS/132 kW
Hubraum ccm:	13 539
Motortyp:	R/6 Zylinder-Vorkammer-Dieselmotor

Büssing 12 000 U

In den 50er Jahren erregte dieser ellen-lange Büssing 12 000 U wie kaum ein anderer Fernverkehrlastwagen die Ge-müter der Spediteure. Statt der bekannten Hauber-Bauweise war nun der bis zu 200 PS starke Sechszylinder-Dieselmotor unter der Ladepritsche des Zwölftonners plat-ziert. Nicht einmal 50 Lastwagen von die-sem Typ konnte Büssing zwischen 1952 und 1956 verkaufen, während das Ge-schäft mit den „kleineren" Lastern bei den Braunschweigern hervorragend lief.

Modell:	Büssing 12 000 U
Baujahr:	1953
PS/kW:	200 PS/147 kW
Hubraum ccm:	15 025
Motortyp:	R/6 Zylinder U15

Büssing 6000 S

Zwischen 1952 und 1956 liefen über 3000 Laster von diesem besonders robusten und damit auch erfolgreichen Typ „vom Band". Für den Typ 6500 S und 7500 S stand ein deutlich stärkerer 150 PS-Motor mit knapp zehn Litern Hubraum als Alternative zu dem relativ leistungsschwachen 6000 S im An-gebot. Für den damals so populären Hänger-betrieb war dies eindeutig die bessere Alter-native, die sich allerdings nicht jeder leisten konnte.

Modell:	Büssing 6000 S
Baujahr:	1956
PS/kW:	120 PS/88 kW
Hubraum ccm:	7983
Motortyp:	R/6 Zylinder

Büssing 6000-S

Büssing beherrschte nach dem Krieg die Sparte Schwerlastwagen im deutschen Güter-verkehr. Teilweise betrug der Marktanteil über 50 Prozent. Dieser fein restaurierte Büssing 6000-S Sattelschlepper wurde zwischen 1952 und 1957 über 1000 Mal verkauft. Die ge-samte Baureihe umfasst 3247 Stück, die auch Pritschenwagen, Kipper und Sonderaufbauten berücksichtigt. Heute sind keine fünf fahrbereiten Büssing 6000 mehr in Europa vorhanden.

Modell:	Büssing 6000-S
Baujahr:	1956
PS/kW:	120 PS/88 kW
Hubraum ccm:	7983
Motortyp:	R/6Zylinder LDX

Büssing BS 11

Zwischen 1956 und 1959 wurde die Bau-reihe 11 in Hauber-Ausführung weiter pro-duziert, obwohl die Frontlenker gesetzlich bedingt immer mehr an Boden gewannen. Dieser bildschön restaurierte Möbellaster ist mit dem Sechszylinder- Büssing-Vor-kammmer-Dieselmotor ausgestattet, der noch auf eine Konstruktion der NAG-Werke zurück reicht.

Modell:	Büssing BS 11
Baujahr:	1958
PS/kW:	170 PS/125 kW
Hubraum ccm:	10 870
Motortyp:	R/6 Zylinder

Chevrolet F 216,5

Mit einer völlig neuen Wagenfront überraschte Chevrolet 1947 die Fachwelt und Kunden. Ihre Lastwagen sollten nun wie ihre Straßenkreuzer aussehen. Dies gelang zumindest teilweise, denn über die nächsten zehn Jahre blieb dieses „Advanced Design" (fortschrittliches Design) genannte Stilelement nahezu unverändert. Der eingebaute Benzinmotor stammt aus der Fleet-master-Serie. Zwischen 1947 und 1952 präsentierte Chevrolet nicht weniger als 58 verschiedene Truck-Modelle, die zum Teil auch in Belgien und Brasilien montiert wurden.

Modell:	Chevrolet F 216,5
Baujahr:	1948
PS/kW:	93 PS/68 kW
Hubraum ccm:	3548
Motortyp:	R/6 Zylinder, Benzin

Chevrolet Stylemaster Pickup

Pfleglich geht dieser amerikanische Oldtimer-Fan mit seinem Oldie um. Die Basis für den Pickup war die Chevrolet Stylemaster-Bau-reihe von 1948. Das gleiche „Gesicht" erhielten dann die leichten Nutzfahrzeuge. So konnte jeder einen neuen Chevy erkennen.

Modell:	Chevrolet Stylemaster Pickup
Baujahr:	1948
PS/kW:	90 PS/66 kW
Hubraum ccm:	3548
Motortyp:	R/6 Zylinder, Benzin

Chevrolet Hot Rod 51

Das charakteristische Breitmaulgesicht entzückte 1951 viele Amerikaner. Taucht dieser gelbe Chevy Hot Rod im Rückspiegel auf, sollte man auf die rechte Spur wechseln. Wer hat schon 420 PS an der Hinterachse bei einem Gewicht von 1800 kg? Schräge Nostalgie nach amerikanischer Art.

Modell:	Chevrolet Hot Rod 51
Baujahr:	1951/2003
PS/kW:	420 PS/309 kW
Hubraum ccm:	5680
Motortyp:	V8 Zylinder

Chevrolet Light Panel Truck

Zwischen 1948 und 1953 wurde dieser wohlgerundete Chevrolet Lieferwagen verkauft. 1948 betrug der Einstandspreis 1349 Dollar. Im letzten Jahr der Produktion wollten die Händler 2281 Dollar für das gute Stück. Im Vergleich zur Konkurrenz waren die Chevys mit ihrem Sechszylindermotor immer noch ein gutes Stück preiswerter. Dafür durften sich die Ford-Fahrer über einen Achtzylinder freuen.

Modell:	Chevrolet Light Panel Truck
Baujahr:	1953
PS/kW:	115 PS/84 kW
Hubraum ccm:	3850
Motortyp:	R/6 Zylinder, Benzin

Chevrolet Super

Dieser Chevrolet Super wurde in den 50er Jahren in Schweden gebaut. Technisch gesehen gleicht er im Wesentlichen dem zuverlässigen Dodge Power Wagon von 1954. Ein schwedischer Sägewerkbesitzer benutzt ihn auch heute noch bei der Arbeit mit schweren Baumstämmen.

Modell:	Chevrolet Super
Baujahr:	1954
PS/kW:	90 PS/66 kW
Hubraum ccm:	5260
Motortyp:	R/6 Zylinder, Benzin

Chevrolet Thriftmaster 235

Sichtbar stolz zeigt mir der türkische Fahrer seinen roten Truck: „My old Chevy is best quality". Daran zweifelt wohl niemand – über 50 Jahre auf dem Buckel und immer noch kerngesund. Unter der Haube blubbert der damals neu entwickelte Thriftmaster-Sechszylinder leise vor sich hin. Thriftmaster bedeutet Sparmeister, ein Name, der auf diesen Truck im fernen Istanbul sicher passt.

Modell:	Chevrolet Thriftmaster 235
Baujahr:	1954
PS/kW:	92 PS/68 kW
Hubraum ccm:	3850
Motortyp:	R/6 Zylinder, Benzin

DAF T50

Das erste Nachkriegsmodell war 1949 der Viertonner T50, nachdem die Gebrüder van Doorne während der deutschen Besatzung schon mit verschiedenen Front- und Heck angetriebenen Prototypen experimentiert hatten. Den T50 gab es mit Hercules- Benzin- oder Perkins-Dieselmotor. Mit dem T50 begann die eigentliche Serienproduktion der holländischen DAF-Lastwagen und Busse.

Modell:	DAF T50
Baujahr:	1949
PS/kW:	75 PS/55 kW
Hubraum ccm:	4 700
Motortyp:	R/6 Zylinder Perkins D

DAF A50

Innerhalb von nur sechs Monaten wurde die erste DAF-Produktionshalle 1950 in Eindhoven gebaut. Nicht weniger rasant sah die Produktpalette der mittelständischen Firma aus. Drei Lastwagenmodelle von drei bis sechs Tonnen wurden hier montiert, und im gleichen Jahr kam noch der neue Eintonner auf die Räder. Das Foto zeigt die Montage der Fünftonner A50.

DAF YA 328

Ein Reihe hoch geländegängiger Fahrzeuge fürs Militär entwickelten die Konstrukteure von DAF innerhalb kürzester Zeit. Dieser Mannschaftswagen ging 1952 nach erfolgreicher Erprobung in die Serienproduktion. Der schwerste DAF-Militärlastwagen war der YA 616 Sechstonner, der 1956 mit Hilfe von Leyland entstand.

Modell:	DAF YA 328
Baujahr:	1952
PS/kW:	95 PS/70 kW
Hubraum ccm:	3280
Motortyp:	R/6 Zylinder

DAF 2000 DO

Schon sieben Jahre nach Produktionsbeginn konnte DAF 1955 das Zehntausendste Chassis ausliefern. Dann folgte ein Großauftrag über 3600 geländegängige Lastwagen für die holländischen Streitkräfte. In dieser Phase der rasanten Expansion entstand der DAF 2000 DO.

Modell:	DAF 2000 DO
Baujahr:	1957
PS/kW:	165 PS/121 kW
Hubraum ccm:	7000
Motortyp:	R/6 Zylinder

Diamond T 660

Nach dem Zweiten Weltkrieg erfuhr die amerikanische Nutzfahrzeugindustrie einen gigantischen Boom. Davon profitierte auch Diamond mit dem Modell T 660. 1952 konnte dieser formschöne Sattelschlepper mit folgenden Motoren bestellt werden: Continental-, Hercules- und Buda-Benzinmotoren sowie einem Cummins-Dieselmotor mit bis zu 300 PS. Der grüne Diamond ist mit einem Hercules-Benziner ausgerüstet.

Modell:	Diamond T 660
Baujahr:	1952
PS/kW:	162 PS/119 kW
Hubraum ccm:	6480
Motortyp:	R/6 Zylinder, Benzin

Dodge WC 57

Dodge belieferte schon im Ersten Weltkrieg die amerikanischen Streitkräfte und deren Verbündete mit Militärfahrzeugen. Im Zweiten Weltkrieg wurde Dodge, der zum Chrysler-Konzern gehört, zum wichtigsten Ausrüster. Von diesem allradbetriebenen Dodge WC 57 wurden über eine Million Wagen unterschiedlichster Bauart bis 1952 ausgeliefert. Der Frontantrieb ist zuschaltbar. Optimal für schweres Gelände: Manuelles Vierganggetriebe plus Verteilergetriebe mit Untersetzung.

Modell:	Dodge WC 57
Baujahr:	1949
PS/kW:	92 PS/68 kW
Hubraum ccm:	3773
Motortyp:	R/6 Zylinder, Benzin

Dodge Power Wagon WC 52

Dodge konstruierte seine Militärfahrzeuge konsequent im Baukastensystem. Als Basis dienten Fahrzeuge aus dem zivilen Nutzfahrzeugprogramm. So wurden alle Laster in der Klasse der 0,5- bis 1,5-Tonner mit der gleichen Reifengröße bestückt. In sechs verschiedene Chassis-Größen wurden zwei Motorentypen von 85 bzw. 92 PS eingebaut, die den gleichen Motorblock besaßen. Von diesem gezeigten allradbetriebenen Wagentyp konnten über 300 000 Stück ausgeliefert werden. Nach dem Krieg wurden noch einige tausend Stück auch an zivile Kunden verkauft, die ihn, wie hier gezeigt, als Abschleppwagen einsetzten.

Faun – Schwere Brocken von der Pegnitz

Mit einer bunten Mischung aus kommunalen Fahrzeugtypen, Feuerwehren, Bussen und Lastwagen jeden Kalibers konnte das Familienunternehmen fast alle Wünsche nach einem passenden Nutzfahrzeug realisieren. Aber nicht jede Marktnische ist wirklich profitabel. Bei Faun waren es die Schwerlastwagen und Sonderfahrzeuge, weniger die leichteren Typen, von denen man sich Mitte der 60er Jahre dann notgedrungen trennte.

Modell:	Dodge Power Wagon WC 52
Baujahr:	1946
PS/kW:	85 PS/63 kW
Hubraum ccm:	3650
Motortyp:	R/6 Zylinder, Benzin

Faun F60/365

In zahlreichen Varianten wurden die Faun-Lastwagen vom Typ F60 ab 1951 ausgeliefert. So gab es auch eine Zugmaschine mit und ohne Allradantrieb und einen formschönen Sattelschlepper sowie ein Modell für die Bundeswehr. Als passender Antrieb standen immer luftgekühlte Deutz-Motoren zur Auswahl. Die Leistung lag zwischen 90 PS beim Bundeswehr-Lastwagen und 180 PS bei der schweren Zugmaschine. Der gezeigte Faun ist mit 170 PS bestückt und erfreut heute noch, wie vor 50 Jahren, seinen stolzen Besitzer.

Modell:	Faun F60/365
Baujahr:	1955
PS/kW:	170 PS/126 kW
Hubraum ccm:	10 640
Motortyp:	V8 Zylinder, 2 Takt Diesel

Fiat 690 NT

1958 wurden die ersten schweren Lastwagen von Fiat mit Turboladermotoren ausgerüstet. Unser Bild zeigt den charakteristischen Typ 690 von 1960, quasi das Vorbild der typisch italienischen Schwerlastwagen jener Epoche. Die beiden Vorderachsen sind gelenkt, System „Tatzelwurm".

Modell:	Fiat 690 NT
Baujahr:	1960
PS/kW:	210 PS/156 kW
Hubraum ccm:	12 900
Motortyp:	R/6 Zylinder T

Ford 3-Tonner „Rhein"

Die alliierten Streitkräfte verschonten weitgehend die Ford-Werke bei Köln, und somit konnten die ersten Ford-Lastwagen kurz nach Kriegsende wieder verkauft werden. Formal gab es keine wesentlichen Unterschiede zwischen dem unverwüstlichen Vierzylinder vom Typ BB-Spezial und „Ruhr" und dem gezeigten „Rhein" mit dem Achtzylinder-Vergasermotor, der nun auf knapp vier Liter Hubraum aufgebohrt worden war. Die deutsche Kundschaft bevorzugte nach wie vor den sparsamen Vierzylinder.

Modell:	Ford 3-Tonner „Rhein"
Baujahr:	1948
PS/kW:	95 PS/70 kW
Hubraum ccm:	3924
Motortyp:	V8 Zylinder

Ford F8

Mit einer völlig neuen Modellreihe stellte sich Ford 1948 der Konkurrenz. Die charakteristisch gestylten F8 sollten Straßenkreuzer-Feeling in den Alltag bringen. Dies gelang zumindest in den ersten Nachkriegsjahren mit einem sanft schnurrenden V8-Benzinmotor, dem Rouge 239 mit knapp vier Litern Hubraum. Die meisten Feuerwehrlaster waren damals noch mit Benzinmotoren ausgerüstet.

Modell:	Ford F8
Baujahr:	1948
PS/kW:	150 PS/110 kW
Hubraum ccm:	3916
Motortyp:	V8 Zylinder

Ford F1 Delivery Van

Das blaue Schmuckstück rollte 1949 in Detroit vom Fließband und erregte mit seinen wohl gerundeten Kotflügeln und den schnieken Weißwandreifen die Gemüter. Ford-Lastwagen sollten ähnlichen Komfort und Luxus bieten wie die Personenwagen der damaligen Zeit. Das Kunststück gelang, der F1 wurde zu einem großen Verkaufserfolg.

Modell:	Ford F1 Delivery Van
Baujahr:	1949
PS/kW:	145 PS/107 kW
Hubraum ccm:	3916
Motortyp:	V8 Zylinder, Benzin

Ford F3 Parcel Delivery

In den ersten Nachkriegsjahren erneuerte Ford/USA seine Modellreihe Stück für Stück. Ford suchte sich nicht nur den Massenmarkt für seine leichten bis mittelschweren Trucks aus, sondern griff vehement kleinere Hersteller in den Marktnischen an, die jene bislang besetzten. Der Ford F3-Lieferwagen wurde nach den Wünschen der Paketdienste ab 1949 in Serie produziert.

Modell:	Ford F3 Parcel Delivery
Baujahr:	1949
PS/kW:	60 PS/44 kW
Hubraum ccm:	3654
Motortyp:	R/6 Zylinder

Ford F1 Pickup

Die charakteristischen „Nasenlöcher" sind das auffällige Merkmal der zwischen 1948 und 1950 offerierten Lastwagenreihe von Ford/USA. Zwei unterschiedlich kräftige Motoren standen zur Wahl: Ein 3,9 Liter V8-Benziner mit bis zu 145 PS und ein neuer Sechszylinder-Reihenmotor mit 3,7 Litern Hubraum und 130 PS, der in diesem hübschen Oldie eingebaut wurde.

Modell:	Ford F1 Pickup
Baujahr:	1950
PS/kW:	130 PS/95 kW
Hubraum ccm:	3720
Motortyp:	R/6 Zylinder, Benzin

Ford F-250 Courier

1953 wurde dieser schöne F-250 Courier in New York zugelassen, 50 Jahre später schnurrt der Achtzylinder immer noch behaglich wie eine Katze. Für die nötige Power sorgten vier Motoren unterschiedlicher Leistung: Ein 95 PS und 110 PS starker Sechszylinder, ein 100 PS und 145 PS starker Achtzylinder, und der neue Big V8. Mit diesem Motor ist der blaue F-250 ausgerüstet.

Modell:	Ford F-250 Courier
Baujahr:	1953
PS/kW:	145 PS/107 kW
Hubraum ccm:	5195
Motortyp:	V8 Zylinder, Benzin

Ford FK 3000 LF8-TS

Leichte Nutzfahrzeuge liefen in den Kölner Ford-Werken schon wenige Monate nach Kriegsende wieder vom Band. Zuerst stützte man sich auf Modelle, die sich in Europa schon vor dem Krieg bestens verkaufen ließen. Unser Ford FK 3000 LF8-TS ist eine Nachkriegskonstruktion. 1953 wurde dieses leichte Löschgruppen-Fahrzeug mit einem 100 PS starken V8-Benzinmotor ausgeliefert, dessen Konstruktion schon damals über 20 Jahre alt war. Viele Kunden bevorzugten den nur 57 PS starken Vierzylinder-Vergasermotor vom Typ G 28T oder den neuen Hercules-Sechszylinder-Reihenmotor vom Typ DJX-6, den ersten Dieselmotor in der Kölner Nutzfahrzeugpalette.

Modell:	Ford FK 3000 LF8-TS
Baujahr:	1953
PS/kW:	100 PS/74 kW
Hubraum ccm:	3924
Motortyp:	V8 Zylinder, Benzin G39T

Ford FK 4500

Nicht nur bei Opel, sondern auch bei Ford in Köln setzte man Anfangs der 50er Jahre immer noch auf Benzinmotoren, während die Konkurrenz von Hanomag, Mercedes-Benz, MAN usw. schon auf die sparsameren und im Durchzug stärkeren Dieselmotoren setzte. Die Ford FK-Bauserie konnte ab 1951 mit den wenig überzeugenden amerikanischen Hercules-Dieselmotoren bestellt werden. Keine spürbare Besserung brachte ab 1955 der Ford-Zweitakt-Wirbelkammer-Dieselmotor mit Rootsgebläse, mit dem unser 4,5-Tonner ausgerüstet war. Die Firmenleitung zog die Notbremse und stellte 1961 die eigene LKW-Entwicklung und -Produktion ein.

Modell:	Ford FK 4500
Baujahr:	1955
PS/kW:	120 PS/88 kW
Hubraum ccm:	4195
Motortyp:	V6 Zylinder AD6

Ford FK 2500

In einer Werbebroschüre schrieb die Presseabteilung von Ford: Wenn von Liebe auf den ersten Blick gesprochen wird, wissen Sie, was gemeint ist. Liebe auf den ersten Blick empfanden auch die meisten Lastwagenfahrer, die Kapitäne der Landstraße, die Ritter der Kiesgruben, als sie auf der Internationalen Automobilausstellung 1955 die neuen Zweitakt-Dieselmotoren von Ford sahen. Zitat Ende. Trotz aller Euphorie verschwanden diese Motoren so schnell wie sie gekommen waren wieder vom Markt.

Modell:	Ford FK 2500
Baujahr:	1955
PS/kW:	80 PS/59 kW
Hubraum ccm:	2797
Motortyp:	V4 Zylinder D

Ford F-100 Hot Rod

Viele Mexikaner sind echte Auto-Freaks. Dieser Ford F-100 von 1956 wurde zu einem Hot Rod umgebaut, der es faustdick unter der Haube hat: 450 PS warten nur darauf, dass der Highway nach Mexikali endlich frei ist. Low Rider-Fahrgestell, V8-Motor mit Turbolader und Nitromethanol-Einspritzung.

Modell:	Ford F-100 Hot Rod
Baujahr:	1955/2003
PS/kW:	450 PS/331 kW
Hubraum ccm:	6890
Motortyp:	V8 Zylinder

Ford F-100 Pickup

Fast jedes Jahr veränderte Ford bei seinem ungewöhnlich erfolgreichen Modell F-100 in den 50er Jahren die Form des wuchtigen Kühlergrills. Das 1956er-Modell bekam neue Blinklichter direkt unterhalb der Hauptscheinwerfer. Unter der Motorhaube brummelte ein neuer 272 cubic inch „Short Stoke" V8-Benziner mit 132 PS. Das Bild zeigt einen tiefer gelegten F-100 bei San Diego.

Modell:	Ford F-100 Pickup
Baujahr:	1956
PS/kW:	132 PS/97 kW
Hubraum ccm:	4457
Motortyp:	V8 Zylinder, Benzin

Modell:	Ford LaFrance 950
Baujahr:	1957
PS/kW:	277 PS/204 kW
Hubraum ccm:	8750
Motortyp:	V8 Zylinder

Ford 57 Tilt Cab

Eine gemäßigte Panorama-Windschutz-scheibe und ein zusätzliches Seitenfenster sind die Merkmale der 1957er Ford Tilt Cab-Modelle. Das Fahrerhaus konnte vollständig nach vorne geklappt werden, ideal für Motorinspektionen, die damals noch alle 5000 Kilometer nötig waren. Ein neu entwickelter 401 cubic inch V8-Motor feierte in diesem Wagen seine Premiere.

Modell:	Ford 57 Tilt Cab
Baujahr:	1957
PS/kW:	226 PS/166 kW
Hubraum ccm:	6571
Motortyp:	V8 Zylinder, Diesel

Ford LaFrance 950

Ford veränderte in den 50er Jahren fast jedes Jahr auch das Aussehen seiner Trucks. So bekam dieser Ford 950 mit American LaFrance-Feuerwehrausrüstung 1957 einfache Scheinwerfer montiert. Ein Jahr später wurden Doppelscheinwerfer ausgeliefert, und 1959 gab es wieder ein einfaches Scheinwerferpaar. Bis zu 277 PS starke V8-Super Duty-Motoren standen nun zur Wahl.

Ford F-100 Pickup

Nur drei Jahre lang setzte Ford auf die Styling-Elemente Doppelscheinwerfer und Panorama-Windschutzscheibe. 1961 wurden alle Ford Pickups wieder mit einzeln stehenden Scheinwerfern ausgeliefert. Entsprechend selten sind heute die F-100 von 1958. Dieser leicht modifizierte 1958er fährt im April 2004 ins Spielerparadies von Las Vegas.

Modell:	Ford F-100 Pickup
Baujahr:	1958
PS/kW:	156 PS/115 kW
Hubraum ccm:	4890
Motortyp:	V8 Zylinder

Ford C-550

„Alle drei Jahre braucht jedes bislang er-folgreiche Modell ein neues Gesicht", ver-kündeten die Spitzenmanager von Ford ihre Strategie für die 60er Jahre. Unter der Motorhaube sah der Fortschritt nicht so hochtrabend aus. Hier dröhnten oft 15 Jahre alte Motoren, die, kaum verbessert, gutes Geld in die Firmenkassen spülen soll-ten. Von diesem neu gestylten Ford C-550, scherzhaft „Breitmaul" genannt, wurden zwischen 1957 und 1960 über 100 000 Stück verkauft.

Modell:	Ford C-550
Baujahr:	1959
PS/kW:	226 PS/166 kW
Hubraum ccm:	6571
Motortyp:	V8 Zylinder, Benzin

FWD-Buda 6

Bei uns weniger bekannt, war FWD aus Clintonville/Wisconsin in den USA seit 1912 eine feste Größe im Geschäft mit Schwerlastwagen. FWD übernahm 1960 die Feuerwehrsparte von Seagrave. Unser Foto zeigt einen FWD von 1948, der 1985 in Ensenada/Mexiko zu einem Einsatz fährt. Als Motorisierung kamen damals Buda-Diesel- und Waukesha-Benzinmotoren zum Einbau.

Modell:	FWD-Buda 6
Baujahr:	1948
PS/kW:	186 PS/137 kW
Hubraum ccm:	13 830
Motortyp:	R/6 Zylinder, Diesel

GMC Pirsch

Die Peter Pirsch & Company stellt seit 1926 Feuerwehrfahrzeuge auf der Basis von GMC-Trucks her. Unser Bild zeigt einen Pirsch von 1947 bei einem Einsatz auf den Bahama Islands. In den 30er Jahren wurden meist Waukesha-, später Hercules-Benzinmotoren ver-wendet. Seit 1961 fertigt Pirsch auch Frontlenker-Feuerwehrfahrzeuge.

Modell:	GMC Pirsch
Baujahr:	1947
PS/kW:	200 PS/147 kW
Hubraum ccm:	7600
Motortyp:	R/6 Zylinder, Benzin

GAZ/UAZ 69B

Die Automobilwerke Gorki an der Wolga entstanden in den 30er Jahren mit Unter-stützung der amerikanischen Ford-Werke. So wurden die ersten Lastwagen und leichten Militärfahrzeuge vor dem Zweiten Weltkrieg mit V8-Benzinmoto-ren ausgerüstet, die ihre Verwandtschaft mit dem damals Verbündeten kaum ver-leugnen konnten. Nach dem Krieg ging man eigene Wege. Der überaus robuste GAZ/UAZ 69B wurde von 1955 bis 1972 zuerst bei GAZ und ab 1956 bei UAZ gebaut. Zusätzliche Lizenzverträge konn-ten mit der chinesischen Regierung und anderen Staaten des Warschauer Pakts ausgehandelt und vergeben werden.

Modell:	GAZ/UAZ 69B
Baujahr:	1960
PS/kW:	65 PS/48 kW
Hubraum ccm:	2430
Motortyp:	R/4 Zylinder, Benzin

GMC Pickup

Mit einer völlig neuen Front überraschte GMC 1957 die Branche – statt halbherzig geformter Chromstreifen nun eine Orgie aus Chrom und Stahl. Wer hätte damals auf eine so schwungvolle Panorama-Windschutzscheibe verzichtet? Wohl niemand. Dieser leichte GMC Truck wurde auch als Chevrolet Cameo mit geringen Änderungen verkauft.

Modell:	GMC Pickup
Baujahr:	1957
PS/kW:	115 PS/84 kW
Hubraum ccm:	3850
Motortyp:	R/6 Zylinder

Goliath Goli Kastenwagen

Als weiteres Standbein der Bremer Borgward-Werke wurden die Goliath-Kleintransporter auch nach dem Zweiten Weltkrieg in relativ großen Stückzahlen verkauft. Der ganz seltene Goli-Kastenwagen war im Gegensatz zu den am Vorderrad angetriebenen Tempo-Dreirädern mit Hinterradantrieb ausgestattet. Damit lag der Goli mit voller Beladung besser auf den mit Schlaglöchern übersäten Landstraßen der Nachkriegsjahre. All zu eilig fuhr damals kein Handwerker, denn die Höchstgeschwindigkeit aller Dreiräder lag bei maximal 65 km/h. Die Nutzlast betrug 750 bis 900 kg.

Modell:	Goliath Goli Kastenwagen
Baujahr:	1955–1961
PS/kW:	15 PS/11 kW
Hubraum ccm:	493
Motortyp:	R/2 Zylinder Goliath GM500 L2 Takt

Goliath Goli Hochpritsche

Von Produktionsbeginn an im Jahre 1924 bis 1961 wurden über 80 000 Goliath-Dreiräder ausgeliefert. Das wohl beste Dreirad-Fahrzeug, das je in Europa hergestellt wurde, war dieser Goli mit dem wassergekühlten GM 500 W-Motor, der zwischen 1955 und 1961 immerhin noch 9 904 Abnehmer in Handwerkerbetrieben oder im Einzelhandel fand. Der Pritschenwagen kostete 1961, in seinem letzten Produktionsjahr, ca. 4000 DM. Für den schnittigen Kastenwagen mussten zehn Prozent mehr bezahlt werden.

Modell:	Goliath Goli Hochpritsche
Baujahr:	1960
PS/kW:	15 PS/11 kW
Hubraum ccm:	461
Motortyp:	R/2 Zylinder

Hanomag ST 100

Schon vor dem Zweiten Weltkrieg zeigte sich der Hanomag ST 100 Straßenschlepper von seiner besten Seite beim Transport schwerer militärischer Geräte und bei weniger kriegerischen Aufgaben. Während des Kriegs wurden viele ST 100 zum Transport von Panzern und Geschützen eingesetzt, obwohl kein Allradantrieb zur Verfügung stand. Unser Foto zeigt einen gut erhaltenen ST 100 aus den ersten Nachkriegsjahren.

Modell:	Hanomag ST 100
Baujahr:	1947
PS/kW:	100 PS/74 kW
Hubraum ccm:	8554
Motortyp:	R/6 Zylinder

Hanomag ST 20 Zugmaschine

Die Hannoveraner Hanomag-Werke spezialisierten sich nach dem Krieg auf den Lastwagenbau, nachdem man mit der Produktion von Personenwagen weniger Glück hatte. Diese kleine ST 20 Zugmaschine konnte einen bis zu 15 Tonnen schweren Anhänger mit 25 km/h übers Land ziehen. Schausteller und bäuerliche Betriebe nutzten diese bemerkenswerte Zugkraft. Nicht zuletzt galt der Hanomag D 19 Vorkammer-Dieselmotor als nahezu unverwüstlich.

Modell:	Hanomag ST 20
Baujahr:	1947–1950
PS/kW:	20 PS/15 kW
Hubraum ccm:	1910
Motortyp:	R/4 Zylinder

Hanomag – Vom Acker auf die Straße

Mit seiner überaus erfolgreichen Traktorenproduktion schaffte sich Hanomag Luft für einige gewagte Experimente mit Zweitakt-Dieselmotoren und dem Personenwagen-Projekt Partner, die beide zum Scheitern verurteilt waren. Mehr Glück war den Hannoveranern mit der Entwicklung des Hanomag L28 beschieden. Dieser praktische Transporter und Pritschenwagen verkaufte sich von 1950 an ganz hervorragend. Seit 1952 gehörte Hanomag zur Rheinstahl AG.

Hanomag ST 100 „Gigant"

Mit dem Verkauf von schweren Zugmaschinen bekam Hanomag schon wenige Monate nach Kriegsende frisches Geld in die Firmenkasse. Technisch gesehen waren die 100 PS starken Zugmaschinen modifizierte Schlepper aus dem Agrarbereich. Mit zulässigen 30 Tonnen Anhängelast fuhren Kohle- und Baustoffhändler, aber auch Zirkusunternehmen im Moped-Tempo über die nur notdürftig geflickten Landstraßen. Bis 1951 stand der ST 100 im Verkaufsprogramm, dann übernahmen schwere Lastwagen die bisherigen Aufgaben dieser bulligen Straßenzugmaschinen.

Modell:	Hanomag ST 100 „Gigant"
Baujahr:	1951
PS/kW:	100 PS/74 kW
Hubraum ccm:	8554
Motortyp:	R/6 Zylinder D85S

Henschel HS 90

Dieser in Holland zugelassene Henschel HS 90 ist eine echte Rarität. Nur drei Exemplare existieren noch von diesem Modell, das zwischen 1957 und 1959 in geringen Stückzahlen produziert wurde. Der hauseigene Vierzylinder-Luftspeicher-Dieselmotor liegt als Unterflurmotor direkt hinter der Vorderachse. Vom HS 90 gab es noch eine weitere Ausführung als Sattelzugmaschine unter der Typ-Nummer HS 90S.

Modell:	Henschel HS 90
Baujahr:	1958
PS/kW:	90 PS/66 kW
Hubraum ccm:	4080
Motortyp:	R/4 Zylinder Typ 517 D4U

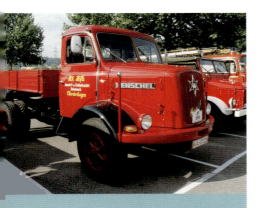

Henschel HS 95

Die in den Wirtschaftswunderjahren sehr beliebten Henschel-Pritschenwagen vom Typ HS 95 wurden 1958 zuerst mit 100 PS, dann mit 110 PS bei 2200 U/min. verkauft. Der Hubraum betrug 5890 ccm. Im letzten Produktionszyklus 1959 und 1960 stand dann mit 115 PS bei 2400 U/min. etwas mehr Leistung zur Verfügung, die aus einer geringfügigen Hubraumvergrößerung resultierte. Das Bild zeigt einen besonders fachkundig restaurierten HS 95 von 1959 mit dem 115 PS Henschel-Lanova-Luftspeicher-Dieselmotor vom Typ 1013F.

Modell:	Henschel HS 95
Baujahr:	1959
PS/kW:	115 PS/85 kW
Hubraum ccm:	6126
Motortyp:	R/6 Zylinder

Henschel – Stark wie eine Lokomotive

Mit Dampfmaschinen kannte sich die Familie Henschel bestens aus. Bis ins Jahr 1924 wurden Kasseler Henschel-Lokomotiven selbst nach China und Südamerika verschifft. Doch die Geschäfte gingen schlecht, und Henschel musste sich nach neuen Aufgaben umsehen. Mit den Schweizer FBW Lastwagenwerken schloss Henschel am 26. Januar 1925 einen Lizenzvertrag ab. Etwa 300 FBW-Henschel-Lastwagen wurden in den nächsten zwei Jahren in Kassel montiert. In den 30er Jahren brachte Henschel einen Schwerlastwagen mit einem deutlich verbesserten Dampfgenerator auf den Markt. Weniger als 20 Wagen fanden einen Abnehmer. Nach dem Zweiten Weltkrieg setzte man ganz auf eigene Dieselmotoren, die an Robustheit kaum zu übertreffen waren. Anfang der 60er Jahre kooperierte Henschel mit Saviem-Renault. Die Ehe scheiterte schon nach zwei Jahren und Henschel führte nun wieder allein seine Geschäfte.

Henschel HS 165 TI

Fast 800 Frontlenker-Laster wurden von diesem Typ zwischen 1955 und 1961 ausgeliefert. In der stärksten Ausführung leistete der Henschel 520 D-Motor 192 PS bei 2200 U/min. Henschel zeigte sich immer wieder als experimentierfreudige Firma. So wurde 1951 ein zweimotoriger Kurzhauber vom Typ HS 190 S der erstaunten Öffentlichkeit vorgestellt. Zwei Sechszylinder-Reihenmotoren brachten zusammen knapp 200 PS auf die beiden Hinterachsen. Ein Riesenflopp: Letztlich rollten nur drei solche Exemplare aus den Werkstoren.

Modell:	Henschel HS 165 TI
Baujahr:	1960
PS/kW:	192 PS/141 kW
Hubraum ccm:	11 045
Motortyp:	R/6 Zylinder Typ 520 D

Hudson Super 6

Mit dem Slogan „America's safest car" (Amerikas sicherster Wagen) warb Hudson für seine attraktive Modellpalette. 1946 wurde dieser hübsche Super 6 Pickup in recht geringen Stückzahlen verkauft, die Leute hatten einfach nicht genügend Geld in der Tasche. Letztlich scheiterten alle Bemühungen, die Firma am Leben zu erhalten. 1957 standen die Fließbänder für immer still.

Modell:	Hudson Super 6
Baujahr:	1946
PS/kW:	92 PS/68 kW
Hubraum ccm:	2866
Motortyp:	R/6 Zylinder

International Harvester – Bereit zum Risiko

Als erfahrener Traktoren- und Lastwagenhersteller kannte International Harvester die ausländischen Märkte wie kaum eine andere Firma. Entsprechend gerüstet wurden nach dem Zweiten Weltkrieg Lizenzen nach China, Russland und exotische Länder verkauft. So ist der russische ZIL 150 eine Konstruktion von International Harvester aus der Baureihe W. Die eigene Modellpalette bot vom Zweitonner bis zum 40-Tonner Lastwagen, Busse und Spezialfahrzeuge für jeden Geschmack und Bedarf.

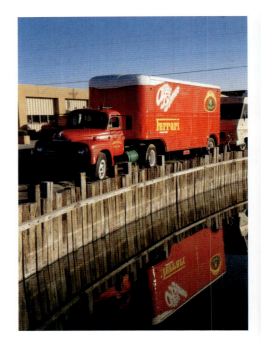

International Harvester L-195

Stilgerecht transportiert dieses kalifornische Rennwagen-Team seine Alfa Romeo und Ferrari-Boliden an die Rennstrecke. Der International Harvester L-195 stammt aus der Serie Heavy Duty Roadliner von 1950. Ein hervorragender Truck, der wahlweise mit Benzin-, Diesel- oder Gas-Motoren bestellt werden konnte.

Modell:	International Harvester L-195
Baujahr:	1950
PS/kW:	254 PS/187 kW
Hubraum ccm:	12 273
Motortyp:	R/6 Zylinder, Diesel

International Harvester B-185

Auch mit über 55 Jahren auf dem Buckel steht dieser Feuerlöschwagen auf dem Airport von Sebring/Florida noch startbereit für den nächsten Einsatz. International Harvester gilt als ältester Truckhersteller Amerikas. Im Sommer 1907 rollte der erste Laster aus der Werkshalle, in der bislang landwirtschaftliche Gerätschaften hergestellt wurden.

Modell:	International Harvester B-185
Baujahr:	1950
PS/kW:	185 PS/136 kW
Hubraum ccm:	7600
Motortyp:	V8 Zylinder, Benzin

International Harvester Roadliner

Als erste Truckfirma überhaupt bot International Harvester ab 1950 auch Benzinmotoren an, die mit LPG-Gas betrieben werden konnten. Im gleichen Jahr veröffentlichte die Firma eine Zulassungsstatistik, der zu Folge von allen seit 1907 ausgelieferten Wagen mehr als 50 Prozent immer noch in Betrieb seien. Der abgebildete Truck fährt auch schon über 55 Jahre mit dem ersten Motor.

Modell:	International Harvester Roadliner
Baujahr:	1950
PS/kW:	101 PS/74 kW
Hubraum ccm:	3605
Motortyp:	R/6 Zylinder

International L-Roadliner

50 Jahre alt und noch quicklebendig. Im Outback von Arizona/USA trifft man immer wieder auf steinalte Laster, die am Leben erhalten werden, weil eine Neuanschaffung einfach zu viele Dollar kostet.

Modell:	International L-Roadliner
Baujahr:	1952
PS/kW:	115 PS/85 kW
Hubraum ccm:	3605
Motortyp:	R/6 Zylinder B

International Harvester R-130

Seit über 50 Jahren wird dieser Truck auf Haiti täglich benutzt. Dass der Lastwagen noch heute problemlos seinen Dienst versieht, verdankt er der liebevollen Pflege seines stolzen Besitzers. Hier dient der Laster zugleich als Bananentransporter und als Überlandtaxi.

Modell:	International Harvester R-130
Baujahr:	1953
PS/kW:	101 PS/74 kW
Hubraum ccm:	3605
Motortyp:	R/6 Zylinder, Benzin

International Harvester Experimental

Ein ganz und gar ungewöhnlicher Truck ist dieser Cabover von 1952. Die komplette Antriebs-einheit ist im „Keller" montiert, der Fahrer sitzt im Obergeschoss. Die Konkurrenz bezeich-nete diesen stylistischen Ausrutscher wenig schmeichelhaft als Kirschenpflücker.

Modell:	International Harvester Experimental
Baujahr:	1952
PS/kW:	168 PS/123 kW
Hubraum ccm:	6400
Motortyp:	4 Zylinder, Diesel

International Harvester S 200

Sehr beliebt waren die Heavy Duty S 200 als Sattelschlepper, Kip-per, oder auch als Feuerwehrfahrzeug. Dieser knapp 50 Jahre alte Veteran steht noch immer im Dienst. Mit 2500 Litern Löschwasser betankt, wurde so mancher Brand in der Prärie von Montana schnell gelöscht.

Modell:	International Harvester S 200
Baujahr:	1956
PS/kW:	210 PS/154 kW
Hubraum ccm:	7990
Motortyp:	V8 Zylinder, Benzin

Kaelble – Kraft, die aus der Tiefe kommt

Mit diesen oft brachial aussehenden Schwerlastzugmaschinen wurden nach dem Krieg hunderte von ausgebrannten Lokomotiven zur Schrottpresse transportiert. Die alte Reichsbahn und die spätere Bundesbahn setzten ganz auf Kaelble-Zugmaschi-nen. Das Erfolgsgeheimnis lag an den selbst entwickelten Motoren, die ihr maxima-les Drehmoment schon unter 1500 U/min abgaben. In Verbindung mit einem fein abgestuften Schwerlastgetriebe waren die Kaelble-Zugmaschinen in ihrer Art ein-malige Fahrzeuge in den 50er und 60er Jahren.

Kaelble K 631 ZR/53

Diese schwarze Kaelble diente von 1953 an viele Jahre bei der Reichsbahn und später bei der Bundesbahn als Zugmaschine für den Straßenrollertransport von Waggons und Lokomotiven. Bei 10 Prozent Steigung konnten noch 50 Tonnen Anhängelast den Berg hinauf gezogen werden. Die maximale Leistung wurde bei extrem niedrigen 1400 Umdrehungen erreicht. Wie bei allen Kael-ble-Zugmaschinen entstammen die Moto-ren eigener Produktion. Die Robustheit die-ser Vier-, Sechs- und Achtzylinder-motoren ist fast schon legendär.

Kaelble K 645 Z

Deutsche Fuhrunternehmer für Schwerst-transporte setzten in den Wirtschafts-wunderjahren bevorzugt die Backnanger Kaelble-Schwersttransporter ein. Diese Zugmaschine wurde 1958 mit dem Sechs-zylinder-Kaelble-Vorkammer-Dieselmotor ausgestattet, der bei 1500 Umdrehungen schon seine volle Leistung erbrachte.

Modell:	Kaelble K 645 Z
Baujahr:	1958
PS/kW:	144 PS/106 kW
Hubraum ccm:	10 594 ccm
Motortyp:	R/6 Zylinder GN 115 S

Modell:	Kaelble K 631 ZR/53
Baujahr:	1953
PS/kW:	150 PS/110 kW
Hubraum ccm:	14 330
Motortyp:	R/6 Zylinder GN 130S

Kaelble K 415 Z

Dieser hervorragend restaurierte Kaelble konnte schon 1959 eine Zuglast von 27 Tonnen bei 10 Prozent Steigung bewältigen. Auf der Ebene wurden 150 Tonnen bewegt. Für Schausteller und Zirkusunternehmen war dieses Modell allererste Wahl. Der Vierzylinder vom Typ GN 115V fuhr in dieser Schnellgang-Ausführung 70 km/h. Sechsganggetriebe von ZF mit Kriechgang.

Modell:	Kaelble K 415 Z
Baujahr:	1959
PS/kW:	95 PS/70 kW
Hubraum ccm:	7050
Motortyp:	R/4 Zylinder

Krupp – Wenig Glück mit eigenen Motoren

Nach Kriegsende verlagerte Krupp seine Essener Lastwagenproduktion in ein Gebäude der EKU Brauerei nach Kulmbach. Wohl aus Scham über die „braune Vergangenheit" im Hitler-Regime rollten die ersten Krupp-Lastwagen nach dem Krieg dann unter dem Label Südwerke aus dem Brauerei-Arsenal. Nachdem sich die politischen Wogen geglättet hatten, wurde die Produktion 1951 wieder nach Essen verlegt. So richtig auf Touren kam die Lastwagenproduktion bei Krupp nie mehr nach dem Krieg, denn mangels geeigneter Viertakt-Dieselmotoren setzte man bis zum Juni 1963 hartnäckig auf die wohl sehr leistungsfähigen, aber nervig lauten Zweitakt-Dieselmotoren mit Roots-Gebläse. Dann folgte der längst überfällige Sinneswandel.

Krupp Mustang 801

Mit einem zulässigen Gesamtgewicht von 14 200 kg kann dieser optimal restaurierte Krupp Mustang 801-Sattelschlepper von 1960 auch heute noch begeistern. Weniger erfreulich war für die damaligen Fahrer das etwas schrille Motorgeräusch des Vierzylinder-Zweitakt-Dieselmotors, der über einen Roots-Kompressor zu einer Leistung von 170 bis zu 186 PS animiert wurde. Krupp hielt an der Zweitakt-Diesel-Bauweise noch bis 1963 fest.

Modell:	Krupp Mustang 801
Baujahr:	1960
PS/kW:	186 PS/137 kW
Hubraum ccm:	5875
Motortyp:	R/4 Zylinder Krupp D 459

Kromhout

Von 1926 bis 1961 stellte Kromhout in Holland in Kleinserie schwere Lastwagen und Busse her. Unser Foto zeigt einen Sattelschlepper von 1955, der mit einem englischen Gardner-Dieselmotor ausgerüstet ist. Andere Kromhout-Laster wurden mit Hercules-Benzinmotoren oder Leyland-Antrieben bestückt. Schwere Ölfeldlastwagen bekamen einen Rolls Royce-Motor spendiert. Kromhout ging 1959 mit Verheul eine Fusion ein, die letztlich zum Ende dieser Marke führte.

Modell:	Kromhout
Baujahr:	1955
PS/kW:	180 PS/132 kW
Hubraum ccm:	8 400
Motortyp:	R/6 Zylinder

Krupp L 100 Tiger

Dieser toll restaurierte Krupp Tiger von 1959 ist im Rheinland registriert, wo eine treue Anhängerschaft dieser prächtigen Fahrzeuge zu Hause ist und alte Nutzfahrzeuge zu neuem Leben erweckt. In diesem Modell ist ein Fünfzylinder-Zweitakt-Dieselmotor mit Roots-Kompressor eingebaut.

Modell:	Krupp L 100 Tiger
Baujahr:	1959
PS/kW:	200 PS/147 kW
Hubraum ccm:	7260
Motortyp:	Truck 171

Leyland Titan

Nicht nur wegen seiner berühmten „Londoner" Doppeldecker-Busse war Leyland bekannt. Für den Export gab es schon immer eine Reihe konventioneller Busse, die auf klingende Namen hörten wie zum Beispiel Leyland Titan. Der erste Titan wurde schon 1931 vorgestellt und mit recht geringen Änderungen bis 1960 verkauft. Kein anderer Bus hat eine ähnlich lange Produktionszeit wie der rundliche Titan.

Modell:	Leyland Titan
Baujahr:	1954
PS/kW:	160 PS/119 kW
Hubraum ccm:	6500
Motortyp:	R/6 Zylinder

Mack LTSW

Schon kurz nach dem Zweiten Weltkrieg stellte Mack eine neue Schwerstlastwagen-Reihe vor, die mit 148 wichtigen Teilen aus Aluminium bestückt war, darunter auch die Motorhaube. Die Konstrukteure erhofften sich eine erhebliche Einsparung am Leergewicht gegenüber der „stählernen" Konkurrenz, und damit eine höhere Nutzlast. Der blau-gelbe Mack LTSW wurde 1948 an der Westküste verkauft und ist bis heute im Betrieb des Berge-Unternehmers.

Modell:	Mack LTSW
Baujahr:	1947/1948
PS/kW:	200 PS/147 kW
Hubraum ccm:	14 600
Motortyp:	R/6 Zylinder

Mack – Spezialist für harte Jobs

Mack war im Krieg der Hauptlieferant für schwere Trucks bei der Army. Im Gegensatz zu anderen amerikanischen Herstellern entwickelte Mack stets seine eigenen Motoren und montierte nur auf den ausdrücklichen Wunsch des Kunden hin auch Motoren anderer Hersteller wie Cummins oder Caterpillar. So lieferte Cummins 1950 einen 400 PS starken Zwölfzylindermotor für das Mack-Modell LRVSW, einen gewaltigen Kipper mit Allradantrieb. Bei den schweren Mack-Baulastern wurde noch bis 1949 der antiquierte Kettenantrieb eingebaut, sicher ein Unikum in der Geschichte der Nutzfahrzeuge. In den 50er Jahren folgten dann endlich Stück für Stück die sehnlichst erwarteten neuen Mack-Modelle.

Mack B61

Wahre Schönheit vergeht nicht, meint der Besitzer von diesem tollen Gespann. Sein schwarzer Mack B61 wurde 1955 mit dem damals neuen 205 PS starken Thermodyne-Dieselmotor ausgeliefert. In den folgenden drei Jahren stieg die Leistung der Thermodyne-Dieselmotoren-Baureihe in den B80-Trucks bis auf 320 PS an. In Deutschland verfügten Mitte der 50er Jahre nur die Schwerstlastkraftwagen von Kaelble, Krupp und Faun über ähnlich starke Motoren.

Modell:	Mack B61
Baujahr:	1955
PS/kW:	205 PS/151 kW
Hubraum ccm:	11 600 ccm
Motortyp:	R/6 Zylinder, Diesel

Mack B65 Thermodyne

Dieses Mack-Modell stach in den 50er Jahren jedem Trucker sofort ins Auge. Statt kantiger Schnauze wohlgerundete Formen. Die B-Serie wurde für Mack ein voller Erfolg. Unter der Haube rumorten damals Cummins-Dieselmotoren oder die hauseigenen Thermodyne-Benzinmotoren. Das Rennen zwischen den sparsamen, aber lauten Dieselmotoren und den sanft schnurrenden Benzinern war Mitte der 50er Jahre in Amerika noch längst nicht entschieden.

Modell: Mack B65 Thermodyne
Baujahr: 1957
PS/kW: 200 PS/147 kW
Hubraum ccm: 7460
Motortyp: R/6 Zylinder, Benzin

Mack B80

Einige tausend Trucks von Mack wurden im Zweiten Weltkrieg zum Transport von schwerem Kriegsgerät eingesetzt. Der Mack M 125 war das populärste Modell dieser Baureihe. Der allradbetriebene Mack B80 entstand aus dieser militärischen Baureihe, erkennbar an den kantigen Kotflügeln. Für Bergeunternehmen und Schwersttransport-Einsätze wurde ein 20-Ganggetriebe angeboten. Das zusätzliche, zweifache Untersetzungsgetriebe erweist sich als bester Helfer in schwierigem Gelände. Die Motorisierung reichte von 170 bis 320 PS. Unser fast 50 Jahre alter Oldie ist heute noch so gut in Schuss wie einst, anno 1957.

Modell: Mack B80
Baujahr: 1956
PS/kW: 220 PS/163 kW
Hubraum ccm: 14 800
Motortyp: R/6 Zylinder Cummins

Mack B42

Nicht wenige amerikanische Abschleppunternehmer setzen klassische Trucks für ihr schwieriges Geschäft ein. Dieser Mack B42 stammt aus der mittelschweren Baureihe, die zwischen 1953 und 1958 verkauft wurde. Den B42 gab es mit sechs verschiedenen Motoren. In diesem optisch verbesserten Exemplar ist der Mack-Magnadyne-Benzinmotor eingebaut, der auch in den Feuerwehrfahrzeugen von Mack reichlich Verwendung fand. Getriebe: Mack Triplex 15 Gang.

Modell: Mack B42
Baujahr: 1958
PS/kW: 190 PS/140 kW
Hubraum ccm: 10 300
Motortyp: R/6 Zylinder

Mack Cab C-Pumper

Amerikas Feuerwehrmänner konnten sich erst Anfang der 60er Jahre für Dieselmotoren einigermaßen begeistern. Benzinmotoren galten immer noch als die besseren Starter in kalten Winternächten. Dieser Mack Cab C-Pumper wurde 1960 nach Ontario/Kanada mit Benzinmotor ausgeliefert und stand bis 2003 im Dienst der Flughafen-Feuerwehr. Löschleistung 3500 Liter pro Minute.

Modell: Mack Cab C-Pumper
Baujahr: 1960
PS/kW: 198 PS/147 kW
Hubraum ccm: 10 800
Motortyp: R/6 Zylinder

Magirus-Deutz – Der Export zieht wieder an

In den ersten Nachkriegsjahren war man bei den Ulmer Magirus-Deutz-Werken froh, wenn überhaupt genügend Material für den Neubau der Vorkriegsmodelle zur Verfügung stand. Das Bild änderte sich dann rasch mit steigenden Zulassungszahlen, von 1948 bis 1950 wurde jeweils eine Verdopplung erreicht. Mit dazu bei trugen die qualitativ hervorragenden luftgekühlten KHD-Motoren, die einfach in der Wartung waren und immun gegen Kälte und Hitze erschienen. Letzteres war in den heißen Regionen der Erde besonders gefragt, und so wurden bis 1960 zahlreiche Lizenzverträge mit Ägypten, Griechenland, Jugoslawien, dem Iran, aber auch Südafrika abgeschlossen.

Magirus-Deutz S 3500 TFL 15/48

In den ersten Jahren nach dem Krieg mussten alle Hersteller sparsam mit den teuren und schwer zu beschaffenden Stahlblechen umgehen. So ist dieser Magirus von 1948 mit einem Holzrahmen-Aufbau versehen, der mit dünnen Stahlblechen beplankt wurde. Ein luftgekühlter Wirbelkammer-Dieselmotor von KHD erlaubt eine Spitzengeschwindigkeit von 95 km/h. Die Freiwillige Feuerwehr Kempten setzte diesen Wagen von 1949 bis 2004 bei der Brandbekämpfung ein. Volumen des Wassertanks: 2400 Liter, Kreiselpumpenleistung: 1500 Liter pro Minute.

Modell:	Magirus-Deutz S 3500 TFL 15/48
Baujahr:	1948
PS/kW:	90 PS/66 kW
Hubraum ccm:	5322
Motortyp:	R/4 Zylinder KHD F4L

Modell:	Magirus-Deutz Mercur 125
Baujahr:	1955
PS/kW:	130 PS/96 kW
Hubraum ccm:	7983
Motortyp:	V6 Zylinder, luftgekühlt KHD F6L614

Magirus-Deutz Mercur 125

Von 1952 bis 1962 gehörten die formschönen Magirus-Laster mit der Rundnase zum gewohnten Bild auf deutschen Strassen. Der abgebildete Mercur 125 ist ein bewährtes Trockenlöschfahrzeug vom Typ TFL 15/50, wie es heute noch in einigen Entwicklungsländern Zentralafrikas und auch in Südafrika eingesetzt wird, wo eine Produktionsstätte seit den 60er Jahren besteht.

Magirus-Deutz FM 200 D TS

An der breiten Motorhaube erkennt man die „Bullen", wie die schweren Magirus-Deutz der Baureihe 200 mit Respekt genannt wurden. 1957 waren diese luftgekühlten V8-Motoren von KHD schon etwas ganz Besonderes. Der gezeigte Tanklöschwagen der Freiwilligen Feuerwehr in Reutlingen ist mit Allradantrieb ausgestattet. In gleicher Bauart wurden auch einige hundert Fahrzeuge für die Bundeswehr hergestellt.

Modell:	Magirus-Deutz FM 200 D TS
Baujahr:	1957
PS/kW:	200 PS/147 kW
Hubraum ccm:	12 667
Motortyp:	V8 Wirbelkammer-Dieselmotor

Magirus-Deutz S 3500

Aus einem Feuerwehrfahrzeug entstand dieses originelle holländische Wohnmobil. Die Basis ist ein Magirus-Deutz S 3500 von 1952. Von 1949 bis 1954 wurden über 20 000 Wagen dieses Typs gebaut. Der Nachfolgetyp S 4500 wurde mit leicht erhöhter Nutzlast gefertigt. Gleichzeitig war der S 4500 der letzte mittelgroße Laster mit der eckigen Motorhaube. Danach kamen die charakteristischen Magirus-Deutz-Rundnasen auf den Markt, die bis 1967 angeboten wurden.

Modell:	Magirus-Deutz S 3500
Baujahr:	1952
PS/kW:	90 PS/66 kW
Hubraum ccm:	5322
Motortyp:	R/4 Zylinder, luftgekühlt

Magirus-Deutz S 7500 Jupiter

Wer diesen Magirus-Deutz-Sattelschlepper zum ersten Mal erblickt, bleibt garantiert stehen. 1959 bot der S 7500 mit dem schönen Namen Jupiter einen beeindruckenden Anblick auf den holprigen Autobahnen der damaligen Zeit. Bergauf pfiff der luftgekühlte Acht-zylindermotor von KHD in den höchsten Tönen, und die schwierig zu regulierende Heizung ließ so manchen Trucker in den bitterkalten Nächten verzweifeln. Deutlich höheren Fahrkomfort boten damals die wassergekühlten Modelle der Konkurrenz.

Modell:	Magirus-Deutz S 7500 Jupiter
Baujahr:	1959
PS/kW:	175 PS/129 kW
Hubraum ccm:	10 644
Motortyp:	V8 Zylinder, luftgekühlt KHD L 614

Magirus-Deutz 168 M 11FL

Die Luftkühlung stand in den 80er Jahren hoch im Kurs der Bundeswehr. KHD lieferte die entsprechenden Motoren zu den Magirus-Deutz-Militärlastwagen. Unser Bild zeigt den recht zivilen Pritschenwagen von 1980, der mit dem neuen mittelschweren Fahrerhaus der vier beteiligten Firmen DAF, Magirus-Deutz, Saviem und Volvo ausgerüstet ist.

Modell:	Magirus-Deutz 168 M 11FL
Baujahr:	1960
PS/kW:	168 PS/96 kW
Hubraum ccm:	6129
Motortyp:	V6 Zylinder L 913

Magirus-Deutz Saturn 145 F

Für Winfried Hertwig war sein blauer luftgekühlter Magirus Saturn das beste Pferd im Stall. Das Foto wurde 1960 bei Leonberg aufgenommen und zeigt das noch nicht kippbare Fahrerhaus mit den Wartungsklappen. Mit etwas Gefühl ließen sich die fünf unsynchronisierten Vorwärts-gänge ohne „Geräusch" mit der Lenkradschaltung einlegen. Bis zu 16 500 Liter Benzin passten in den Tankauflieger von Fruehauf aus der französischen Produktion.

Modell:	Magirus-Deutz Saturn 145 F
Baujahr:	1960
PS/kW:	145 PS/107 kW
Hubraum ccm:	9500
Motortyp:	V6 Zylinder KHD F6L 714

MAN MK 26 A

Unser Bild zeigt den ersten Nachkriegstyp von MAN. Die außen liegenden Scheinwerfer symbolisieren jene Epoche, als man froh darüber war, dass man nach dem Krieg überhaupt genügend Scheinwerfer geliefert bekam. Die Motorleistung lag 1950 noch bei bescheidenen 130 PS, viel zu wenig für den Hängerbetrieb. 1951 brachte MAN den F8 mit 180 PS auf den Markt, der an den nun integrierten Scheinwerfern an den Kotflügeln zu erkennen war und schnell zum Erfolgsmodell avancierte.

Modell:	MAN MK 26 A
Baujahr:	1950
PS/kW:	130 PS/96 kW
Hubraum ccm:	8725
Motortyp:	R/6 Zylinder

MAN F8 Koffer

Die Reichsmark ist tot, es lebe die D-Mark. Endlich fühlten sich die Deutschen wieder als aufstrebende Nation, und entsprechend munter ging es bei der Nutzfahrzeugindustrie zur Sache. Der MAN F8 leitete 1951 eine völlig neue Baureihe mit einem kurzen V8-Motor ein, die nichts mehr mit den Vorfahren aus der Vorkriegszeit zu tun hatte. Zwölf Jahre lang wurde das Erfolgsmodell F8 an die Kunden verkauft.

Modell:	MAN F8 Koffer
Baujahr:	1957
PS/kW:	180 PS/133 kW
Hubraum ccm:	11 633
Motortyp:	V8 Zylinder

MAN – Mut zum Turbo

Schon in den ersten Nachkriegsjahren versprach man bei MAN neue Motoren, die mehr leisten und spürbar leiser ihre Arbeit verrichten sollten als die bisherigen Motoren aus der Vorkriegszeit. MAN hielt Wort und präsentierte 1951 einen neuen V8-Motor mit zuerst 180 PS. Mit diesem für damalige Zeiten sehr leisen Dieselmotor hob sich MAN eindeutig gegen den Hauptrivalen Magirus-Deutz ab. Die eigentliche Sensation war ein parallel dazu entwickelter neuer Sechszylinder-Reihenmotor, der erstmals in Deutschland mit Turbolader ausgerüstet war. Trotz einiger Probleme leitete dieser Motor den weiteren Erfolg der MAN-Werke ein, die sich dem Thema Turbolader nun verstärkt widmeten.

Modell:	Mercedes-Benz L 4500/5000
Baujahr:	1949
PS/kW:	112 PS/82 kW
Hubraum ccm:	7270
Motortyp:	R/6 Zylinder OM 67/4

MAN 630 L2AE

MAN erhielt Mitte der 50er Jahre den Zuschlag zur Produktion eines hoch geländegängigen Lastwagens der Fünftonner-Klasse. Zwischen 1957 und 1974 wurden über 29 000 Lastwagen von der Baureihe 630 L2 (Einheitslaster) ausgeliefert, die sich bis heute hervorragend bewähren. Bei Bedarf kann der Selbstzünder auf alle verfügbaren Treibstoffarten umgestellt werden, die eine Ähnlichkeit mit unserem Dieseltreibstoff haben. So verdaut dieser Vielstoffmotor selbst Salatöl, wenn es unbedingt sein muss.

Mercedes-Benz L 4500/5000

Dieser Mercedes-Benz aus dem Werk Gaggenau wurde aus dem Einheitslastwagen entwickelt, der im Krieg tausendfach eingesetzt wurde. Während die ersten Fahrzeuge nach dem Krieg noch mit einem hölzernen Fahrerhaus notdürftig ausgestattet waren, verfügte der L 4500 schon über ein stabiles Metallgehäuse. 1949 wurde aus dem L 4500 der L 5000 mit leicht geänderter Ausstattung. Ein grundsolides Nutzfahrzeug, das oft 25 Jahre lang Tag für Tag seine Arbeit verrichtete.

Modell:	MAN 630 L2AE
Baujahr:	1960
PS/kW:	130 PS/96 kW
Hubraum ccm:	8276
Motortyp:	R/6 Zylinder D 1246 MVA

Mercedes-Benz – Kapazitäts-erweiterung durch Zukäufe

Dank der sprudelnden Gewinne in der Personenwagenproduktion investierte der Stuttgarter Konzern auch viele Millionen in seine Abteilung für Nutzfahrzeuge. Hier war man seit Kriegsende klar die Nummer Eins in den deutschen Zulassungszahlen. Nach und nach übernahm Daimler die verwaisten Hallen der Motorradwerke Horex, dann wurde Auto-Union an VW verkauft und im Gegenzug konnte Daimler in Düsseldorf seine dringend gefragte Transporter-Reihe aus den Resten des DKW-Transporters starten. Ohne einen topaktuellen Service sind die besten Lastwagen unverkäuflich. Deshalb flossen in den Aufbau einer modernen Vertriebsstruktur in ganz Europa und Übersee beträchtliche Mittel, die mittelständische oder kleine Unternehmen nie aufbringen können. In diesem Punkt mischte Daimler-Benz die Karten neu und gewann deutlich Marktanteile hinzu.

Mercedes-Benz L 5000

Im Werk Gaggenau/Schwarzwald fertigten die Daimler-Mannen schwere Nutzfahrzeuge für den heimischen Markt und die französischen Besatzungsmächte, die fast die Hälfte der Produktion in den ersten Nachkriegsjahren für sich in Anspruch nahmen. Der L 5000 wurde 1952 zu einem echten Erfolgstyp. Die 5000 steht für 5000 kg Nutzlast. Die Anhängelast betrug 26 000 kg, und mit 88 km/h Spitze war der L 5000 damals einer der schnellsten Trucks auf deutschen Autobahnen. Zwischen 1954 und 1957 wurde der L 5000 in L 325 umbenannt, zum Leidwesen der Fachpresse, die mit der fiktiven Zahl, ohne Bezug zur Nutzlast, nichts anfangen konnte.

Modell:	Mercedes-Benz L 5000
Baujahr:	1952
PS/kW:	120 PS/88 kW
Hubraum ccm:	7274
Motortyp:	R/6 Zylinder OM 67/8

Modell:	Mercedes-Benz LM 5000
Baujahr:	1950
PS/kW:	112 PS/82 kW
Hubraum ccm:	7270
Motortyp:	R6/Zylinder OM 67/4

Mercedes-Benz LM 5000

Die ersten Schwerlastwagen nach dem Krieg sind heute absolute Raritäten. Dieser optimal restaurierte Mercedes-Benz LM 5000 aus dem Werk Gaggenau ist ein Feuerlösch-Polizeiwagen aus Münster im Schwarzwald von 1950. Der überaus genügsame Vorkammer-Dieselmotor der Baureihe 67/4 wurde in den ersten Nachkriegsjahren von 112 PS auf schließlich 125 PS im Jahr 1954 gebracht. In diesem Feuerlöschwagen ist noch der 112 PS V6-Motor eingebaut.

Mercedes-Benz L 311

So wie auf diesem Foto zu sehen fuhren in den ersten Nachkriegsjahren mittelständische Fuhrunternehmer übers Land. Der Mercedes Typ 311 wurde als erste Nachkriegskonstruktion von 1949 bis 1961 angeboten. Der Spritverbrauch lag ohne Anhänger bei beachtlichen 18 Liter Diesel, mit Hänger flossen leicht 25 Liter zu den Einspritzdüsen des 90 PS starken Vorkammer-Dieselmotors vom Typ OM 321.

Modell:	Mercedes-Benz L 311
Baujahr:	1953
PS/kW:	90 PS/66 kW
Hubraum ccm:	4580
Motortyp:	R/6 Zylinder

Mercedes-Benz LF 325 TFL 15

Ein echtes Schmuckstück ist dieser allradbetriebene Mercedes-Benz LF 325 von 1954,
der von der Freiwilligen Feuerwehr in Schwä-
bisch Gmünd/Baden Württemberg noch bis in
die 80er Jahre hinein eingesetzt wurde. Die
Pumpenleistung beträgt 1500 Liter pro
Minute.

Modell:	Mercedes-Benz LF 325 TFL 15
Baujahr:	1954
PS/kW:	115 PS/85 kW
Hubraum ccm:	7270
Motortyp:	R/6 Zylinder OM 67

Mercedes-Benz L 315 6er

Derzeit einziger voll restaurierter Laster von
diesem seltenen Typ mit Wackerhut-„Stahl-
fahrerhaus“, Schwalbennest und Front-
transparent. 1956 war dieser bullige Laster
ein markantes Zeichen der neuen Wirt-
schaftskraft in Deutschland. Der Kässbohrer
Zweiachs-Pritschenanhänger vom Typ V12-
7 mit einer Aufbaulänge von 7,10 m stammt
aus der Bauserie von 1950.

Modell:	Mercedes-Benz L 315 6er
Baujahr:	1956
PS/kW:	145 PS/107 kW
Hubraum ccm:	8249
Motortyp:	R/6 Zylinder

Mercedes-Benz LKO 315-DL 30

Von 1955 bis 1988 war dieser originale DL 30 mit Metz-Aufbau im schwäbischen Plochin-
gen im Einsatz. Ein imposanter Anblick in jeder Hinsicht. Die Mercedes-Langhauber vom
Typ 315 waren in den 50er Jahren der Stolz der ganzen Belegschaft im Werk Gaggenau.
Die Metz-Drehleiter kann bis zu 30 m Höhe ausgefahren werden.

Modell:	Mercedes-Benz LKO 315-DL 30
Baujahr:	1955
PS/kW:	145 PS/107 kW
Hubraum ccm:	8700
Motortyp:	R/6 Zylinder OM 315

Mercedes-Benz L-LK 311

Dieses Löschgruppenfahrzeug war 1956 Stand der Technik. Heute erscheint der komplette
Holzaufbau, der mit Stahlblech bezogen ist, reichlich antiquiert, aber damals war man mit
dem Aufbau der Firma Metz/Karlsruhe sehr zufrieden. Zulässiges Gesamtgewicht 7500 kg. Vor-
baupumpe mit 800 Liter Leistung pro Minute. Das Fahrzeug wird jetzt von der Freiwilligen
Feuerwehr Mühlacker restauriert.

Modell:	Mercedes-Benz L-LK 311
Baujahr:	1956
PS/kW:	90 PS/66 kW
Hubraum ccm:	4580
Motortyp:	R/6 Zylinder OM 321

Mercedes LP 333

Von diesem „Tausendfüßler" genannten Typ wurden zwischen 1958 und 1961 ganze 1751 Exemplare im Inland abgesetzt, und 82 Laster gingen in den Export. Das Fahrzeugkonzept mit den zwei gelenkten Vorderachsen war letztlich eine vom Werk nie gewollte Notlösung. Der damalige Verkehrsminister Walter Seebohm/CDU überraschte die Öffentlichkeit mit immer neuen, teilweise unverständlichen Konzepten der Nutzlaststeuerung von Lastwagen gegenüber den von ihm bevorzugten Bahntransporten.

Modell:	Mercedes-Benz LP 333
Baujahr:	1958
PS/kW:	200 PS/147 kW
Hubraum ccm:	10 809
Motortyp:	R/6 Zylinder OM 326

Mercedes-Benz L 321

Bierkutscher waren seit Beginn der Lastwagenhistorie mit die besten Kunden fürs schwere Geschäft bei der Firma Daimler in Mannheim. Hier lief schon im Juni 1945 die Produktion von leichten und mittelschweren Lastwagen wieder an. Der L 321 wurde in Mannheim bis 1959 gefertigt, während die schwereren Hauber aus Gaggenau kamen.

Modell:	Mercedes-Benz L 321
Baujahr:	1958
PS/kW:	110 PS/81 kW
Hubraum ccm:	5100
Motortyp:	R/6 Zylinder

Mercedes-Benz L 311/L 16/TS

Daimler rüstete von 1954 an Feuerwehrfahrzeuge mit OM 321-Motoren mit Turbolader aus. In diesem 1958 ausgelieferten Tanklöschwagen der Freiwilligen Feuerwehr Gaildorf ist der Turbomotor mit 115 PS eingebaut. Ohne Turbo standen 90 PS zur Verfügung. 1600 Liter pro Minute schafft die Löschpumpe, eine zusätzliche Anbauwinde ist hinter der Achse montiert

Modell:	Mercedes-Benz L 311/L 16/TS
Baujahr:	1958
PS/kW:	115 PS/85 kW
Hubraum ccm:	4580
Motortyp:	R/6 Zylinder OM 321

Mercedes-Benz LK 326

Von 1956 bis 1958 erregte dieser Laster beträchtliches Aufsehen in der Fachwelt, da er als Hauber so gar nicht in die neue Gesetzgebung passte, die sich die CDU-Regierung damals unter Verkehrsminister Seebohm ausgedacht hatte. Frontlenker-Lastwagen sollten fortan das Bild auf deutschen Straßen bestimmen. Der LK 326 wurde mit 192 bis 200 PS starken Vorkammer-Dieselmotoren vom Typ OM 326 ausgerüstet.

Modell:	Mercedes-Benz LK 326
Baujahr:	1958
PS/kW:	200 PS/147 kW
Hubraum ccm:	10 810
Motortyp:	R/6 Zylinder OM 326

Mercedes-Benz L 311

Im Mannheimer Werk liefen nach dem Krieg ab Juni 1945 noch bis 1949 die Opel Blitz-Dreitonner vom Band, die je zur Hälfte als Opel und Mercedes verkauft wurden. Das Nachfolgemodell war nun der erste „echte" Mercedes L 3500, der ab 1955 als Typ L 311 angeboten wurde. Die gesamte Produktionszeit dieser äußerst erfolgreichen Baureihe betrug zwölf Jahre. Spitzname unter den Fahrern: der treue Neunziger.

Modell:	Mercedes-Benz L 311
Baujahr:	1959
PS/kW:	100 PS/74 kW
Hubraum ccm:	4580
Motortyp:	R/6 Zylinder OM 321

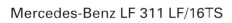

Mercedes-Benz LF 311 LF/16TS

Mehr als 29 Jahre lang stand dieser Mercedes LF 311 von 1960 im Originalzustand zu Diensten der Freiwilligen Feuerwehr von Königsbronn. Besatzung acht Mann, die mit 1600 Litern Pumpenleistung pro Minute so manchen Brand erfolgreich bekämpfen konnte. Der Aufbau stammt von der Firma Ziegler. Der OM 311 ist mit einem Turbolader ausgerüstet.

Modell:	Mercedes-Benz LF 311
Baujahr:	1960
PS/kW:	115 PS/85 kW
Hubraum ccm:	4580
Motortyp:	R/6 Zylinder

Mercedes-Benz LAF 322

Dieser Tanklöschwagen wurde 1960 ausgeliefert und befindet sich bei der Freiwilligen Feuerwehr in Hohengehren/ Baden Württemberg noch heute im Einsatz. Sein Zustand könnte nicht besser sein. Der LAF 322 war 1960 eines der ersten Rundhauber-Fahrzeuge von Daimler-Benz. Der Aufbau stammt von der Firma Ziegler.

Modell:	Mercedes-Benz LAF 322
Baujahr:	1960
PS/kW:	130 PS/96 kW
Hubraum ccm:	5103
Motortyp:	R/6 Zylinder OM 322

Mercedes-Benz DB 334

Von 1960 stammt dieser aufwändig restaurierte schwere Hauber-Lastwagen vom Typ 334, der nur für den Export gebaut wurde. Er wurde bis 1980 in einem Steinbruch in Frankreich als 18-Tonner eingesetzt. Für 34 500 DM wurde dieser Laster 1960 nach Frankreich verkauft, was damals kein Schnäppchenpreis war. Den Dreiseitenkipperaufbau lieferte die Firma Meiller.

Modell:	Mercedes-Benz DB 334
Baujahr:	1960
PS/kW:	192 PS/141 kW
Hubraum ccm:	10 735
Motortyp:	R/6 Zylinder OM 326

Mercedes-Benz Unimog 411

Ein perfekt restaurierter Unimog in der Originalfarbe blau? Obwohl die meisten Unimogs in grün verlangt wurden, bot Gaggenau diese freundliche Farbe blau der Kundschaft 1958 an. Einem Liebhaber gelang das Kunststück, aus einem Haufen Schrott wieder ein originalgetreues Schmuckstück zu schaffen.

Modell:	Unimog 411
Baujahr:	1958
PS/kW:	32 PS/23 kW
Hubraum ccm:	1800
Motortyp:	R/4 Zylinder, Diesel

Mercedes-Benz Unimog S

Wie kaum ein anderes geländegängiges Nutzfahrzeug ist der Unimog für schwerstes Gelände bestens geeignet. Über 35 000 Unimog S kamen zwischen 1955 und 1980 zur Auslieferung. Die meisten Fahrzeuge wurden bei der Bundeswehr, der Feuerwehr und den Ambulanzdiensten benötigt. Die französische Armee erhielt 1955 die ersten Unimog als Reparationsleistung .Unser Foto zeigt einen Unimog S mit Rathgeber-Aufbau von 1960. Der gleiche Aufbau wurde auch für Funkwagen benutzt.

Modell:	Mercedes-Benz Unimog S
Baujahr:	1960
PS/kW:	82 PS/60 kW
Hubraum ccm:	2195
Motortyp:	R/6 Zylinder M 180 II

Modell:	Morris Equiloads
Baujahr:	1951
PS/kW:	75 PS/55 kW
Hubraum ccm:	2680
Motortyp:	R/4 Zylinder, Benzin

Morris Equiloads

1952 erfolgte der Zusammenschluss von Austin und Morris zur British Motor Corp. LTD. Ein Jahr vorher wurde dieser Morris Equiloads als Pritschenwagen auf die Karibikinsel Grenada verschifft. Auf seine alten Tage dient er nun als umgebauter Schulbus, und dies schon seit über 50 Jahren. Der Vierzylinder- Austin-Motor zeigt sich immer noch von seiner besten Seite.

Opel Blitz Mannschaftswagen

Von 1946 bis 1969 wurden bei den Opel-Werken 195 044 leichte Lastwagen hergestellt, die alle den Namen Opel Blitz trugen. Die Gewichtsspanne reichte vom kleinen 1,5-Tonner bis zum stattlichen Dreitonner. Unser Opel Blitz-Dreitonner ist ein 1950 ausgelieferter Mannschaftswagen.

Modell:	Opel Blitz Mannschaftswagen
Baujahr:	1950
PS/kW:	62 PS/46 kW
Hubraum ccm:	2473
Motortyp:	R/6 Zylinder, Benzin

Opel – Stark bei leichten Lastern

Die Rüsselsheimer Opel-Werke knüpften ab 1946 an ihre bewährte Opel Blitz-Modellreihe an. Bis 1949 verdoppelten sich jedes Jahr die Produktionszahlen, Opel konnte bei weitem nicht alle Kundenwünsche erfüllen. 1950 sackte der Verkauf plötzlich um fast 50 Prozent wieder ab. Helle Aufregung in der Geschäftsleitung, was war geschehen? Woran lag es, liefen doch die Opel-Personenwagen glänzend? Handwerker und Mittelständler wollten nun einen der neuen Mercedes-Transporter mit Dieselmotor oder den sparsamen Hanomag, der auch über einen Dieselmotor befeuert wurde. Opel hatte schlicht den neuen Markt mit den Selbstzündern verschlafen. Von nun an ging's bergab mit dem einstigen Bestseller Opel Blitz.

Opel Blitz 1,75-Tonner

Der stilistische Einfluss von General Motors bescherte den Opel-Fans einen radikalen Wandel vom schlichten Vorkriegs-Design hin zum rundlichen Straßenkreuzer-Design der 50er Jahre. Opel blieb der Spitzenreiter in den Zulassungszahlen leichter Lastwagen, aber die Konkurrenz mit Hanomag und Mercedes wetzte schon die Messer.

Modell:	Opel Blitz 1,75-Tonner
Baujahr:	1953
PS/kW:	85 PS/63 kW
Hubraum ccm:	2473
Motortyp:	R/6 Zylinder

Opel Blitz Bus

Auf der Basis des 1,5-Tonners entstand 1951 dieser schicke Kässbohrer-Reisebus. Schon von Haus aus war der Opel Blitz immer ein besonders „fahrerfreundlicher" Wagen, dessen Sechszylinder-Vergaser-motor leise vor sich hin schnurrte – kein Vergleich zu den damaligen Dieselmoto-ren, die Fahrzeug und Passagiere an jeder Kreuzung kräftig durchschüttelten.

Modell:	Opel Blitz Bus
Baujahr:	1951
PS/kW:	55 PS/40 kW
Hubraum ccm:	2473
Motortyp:	R/6 Zylinder

Opel Blitz DL 18

Der Opel Blitz von 1958 ist mit einer Drehleiter ausgerüstet, die eine Steighöhe von beachtlichen 18 Metern erlaubt. Als Antrieb dient der bewährte Sechszylinder-Vergasermotor aus dem Opel Kapitän, dem „Deutschen Amerikaner aus Rüsselsheim", wie die Zeitschrift QUICK den meist schwarzen „Gangsterwagen" einmal titulierte. Tatsächlich bewährten sich diese Opel Blitz ganz hervorragend, und auch die Opel Kapitän sind heute gesuchte Oldtimer-Raritäten.

Modell:	Opel Blitz DL 18
Baujahr:	1958
PS/kW:	62 PS/46 kW
Hubraum ccm:	2473
Motortyp:	R/6 Zylinder, Benzin

Opel Blitz 1,5-Tonner

Komfortabel, zuverlässig und relativ sparsam. Die Opel Blitz 1,5-Tonner Benziner wurden in den 60er Jahren ordentlich verkauft, obwohl Opel bis 1968 ein passender Dieselmotor im Programm fehlte. Dafür rückten Hanomag und Mercedes in die Marktlücke der leichten Lastwagen und Transporter mit den spritsparenden Dieselmotoren. Dieser blaue 1,5-Tonner mit geteilter Windschutzscheibe wurde nicht nur als Pritschenwagen, sondern auch mit Spezialaufbauten als Feuerwehrfahrzeug, Stadtlieferwagen oder als Kofferwagen angeboten.

Modell:	Opel Blitz 1,5-Tonner
Baujahr:	1960
PS/kW:	55 PS/40 kW
Hubraum ccm:	2473
Motortyp:	R/6 Zylinder

Peterbilt – Später Start mit gutem Finish

Als einer der größten Holzhändler an der Westküste Amerikas wusste T.C. Petermann genau, wie ein schwerer Truck beschaffen sein müsste, der ihm gefallen könnte. 1938 übernahm der Holzhändler die in Zahlungsschwierigkeiten steckenden Fageol-Werke. Aus diesem Deal entstanden dann die Peterbilt Trucks. 1947 verstarb T.C. Petermann, und seine Witwe verkaufte ihre Anteile an den Präsidenten der Pacific Car Company, Paul Pigott. Seine Gesellschaft zählte zu den bedeutendsten Eisenbahnwagen-herstellern Amerikas, die sich nach neuen Aufgaben umsah.

Peterbilt 351 Mixer

1960 war dieser Peterbilt 351 Mixer der Stolz von jedem Bauunternehmer. Ein schnörkelloses Arbeitstier ohne Chrom und andere Extras. Die Mischtrommel wird nach hinten entleert, der angehängte Nachläufer hält den Truck beim Entladen in der Balance.

Modell:	Peterbilt 351 Mixer
Baujahr:	1960
PS/kW:	220 PS/162 kW
Hubraum ccm:	12 175
Motortyp:	R/6 Zylinder Cummins

Renault La Micheline

„Le Train qui roule sur l`air", der Zug, der auf Luft fährt – dieser Slogan begleitete eine von Renault und dem Reifenhersteller Michelin vorgestellte Entwicklung. Unser Foto zeigt den ersten Versuchswagen von 1949. Der Vorteil dieser interessanten Konstruktion: Minimales Fahrgeräusch und deutlich bessere Bremseigenschaften. Noch heute gibt es eine Pariser U-Bahnlinie, auf der Triebwagen mit Luftreifen fahren.

Modell:	Renault La Micheline
Baujahr:	1949
PS/kW:	140 PS/103 kW
Hubraum ccm:	5600
Motortyp:	R/6 Zylinder

Renault La Micheline II

Die deutlich verbesserte Ausführung des Renault-Schienenbusses, der ganz unkonventionell auf Luftreifen rollte, wurde auch in England vorgeführt. Das Foto zeigt die Ankunft in Birmingham. 24 Fahrgäste freuten sich über die ungewöhnlich leise und vibrationsarme Fortbewegung. Jetzt sorgte ein 220 PS starker Renault/Berliet-Lastwagenmotor für 110 km/h Spitzengeschwindigkeit.

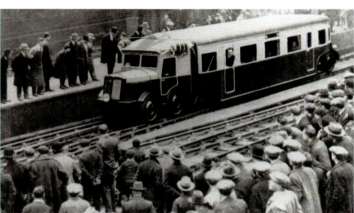

Modell:	Renault La Micheline II
Baujahr:	1952
PS/kW:	220 PS/162 kW
Hubraum ccm:	6800
Motortyp:	R/6 Zylinder

Robur Garant 30 K

Als zäh und ausdauernd erwiesen sich die meisten Fahrzeuge der ehemaligen DDR. Ein Musterbeispiel dafür ist dieser Robur Garant 30 K von 1957, der hier eine schwere Steigung in der Nähe von Stuttgart in Angriff nimmt. Die Höchstgeschwindigkeit lag bei 80 km/h.

Modell:	Robur Garant 30 K
Baujahr:	1957
PS/kW:	60 PS/44 kW
Hubraum ccm:	3900
Motortyp:	R/4 Zylinder

Scammell Showtrac

Nach Kriegsende waren überall robuste Zugmaschinen gefragt, die für zusätzliche Aufgaben geeignet waren. Der Scammell Showtrac wurde bei Zirkusunternehmen sowohl als Zugmaschine für bis zu drei Hänger benutzt wie auch als stationärer Stromlieferant. Ein leistungsfähiger Generator ist im hinteren Teil des Wagens untergebracht. Den nötigen Antrieb liefert ein Gardner-Dieselmotor.

Modell:	Scammell Showtrac
Baujahr:	1949
PS/kW:	95 PS/70 kW
Hubraum ccm:	6980
Motortyp:	R/6 Zylinder

Scania L60

1949 brachte Scania, damals noch ein fast mittelständisches Unternehmen, die Serien 40 und 60 auf den Markt. Dank seiner grundsoliden Konstruktion wurde der L60 schnell zu einem Verkaufserfolg, der bis 1954 anhielt. Mit dem Nachfolgetyp setzte Scania dann alles auf eine Karte und lancierte erstmals Turbomotoren, die leistungsmäßig alle bisherigen Barrieren sprengten.

Modell:	Scania L60
Baujahr:	1953
PS/kW:	135 PS/99 kW
Hubraum ccm:	8400
Motortyp:	R/6 Zylinder

Scania – Mit Fahrrädern fing alles an

Aus einer Zweigstelle der englischen Fahrradschmiede Humber LTD entstand um 1900 die Scania Maskinenfabrik AB in Malmö/Schweden. Das Geschäft mit der Fahrrad- und Motorradfertigung lief so gut, dass sich die Firmenleitung zu einer Produkterweiterung entschloss. 1903 entwickelten die Schweden ihren ersten leichten Lastwagen. 1911 folgte dann die Fusion mit Vabis, dem Namensgeber für die Lastwagen. Erst 1969 erneuerte die Geschäftsleitung den älteren Namen und firmierte dann unter Saab-Scania.

Steyr-Daimler-Puch 700 AP

Besser bekannt als „Haflinger" war dieses kleinste Nutzfahrzeug der berühmten österreichischen Werke ein durchschlagender Erfolg. Selbst die für ihre kritischen Zulassungsbedingungen bekannte Schweizer Armee setzte auf den extrem geländegängigen Winzling. Bei einem Leergewicht von 680 kg schleppte der Haflinger noch 520 kg Nutzlast durch unwegsames Gelände, wie dieses Bild aus Tansania beweist. Der Motor sitzt im Heck.

Modell:	Steyr-Daimler-Puch 700 AP
Baujahr:	1958
PS/kW:	27 PS/20 kW
Hubraum ccm:	643
Motortyp:	2 Zylinder-Boxermotor, luftgekühlt

Seagrave Anniversity

Eine ganze Reihe Feuerwehr-Ausrüster bedient die Bevölkerung der USA mit adäquaten Löschwagen. Die Firma Seagrave in Columbus/Ohio wurde schon 1907 gegründet, ihr erstes Frontlenker-Modell von 1959 wird hier gezeigt. Damals wurden noch Zwölfzylinder-Hall Scott- und Waukesha-Benzinmotoren eingebaut.

Modell:	Seagrave Anniversity
Baujahr:	1959
PS/kW:	300 PS/220 kW
Hubraum ccm:	10 680
Motortyp:	V12 Zylinder, Benzin

TAM 170 T14

Dieser schön erhaltene kroatische Tanklöschwagen vom Typ TAM 170 T14 basiert auf dem Magirus-Deutz A 6500 von 1955. Die doppelten Scheinwerfer in der Stoßstange entsprechen nicht mehr dem Original mit einzeln stehenden Rundscheinwerfern.

Modell:	TAM 170 T14
Baujahr:	1960
PS/kW:	170 PS/125 kW
Hubraum ccm:	10 644
Motortyp:	V8 Zylinder, luftgekühlt KHD-Lizenz

TAM 4500

Bei Militärlastwagen, Baustellen-Kippern und Feuerlöschwagen galten die unverwüstlichen Magirus-Deutz-Lastwagen als beste Wahl für „schwierige" Länder. Nach einem verhaltenen Start im Jahr 1955 gedieh die Zusammenarbeit zwischen Magirus- Deutz und den jugoslawischen TAM-Werken immer besser. Das Bild zeigt einen der ersten TAM-Laster von 1957 mit KHD-Motor und leicht abgeänderter Form gegenüber dem Original Magirus-Deutz A 4500.

Modell:	TAM 4500
Baujahr:	1957
PS/kW:	85 PS/63 kW
Hubraum ccm:	5322
Motortyp:	R/4 Zylinder

VEB Ernst Grube Werdau – Der Klassiker aus dem Osten Deutschlands

Nach dem Zweiten Weltkrieg wurden die ehemaligen Horch-Werke in VEB Kraftfahrzeugwerke Horch umbenannt. Unter dem Label „Sachsenring" kamen alle Lastwagen bis 1948 auf den Markt. Dann entschloss sich die DDR-Führung zu einem weiteren Namenswechsel. Die neuen IFA-Werke wurden 1956 wieder umbenannt in VEB Sachsenring Kraftfahrzeug- und Motorenwerk. Eine weitere Namensänderung brachte dann die VEB Ernst Grube Werdau Fahrzeugwerke hervor, die bis zur Wiedervereinigung aktiv war.

VEB Granit 27

Ein schöner Name für eine weitgehend unbekannte Marke. Die Zittauer Fahrzeugwerke fertigten diesen Feuerwehrwagen 1953 in der DDR. Der über ein Axialgebläse luftgekühlte Vierzylinder-Viertaktmotor schnurrt immer noch so freundlich wie vor 50 Jahren.

Modell:	VEB Granit 27
Baujahr:	1953
PS/kW:	60 PS/44 kW
Hubraum ccm:	3000
Motortyp:	R/4 Zylinder, Benzin

VEB Ernst Grube Werdau S 4000-1

Dieser hervorragend restaurierte Feuerlöschwagen fand den Weg zu westdeutschen Feuerwehr-Liebhabern. In der ehemaligen DDR gehörte der S 4000-1 zur Standardausrüstung der meisten Feuerwehren im Land.

Modell:	VEB Ernst Grube Werdau S 4000-1
Baujahr:	1958
PS/kW:	90 PS/66 kW
Hubraum ccm:	6024
Motortyp:	R/4 Zylinder

VEB Ernst Grube Werdau S 4000-1

Der populärste Laster in der ehemaligen DDR war über viele Jahre hinweg dieser schön restaurierte S 4000-1. Dieses Modell wurde 1958 ausgeliefert und fährt bis heute wie eine Eins. Große Teile der Produktion gingen als Einheitslaster an andere befreundete Staaten des Ostblocks.

Modell:	VEB Ernst Grube Werdau S 4000-1
Baujahr:	1958
PS/kW:	90 PS/66 kW
Hubraum ccm:	6024
Motortyp:	R/4 Zylinder

VEB Ernst Grube Werdau H6

Von den Medien im Westen Deutschlands meist totgeschwiegen, entwickelte das VEB-Werk von Ernst Grube schon Mitte der 50er Jahre auch schwere Lastwagen, die den westdeutschen Modellen ebenbürtig waren. Dieser toprestaurierte H6 von 1958 durfte allerdings nur bis 1959 produziert werden, dann ordnete die Sowjetführung in Moskau an, dass fortan nur noch leichte bis mittelschwere Einheitslaster in den VEB Werken gebaut werden durften. Die schweren Trucks kamen nun aus der UdSSR oder der Tschechoslowakei.

Modell:	VEB Ernst Grube Werdau H6
Baujahr:	1958
PS/kW:	120 PS/88 kW
Hubraum ccm:	9036
Motortyp:	R/6 Zylinder

VEB Ernst Grube Werdau

Diese perfekt restaurierte Zugmaschine von 1959 konnte offiziell bis zu 14 Tonnen schwere Hänger schleppen. In der Paxis wurden oft deutlich höhere Lasten angehängt. Die Ernst Grube Fahrzeugwerke bauten auch die Sachsenring-Personenwagen, Lastwagen und die in Ost-Berlin verkehrenden Doppeldecker-Busse.

Modell:	VEB Ernst Grube Werdau
Baujahr:	1960
PS/kW:	150 PS/110 kW
Hubraum ccm:	9036
Motortyp:	R/6 Zylinder

Vidal Tempo Boy

Die preiswerten und praktischen Kleintransporter von Vidal wurden in den ersten Nachkriegsjahren rege gekauft. Mit steigendem Wohlstand sanken die Verkaufszahlen allerdings Mitte der 50er Jahre rapide, weil die einfach aufgebauten Dreiräder kaum preiswerter waren als die vierrädrige Konkurrenz. Dieser perfekt restaurierte Tempo Boy diente einst einem Zeitschriftenhändler, dann einem Metzgermeister und jetzt einem Bäckermeister als Lieferwagen. Vom Tempo Boy wurden zwischen 1952 und 1956 nur 1843 Wagen mit Pritsche und dem seltenen Kastenaufbau ausgeliefert.

Modell:	Vidal Tempo Boy
Baujahr:	1952
PS/kW:	15 PS/11 kW
Hubraum ccm:	306
Motortyp:	1 Zylinder Heinkel 2 Takt

Volvo TP21

Unter dem wenig schmeichelhaften Spitznamen „die Sau" kam Volvo dem Wunsch nach einem besonders geländegängigen Vielzweckfahrzeug nach. Bei dieser interessanten Konstruktion wurde deshalb besonderer Wert auf einen kurzen Radstand und dadurch kurze Überhänge, einen verstärkten Rahmen und breitere Reifen gelegt. Das Gesamtgewicht betrug 2880 kg. Zwischen 1953 und 1958 wurden 720 Wagen gebaut. Der TP21 gilt in ganz Skandinavien als Kult-Auto unter den Offroad-Fans.

Modell:	Volvo TP21
Baujahr:	1953
PS/kW:	90 PS/66 kW
Hubraum ccm:	3670
Motortyp:	R/6 Zylinder

Volvo – Qualität braucht ihre Zeit

Als Volvo 1928 seinen ersten 1,5-Tonner auf die Räder stellte, entsprachen die wichtigen „Innereien" einem zuverlässigen Personenwagen-Modell, mit dem die junge Firma ihr erstes Geld verdiente. Schnell lernte man dazu, und zu Beginn des Zweiten Weltkriegs wurde Volvo zu einem wichtigen Partner der skandinavischen Streitkräfte. Mit dem Modell Titan von 1953 erlangte Volvo seine Reputation als einer der besten Truckhersteller Europas. In den weiteren Jahren überzeugten die Schweden durch praktische Innovationen, wie zum Beispiel das kippbare Frontlenker-Fahrerhaus.

Volvo TL31

Die allradbetriebenen Geländewagen von Volvo gelten als äußerst robust wegen ihrer verstärkten Rahmen, und nicht zuletzt durch optimale Getriebeabstufungen mit den Differentialsperren. Der grüne Volvo TL31 wurde 1956 parallel zum rundlichen TP21 mit dem Spitznamen „Sau" meist an die skandinavischen Streitkräfte ausgeliefert.

Modell:	Volvo TL31
Baujahr:	1956
PS/kW:	135 PS/99 kW
Hubraum ccm:	3670
Motortyp:	R/6 Zylinder

White WC-32

White ist einer der traditionsreichsten Truckhersteller Amerikas. Schon 1906 wurden die ersten Dampflastwagen gebaut, nachdem man zuvor Fahrräder, Motorräder, aber auch Rollschuhe fertigte. Modellkonstanz wurde bei White schon immer gepflegt. Dafür konnten 1951 die Käufer unter sieben verschieden starken Dieselmotoren auswählen. Die Motorenspanne reichte vom WC-16 mit 298 CID (4883 ccm) und 110 PS bis zu diesem WC-32 mit 504 CID (8259 ccm) und 184 PS. Unser Foto zeigt einen Feuerwehr-Tanklöschwagen von 1951.

Modell:	White WC-32
Baujahr:	1951
PS/kW:	184 PS/135 kW
Hubraum ccm:	8259
Motortyp:	R/6 Zylinder

Volvo L375

Einen wunderschön restaurierten Volvo L375 stellte der Holländer Jack den Hartogh wieder auf die Räder. Der L375 war der letzte Volvo ohne die „Langnase", besser bekannt als Volvo Titan.

Modell:	Volvo L375
Baujahr:	1959
PS/kW:	90 PS/66 kW
Hubraum ccm:	9600
Motortyp:	R/6 Zylinder

1961–1980
Mehr Leistung auf Knopfdruck?

Mehr Leistung auf Knopfdruck?

In den 60er und 70er Jahren wurden die Karten neu gemischt. Scania schockte die Konkurrenz 1969 mit einem kompakten Achtzylinder-Turbomotor, der 350 PS auf die Straße brachte. Ähnlich starke Kraftpakete gab es damals nur in den USA bei Spezialfahrzeugen. Wie reagierten die deutschen Hersteller auf die schwedische Herausforderung?

Hektische Betriebsamkeit erfasste alle europäischen Hersteller. Schon einige Monate vor der offiziellen Vorstellung des neuen „Wundermotors" von Scania war deutschen Testfahrern eine schwedische Lastwagenkolonne aufgefallen, die ungewöhnlich zügig die verschneiten Bergpassagen bei Rovaniemi nahm. Erst dachte man an einen Antrieb mit Gasturbine, denn das Motorengeräusch war eine Oktave höher als das von Saugmotoren. Aus der Gerüchteküche wusste man, dass die Kollegen von General Motors, Ford, KHD, Leyland und MAN schon seit einiger Zeit mit diesen schrill tönenden Gasturbinen Fahrversuche unternahmen. Bei näherer Betrachtung kam die Entwarnung. Es musste sich um einen neu entwickelten, konventionellen Motor handeln. An dieser Stelle sei vermerkt, dass alle Gasturbinen-Versuche in den 70er Jahren recht schnell wieder eingestellt wurden, weil der Spritverbrauch mehr als doppelt so hoch lag wie bei konventionellen Dieselmotoren. Als Basis für diese interessanten Versuche dienten Gasturbinen für Militärhubschrauber.

Dennoch saß der Schock mit dem neuen Scania-V8-Motor allen Konstrukteuren in den Knochen. So viel war sicher: Mehr Leistung geht auf die Zuverlässigkeit. Wenn der Markt nach stärkeren Motoren verlangt, muss das Unternehmen eine grundlegende Investitionsentscheidung treffen. Kein herkömmlicher Lastwagenmotor lässt sich ungestraft mit einem Turbolader in der Leistung steigern. Erforderlich sind neu entwickelte steifere Motorblöcke, ein verbessertes Einspritzsystem, eine Ladeluftkühlung und weitere tiefgreifende Änderungen. Kurzum: Ein neuer Motor muss her.

Erschwerend kam hinzu, dass die Branche nach den ersten Boom-Jahren nun am Tropf hing. Krupp hatte sich von der kompletten Lastwagenproduktion verabschiedet. Kaelble war mit seinen Serienwagen ins Abseits geraten und stellte seine schweren Zugmaschinen nur noch auf Einzelbestellung her. Über den Zusammenbruch der Borgward-Werke freute sich niemand in der Szene. Der einstige Branchen-Häuptling Büssing war als selbstständiges Unternehmen gescheitert. DAF benötigte dringend eine Finanzspritze durch International Harvester, denn die Entwicklung erster Ladeluft gekühlter Dieselmotoren verschlang die Ressourcen. Nicht zuletzt drängte das Verteidigungsministerium auf eine enge Zusammenarbeit zwischen MAN und Mercedes-Benz bei der Entwicklung gemeinsamer Motoren und

Achsen für Bundeswehrfahrzeuge. Aus dieser interessanten Konstellation entstand eine Serie nahezu baugleicher V8- und V10-Motoren. Der durchzugsstarke Zehnzylinder findet bis heute in den Schwerlastzugmaschinen beider Unternehmen Verwendung.

1975 gründen Fiat, Magirus-Deutz, Lancia, OM und Unic das Gemeinschaftsunternehmen Iveco. Drei Jahre später wird Frankreichs Schwerlastwagen-Primus Berliet vom immer noch staatlichen Renault-Konzern geschluckt. In Schweden scheitern Kooperationsgespräche zwischen Volvo und Scania. Als eigenständige Unternehmen bauen sie ihre jetzt schon beeindruckende Marktstellung weiter aus. Auch in den USA tobt der Kampf um den Markt. Paccar festigt mit seinen Platzhirschen Kenworth und Peterbilt das Revier, während White und International Harvester Boden verlieren. Auch Freightliner steht ohne starken Partner auf schwachen Füßen. Die Karten sind jetzt wieder neu gemischt, nachdem sich die Turboladertechnik auf breiter Front durchsetzen konnte. Wer am Schluss das Rennen gewinnen wird, ist 1980 noch völlig offen.

Autocar – Leiser Abgesang

Viele einst bekannte Firmen der amerikanischen Nutzfahrzeugindustrie verschwinden sang- und klanglos in den Archiven der Automobilgeschichte. Mit Autocar starb ein Unternehmen, das bei seiner Kundschaft den besten Ruf hatte, letztlich aber zu klein zum Überleben war. Autocar spezialisierte sich schon immer auf schwere Baufahrzeuge, und wenn hier, wie in den 70er Jahren geschehen, der Immobilienmarkt zusammenbricht, dann fallen die Spezialisten ins Bodenlose. White übernahm 1953 den angeschlagenen Konkurrenten und verzichtet Ende der 70er Jahre auf den Fortbestand der Marke Autocar.

Autocar Modell A64

Ganz im Originalzustand ist dieser Autocar von 1968 nicht mehr. Der stolze Besitzer „modernisierte" seinen Oldie mit neuen Kotflügeln aus Edelstahl und sonstigem Schnickschnack aus dem Versandkatalog. Geblieben sind die inneren Werte in Form eines 265 PS starken Cummins-Dieselmotors. Das Zwölfganggetriebe von Fuller meistert auch widrige Bedingungen mit seiner dreistufigen Untersetzung.

Modell:	Autocar Modell A64
Baujahr:	1968
PS/kW:	265 PS/195 kW
Hubraum ccm:	12 890
Motortyp:	R/6 Zylinder

Autocar Modell A

Eine der ältesten Lastwagenfirmen der Welt ist Autocar. 1907 wurde der erste 1,5-Tonner in Pennsylvania vorgestellt. Dieser optimal gepflegte Autocar von 1963 entstand zehn Jahre nach der Übernahme durch White. 1953 wurde bei Autocar erstmals das teure Aluminium für Motorhauben und Fahrerhäuser eingesetzt. Statt mit den üblichen Nieten verschraubte Autocar alle Teile aus Aluminium mit leicht auszuwechselnden Schrauben und Muttern.

Modell:	Autocar Modell A
Baujahr:	1963
PS/kW:	220 PS/162 kW
Hubraum ccm:	12 600
Motortyp:	R/6 Zylinder

Autocar DC-7654 T

600 PS bullern unter der Haube dieses bärenstarken Autocar von 1969. Der schöne Laster dient zum Transport von Planierraupen und anderen, bis zu 95 Tonnen schweren Baumaschinen. Das Foto wurde 2002 in Riverside/Kalifornien aufgenommen.

Modell:	Autocar DC-7654 T
Baujahr:	1969
PS/kW:	600 PS/441 kW
Hubraum ccm:	17 890
Motortyp:	V12 Zylinder

Autocar Loadmaster

Für kommunale Aufgaben gedacht, verrichtet dieser perfekt gepflegte Autocar Loadmaster von 1970 seine Arbeit in den Straßen von Chicago. Das Foto wurde 1995 aufgenommen. Durch seine flexible Modellgestaltung war Autocar viele Jahre lang die bevorzugte Adresse bei Neuanschaffungen. Heute entscheidet eine öffentliche Ausschreibung bei der Anschaffung neuer Kommunalfahrzeuge.

Modell:	Autocar Loadmaster
Baujahr:	1970
PS/kW:	245 PS/180 kW
Hubraum ccm:	12 800
Motortyp:	R/6 Zylinder

Autocar A

Auch dieser Autocar A-Truck von 1970 wurde im Laufe der letzten 35 Jahre immer wieder optisch aufgepäppelt. Für die meisten selbstständigen amerikanischen Trucker bedeutet das eigene Fahrzeug eine Investition fürs halbe Leben. Ein optisch ansprechender Laster schafft Vertrauen in die Seriosität des Besitzers, ganz besonders bei freien Abschleppunternehmen wie in diesem Fall.

Modell:	Autocar A
Baujahr:	1970
PS/kW:	235 PS/173 kW
Hubraum ccm:	13 980
Motortyp:	R/6 Zylinder

Autocar A-Cat

Autocar war berühmt dafür, dass jeder Wunsch des Käufers erfüllt werden konnte. Somit unterschied sich fast jeder Autocar vom nächsten Laster, der aus den Montagehallen rollte. 1972 wurde dieser sogenannte Artic Tractor (Sattelschlepper) mit dem bleischweren Caterpillar-Sechszylinder und dem Fuller RT 00-913-Roadranger-Getriebe ausgeliefert. Bisherige Fahrleistung im Oktober 2002: 1,4 Millionen Kilometer mit nur einer Motorüberholung.

Modell:	Autocar A-Cat
Baujahr:	1972
PS/kW:	280 PS/206 kW
Hubraum ccm:	12 890
Motortyp:	R/6 Zylinder

American LaFrance Track Racer

Über 2500 Renntrucks sind in den USA für Oval-Rennen, Dragster-Rennen oder für Offroad-Rennen registriert. Gelegenheit zum Rennen fahren gibt es in fast jedem größeren Dorf. Dieser American LaFrance Oval-Racer war vor 40 Jahren ein Feuerwehrauto, jetzt stürmt der Oldie über die Sandpisten.

Modell:	American LaFrance Track Racer
Baujahr:	1965
PS/kW:	600 PS/444 kW
Hubraum ccm:	14 000
Motortyp:	R/6 Zylinder

Modell:	Barkas B 1000
Baujahr:	1978
PS/kW:	50 PS/37 kW
Hubraum ccm:	992
Motortyp:	R/3 Zylinder 2 Takt

Barkas B 1000

Die leichten Nutzfahrzeuge und Personenwagen der DDR hatten zumindest einen Vorteil gegenüber ihren westdeutschen Brüdern: Sie ließen sich von jedem mechanisch einigermaßen routinierten Menschen reparieren. Viele Teile wurden im Baukastensystem in beiden Fahrzeugklassen eingebaut. So fand der Dreizylinder- Zweitaktmotor auch im Wartburg-Personenwagen Verwendung. Ab 1961 wurde dieser blaue Eintonner mit Frontantrieb in großen Stückzahlen als Lieferwagen, Kleinbus und als Krankenwagen ausgeliefert.

Bedford W500

Auch in Ägypten wurden Bedfords in den 50er und 60er Jahren reichlich verkauft. Technisch gesehen gleicht dieser Fünftonner fast einem GMC-Truck, der fünf Jahre vorher zum letzten Mal vom Band lief. Unter der Motorhaube rumort nun ein Dieselmotor von Leyland.

Modell:	Bedford W500
Baujahr:	1964
PS/kW:	160 PS/118
Hubraum ccm:	6 100
Motortyp:	R/6 Zylinder

Bedford TK

General Motors kümmerte sich in den 60er Jahren vermehrt um ein einheitliches Aussehen seiner europäischen Töchter. Eine radikale Änderung im Design stand 1960 ins Haus. Schon am Äußeren erkennt man die Verwandtschaft mit den amerikanischen Typen der Muttergesellschaft GMC. Die Frontlenker-Bedford vom Typ TK wurden sehr gut verkauft. Als Motorisierung kamen zuerst Perkins-, dann Leyland-Dieselmotoren zum Einbau, sowie ein 3,5 Liter Benziner aus der Personenwagen-Reihe von GM.

1961 – 1980

Modell:	Bedford TK
Baujahr:	1962
PS/kW:	120 PS/88 kW
Hubraum ccm:	4980
Motortyp:	R/6 Zylinder, Diesel

Berna – Das Schweizer Kraftpaket

Die ersten Berna-Lastwagen wurden schon 1905 in kleiner Stückzahl gebaut. Der Erste Weltkrieg brachte dann den erhofften Durchbruch für die Eidgenossen, denn neben der Schweiz setzten auch die französischen und englischen Streitkräfte die bewährten Berna-Pritschenwagen ein. Dennoch war die Schweiz letztlich zu klein für zwei große Hersteller. Saurer spielte seine Kapitalkraft aus und übernahm 1929 den Konkurrenten.

Berna 2US

Wie frisch aus dem Ei gepellt steht dieser grüne Berna 2US heute, fast 45 Jahre nach seiner Entstehung, da. Je nach Einsatzzweck boten die renommierten Schweizer Lastwagenwerke ihrer kritischen Kundschaft drei verschieden starke Motorisierungen an. Der stärkste Berna 2 besaß schon 1961 einen 170 PS starken Achtzylinder-Dieselmotor mit 12 700 cm Hubraum und Kompressor-Aufladung. Im gezeigten Fahrzeug ist ein schwächerer Sechszylinder-Dieselmotor ohne Aufladung eingebaut. Auch Vierzylindermotoren mit 120 PS wurden in den 60er Jahren reichlich eingebaut.

Modell:	Berna 2US
Baujahr:	1961
PS/kW:	132 PS/97 kW
Hubraum ccm:	6832
Motortyp:	R/6 Zylinder

Berna 5V 545K

Ein ganz besonderer Leckerbissen ist dieser toprestaurierte Berna aus der Schweiz von 1964. An diesem Modell werden alle wichtigen Funktionen mit Pressluft aktiviert: Starten mit 40 bar Druck wie bei einem Schiffsmotor, Schalten des vollsynchronisierten Achtganggetriebes, Bremsen mit 6 bar, Reserve 40 bar usw. Selbst die Scheibenwischer werden mit Druckluft in Gang gehalten. Dieses Fahrzeug war der erste von Berna hergestellte Lastwagen mit Servogetriebe und Integrallenkung.

Modell:	Berna 5V 545K
Baujahr:	1964
PS/kW:	192 PS/141 kW
Hubraum ccm:	8702
Motortyp:	R/6 Zylinder mit Kompressor

Berna D330N 4x4

Schwersttransporte sind nicht nur für Truck-Fans immer wieder faszinierend. Dieses Foto wurde etwa 2000 Meter unter der Erd-oberfläche aufgenommen. Es zeigt den Transport einer 50 Tonnen schweren Winde im Stollen der Baustelle Neat/Schweiz. Hanspeter Tschudy setzt ganz bewusst seine erstklassig gepflegten Berna- und Saurer-Oldtimer für besondere Aufgaben ein.

Modell:	Berna D330N 4x4
Baujahr:	1976
PS/kW:	330 PS/244 kW
Hubraum ccm:	11 575
Motortyp:	R/6 Zylinder

Brockway 358

Seit 1912 war Brockway im Geschäft. 1956 übernahm Mack das mittelständische Unternehmen, das sich mit soliden Trucks eine positive Reputation erworben hatte. Letztlich fuhr Brockway 20 Jahre lang nur Verluste bei Mack ein, die selbst fast ständig unter einer zu geringen Kapitaldecke litten. Brockway schloss die Fabriktore im April 1977 für immer. Technisch gesehen unterschieden sich Brockway und Mack durchaus. So wurden in die Brockways keine Mack-Motoren, sondern Cummins-, Caterpillar- oder Detroit Diesel-Motoren eingebaut.

Modell:	Brockway 358
Baujahr:	1977
PS/kW:	220 PS/162 kW
Hubraum ccm:	10 200
Motortyp:	R/6 Zylinder

Brockway Mixer 300

Ein Bild wie aus einer anderen Zeit und dennoch aktuell. Dieser betagte grüne Betonmischer der Firma Brockway keucht die Hauptstraße einer amerikanischen Kleinstadt im Juli 2003 hinauf. Hier im mittleren Westen der USA setzt man immer noch auf solide Qualität, für die Brockway immer stand.

Modell:	Brockway Mixer 300
Baujahr:	1965
PS/kW:	250 PS/184 kW
Hubraum ccm:	10 800
Zylinder:	R/6 Zylinder

Büssing – Der schleichende Untergang einer bedeutenden Firma

Nur wenige Jahre waren vergangen, seit Büssing noch die Nummer Eins in der Zulassungsstatistik bei den dicken Brocken war. Nach der 1962 erfolgten Übernahme durch den Salzgitter-Konzern besserte sich die finanzielle Situation nur vorübergehend. Unter dem Strich wurden bei Büssing fortlaufend Verluste eingefahren. Von 1971 an übernahm MAN die Aktienmehrheit. 1974 wurden die letzten Anteilseigner von Büssing ausbezahlt, und MAN gliederte die Reste der Modellpalette von Büssing in seine eigene, immer größer werdende Modellreihe ein.

Büssing LU 7 Auwärter

Der Seniorchef der Möbelspedition Wilhelm Eckardt in Waiblingen bei Stuttgart war zeitlebens bekannter Oldtimer-Fan. Sein Büssing LU wurde 1962 mit einem formschönen Auwärter-Möbelkasten versehen und stand noch im Jahr 2000 bereit für den nächsten Auftrag.

Modell:	Büssing LU 7 Auwärter
Baujahr:	1962
PS/kW:	145 PS/107 kW
Hubraum ccm:	7148
Motortyp:	R/6 Zylinder

Büssing Commodore U

Um griffige Namen war Büssing nie verlegen. Dieser Schwerlastwagen für den Fernverkehr erregte 1963 mit seinen runden Formen und der ungeteilten Frontscheibe durchaus die Gemüter der Spediteure. Von 1962 bis 1966 wurden 6390 Büssing Commodore verkauft, die, typisch für Büssing, über einen längs liegenden Unterflurmotor zwischen den Achsen verfügten. Dadurch veränderte sich das Fahrverhalten mit und ohne Beladung deutlich weniger als bei den bekannten Haubern.

Modell:	Büssing Commodore U
Baujahr:	1963
PS/kW:	192 PS/141 kW
Hubraum ccm:	11 413
Motortyp:	R/6 Zylinder

Büssing Supercargo

Schon Mitte der 60er Jahre erfanden die Werbetexter amerikanische Wortschöpfungen für deutsche Trucks. Der Büssing Supercargo war der erste Büssing-Hauber mit einer gemäßigten Panorama-Windschutzscheibe und deutlich runderen Formen der Motorhaube. Auf der Motorseite standen ein 150 PS starker Vorkammer-Dieselmotor und der 170 PS-Motor gleicher Bauart zur Wahl.

Modell:	Büssing Supercargo
Baujahr:	1966
PS/kW:	170 PS/125 kW
Hubraum ccm:	11 413
Motortyp:	R/6 Zylinder

Büssing BS 16L

Die Geschäftsleitung der Büssing-Werke verblüffte ihre Kundschaft immer wieder mit einer Vielzahl von Motorvarianten. 1968, als dieser Wagen nach Österreich ausgeliefert wurde, gab es in der Modellpalette Wagen mit dem Motor zwischen den Sitzen, aber auch Unterflurmotoren zwischen den Achsen wie bei diesem Bild. Zur Abrundung des Programms standen noch die bekannten Büssing-Hauber mit dem Motor vorne und zurückversetzter Vorderachse im Angebot.

Modell:	Büssing BS 16L
Baujahr:	1967–1969
PS/kW:	240 PS/ 176 kW
Hubraum ccm:	12 320
Motortyp:	R/6 Zylinder Büssing U 12 D

Modell	Büssing Commodore SAK 192
Baujahr:	1967
PS/kW:	192 PS/142 kW
Hubraum ccm:	11 413
Motortyp:	R/6 Zylinder

Büssing BS 15L

Noch fehlt der krönende Abschluss für diesen toprestaurierten Büssing BS 15L. Kaum sichtbar ist der zwischen den Achsen montierte Sechszylinder-Reihenmotor in Unterflurbauweise, eine Spezialität von Büssing, die sich bei Bussen bestens bewährte. Weniger erfolgreich verkauften sich die Unterflur-Lastwagen. So ist der bei Baufahrzeugen nötige Allradantrieb mit dieser Motoranordnung technisch gesehen kaum realisierbar.

Modell:	Büssing BS 15L
Baujahr:	1969
PS/kW:	156 PS/115 kW
Hubraum ccm:	7416
Motortyp:	R/6 Zylinder

Büssing Commodore SAK 192

Ein wirklich außergewöhnliches Einzelexemplar ist dieser Büssing Commdore von 1967, den Kurt Gessler aus Braunschweig als allradbetriebenes Bergefahrzeug aufgebaut hat. Ein zusätzlicher KHD-Motor treibt die elektrohydraulische Winde an, die zum Abbergen von schweren Lastwagen erforderlich ist. Gesamtgewicht 16 000 kg.

Büssing BS 12

Dieser hervorragend restaurierte Büssing Schwerstlastwagen von 1969 markiert den Schlusspunkt der eigenständigen Büssing-Produktion, die 1969 endete. MAN übernahm das einstige Familienunternehmen, das 1968 zu 100 Prozent in die Hände der Salzgitter AG übergegangen war. Drei Büssing-Sechszylindermotoren ohne und mit Turbolader wurden mit folgender Leistung angeboten: 240, 280, 310 und zuletzt 320 PS. Je nach Einsatz konnten Sechsgang-ZF- oder Neungang-Fuller-Getriebe bestellt werden.

Modell:	Büssing BS 12
Baujahr:	1969
PS/kW:	320 PS/235 kW
Hubraum ccm:	12 316
Motortyp:	R/6 Zylinder mit Turbolader

Büssing BS 15L Blumhardt

Dieser Büssing 15L Kofferwagen wurde 1970 ausgeliefert und wird heute noch rege benutzt. Mit Pritschenwagen und einem Fahrgestell für Sonderaufbauten konnte sich Büssing in dem immer härter umkämpften Markt kaum mehr behaupten. 1971 wurden die letzten „echten" Büssing-Lastwagen ausgeliefert. MAN übernahm nun das Ruder.

Modell:	Büssing BS 15L Blumhardt
Baujahr:	1970
PS/kW:	156 PS/115 kW
Hubraum ccm:	7416
Motortyp:	R/6 Zylinder Typ U7D

Büssing BS 15L

Dieser stilvolle Büssing-Möbelwagen erfreut sich bester Gesundheit. Zwischen 1959 und 1971 wurden drei Direkteinspritzer-Dieselmotorvarianten mit 156 PS, 192 PS und 210 PS angeboten. Der kleine 156 PS-Motor hatte 7416 ccm Hubraum, die 192- und 210 PS-Maschine 11580 ccm Hubraum. Alle drei Motoren wurden als längs liegende Unterflurmotoren zwischen den Achsen gebaut, was den Fahrern so manchen Schweißtropfen bei Reparaturen bescherte.

Modell:	Büssing BS 15L
Baujahr:	1970
PS/kW:	192 PS/14 kW
Hubraum ccm:	11580
Motortyp:	R/6 Zylinder

Chevrolet – Preiswerte Mittelklasse

Lange Zeit galt in Nordamerika die Devise unter den Verkäufern: Ein neues Gesicht verkauft sich gut. So wurden technisch gesehen die meisten Motoren über zehn Jahre lang nur mit geringen Leistungssteigerungen weitergebaut. Bei Chevrolet fanden bis in die 80er Jahre hubraumstarke Achtzylinder aus der PKW-Serie auch bei leichten und mittelschweren Trucks Verwendung. Dieselmotoren von Cummins und Co. waren nur den schweren Trucks vorbehalten.

Modell:	Chevrolet Workmaster
Baujahr:	1962
PS/kW:	185 PS/136 kW
Hubraum ccm:	4637
Motortyp:	V8 Zylinder, Benzin

Chevrolet Workmaster

Statt der schönen, aber unpraktischen Doppelscheinwerfer präsentierte Chevrolet im August 1962 seine viel gefragten leichten Trucks nun wieder mit einem Hauptscheinwerfer und deutlich weniger Chrom als in den vergangenen Jahren. Dafür erfreuten sich die Kunden an dem runden Motorlauf des neuen Workmaster V8-Motors mit 4,6 Litern Hubraum.

Chevrolet Serie 60

Dieser Chevrolet-Feuerwehrwagen wurde damals nicht in Amerika, sondern in Portugal montiert. Die amerikanische Firma unterhält auch in Brasilien bis heute eine gut ausgelastete Produktionsstätte für leichte bis mittelschwere Trucks. Eingestellt wurde die Produktion 1952 in Belgien und schon 1945 in Kanada.

Modell:	Chevrolet Serie 60
Baujahr:	1968
PS/kW:	195 PS/143 kW
Hubraum ccm:	6400
Motortyp:	V6 Zylinder, Benzin

Chevrolet Step Van

Die General Motors-Tochter Chevrolet offerierte 1964 nicht weniger als 38 verschiedene Step Vans. Darunter versteht man den leichten Einstieg in den Lieferwagen. Unser Step Van stammt aus dem Jahr 1972. Äußerlich unterscheidet er sich vom 1964er-Modell nur am breiten Kühlergrill und den verchromten Scheinwerfereinfassungen.

Modell:	Chevrolet Step Van
Baujahr:	1972
PS/kW:	135 PS/99 kW
Hubraum ccm:	3769
Motortyp:	R/6 Zylinder

Chevrolet Bison

Die General Motors Truck Division brachte 1977 diesen Chevrolet Bison auf den Markt. Das Gesamtgewicht durfte bis zu 36 300 Kilo betragen. Damit öffnete sich für GM der Markt der schweren Lastwagen, der von Mack, White und Kenworth beherrscht wurde. Als Motorisierung standen Detroit Diesel- und Cummins-Motoren mit Turbolader zur Wahl.

Modell:	Chevrolet Bison
Baujahr:	1977
PS/kW:	280 PS/206 kW
Hubraum ccm:	10 800
Motortyp:	R/6 Zylinder

Chevrolet Jobmaster

Gutes Geld lässt sich mit der Produktion älterer Modelle in längst abgeschriebenen Fabrikationsanlagen verdienen. Dieser Chevrolet Jobmaster wurde in den USA aus dem Programm genommen und erlebte 1980 seine erfolgreiche Wiederauferstehung in Mittelamerika.

Modell:	Chevrolet Jobmaster
Baujahr:	1980
PS/kW:	172 PS/126 kW
Hubraum ccm:	8 260
Motortyp:	R/6 Zylinder

Crown Super Eight

Die ersten amerikanischen Nutzfahrzeuge von Crown waren 1933 Schulbusse. Das Chassis der Schulbusse wurde ab 1949 auch für Feuerwehrwagen verwendet. Aus der Firma Crown Coach wurde Crown Firecoach mit Firmensitz in Los Angeles. Lange Zeit hielt Crown noch an den Benzinmotoren von Hall-Scott fest. Das Bild zeigt den Super Eight von 1970, der mit einem Detroit Diesel-Motor umgerüstet wurde und 2003 noch im Einsatz war.

Modell:	Crown Super Eight
Baujahr:	1970
PS/kW:	180 PS/132 kW
Hubraum ccm:	10 480
Motortyp:	R/6 Zylinder

Crown Firecoach CA

Traditionell fahren die meisten kalifornischen Feuerwehren immer noch mit offenem Gerät zum Einsatzort. Dieser Crown Firecoach von 1974 wurde mehrfach auf den neuesten Stand umgerüstet. So musste die technisch veraltete, manuell ausfahrbare Drehleiter einer neuen Drehleiter mit hydraulischem Antrieb weichen.

Modell:	Crown Firecoach CA
Baujahr:	1974
PS/kW:	220 PS/162 kW
Hubraum ccm:	10 800
Motortyp:	V8 Zylinder

Crown Firecoach

Das absolut sehenswerte historische Altstadtviertel von San Diego ist von schmalen Fußgängerzonen durchzogen. Entsprechend schwierig ist das Durchkommen der Einsatzfahrzeuge, wenn es brennt. Hier zeigen die nicht minder historisch aussehenden Auflieger von Crown ihre Qualitäten gegenüber den modernen Feuerlöschzügen, die meist wesentlich breiter und länger gebaut sind.

Modell:	Crown Firecoach
Baujahr:	1980
PS/kW:	220 PS/162 kW
Hubraum ccm:	10 800
Motortyp:	V8 Zylinder

DAF 2600

Kein anderes Fahrerhaus war zu Beginn der 60er Jahre ähnlich komfortabel wie das des DAF 2600 von 1962. Jetzt konnten übermüdete Fahrer etwas Schlaf in ihrer Kabine nachholen. Nicht weniger fortschrittlich war der Auflieger mit integriertem Aluminium-Chassis. Hub van Doorne verließ 1964 aus Altersgründen die Geschäftsleitung seiner Firma. Mit über 100 Patenten war er sicher einer der kreativsten Unternehmer Europas.

Modell:	DAF 2600
Baujahr:	1962
PS/kW:	220 PS/162 kW
Hubraum ccm:	11 100
Motortyp:	R/6 Zylinder

DAF F2800

Der amerikanische Hersteller International Harvester übernahm 1972 ein Drittel der Geschäftsanteile von DAF. Bislang wurde mit British Leyland auf der Motorenseite und bei den Fahrerhäusern kooperiert. Von der neuen Konstellation profitierte letztlich niemand so richtig. In dieser Phase entstand der DAF F2800.

Modell:	DAF F2800
Baujahr:	1975
PS/kW:	320 PS/235 kW
Hubraum ccm:	11 600
Motortyp:	R/6 Zylinder

Diamond Reo Conventional

1957 übernahm White/Ohio die Diamond T- und Diamond Reo-Werke und schmolz sie zu einer gemeinsamen Marke zusammen. 1971 wurde diese neue Marke dann an einen Investor weiterverkauft. Unser weißer Diamond Reo ist einer der wenigen Exemplare, die mit einem 560 PS starken V12-Motor von Detroit Diesel für schwerste Lasten ausgerüstet wurden.

Modell:	Diamond Reo Conventional
Baujahr:	1968
PS/kW:	560 PS/412 kW
Hubraum ccm:	16 840
Motortyp:	V12 Zylinder

Diamond C 101

Deutsche Trucker, schaut Euch diesen Diamond von 1969 einmal genau an! Das Foto wurde 2003 in Namibias Hauptstadt Windhoek aufgenommen. Mit zwei Hängern geht die Reise weiter bis Moçambique, dem einstigen Rhodesien. Dazwischen liegt die heißeste Wüste der Erde, die Namib. Aircondition – Fehlanzeige. Wer diese Tour mit einem 35 Jahre alten Laster angeht, hat echten Mumm in den Knochen – und das bei einem Monatslohn von umgerechnet ca. 250 Euro.

Modell:	Diamond C 101
Baujahr:	1969
PS/kW:	289 PS/212 kW
Hubraum ccm:	13 890
Motortyp:	R/6 Zylinder

Diamond Reo Giant Mixer

1975 wurden die letzten Diamond Reo-Fahrzeuge ausgeliefert. Dieser Giant Mixer konnte bis zuletzt in geringen Stückzahlen auf Bestellung bezogen werden. Letztlich scheiterte die einst so berühmte Marke an mangelnder Kapitalkraft in dem schwierigen Markt der Schwerlastwagen.

Modell:	Diamond Reo Giant Mixer
Baujahr:	1972
PS/kW:	325 PS/239 kW
Hubraum ccm:	14 680
Motortyp:	R/6 Zylinder

Diamond Reo Giant

Zu Recht bezeichnet dieser Trucker seinen Diamond Reo als Thunder Rock. Mit gut 600 PS an den beiden hinteren Achsen fuhr 1974 der Gigant als einer der stärksten Sattelschlepper auf den amerikanischen Highways. 1975 wurde der letzte reinrassige Diamond Reo-Lastwagen ausgeliefert. Oshkosh übernahm die Rechte inklusive der Fabrikationsanlagen und produzierte den Giant dann noch einige Jahre unter dem eigenen Label weiter.

Modell:	Diamond Reo Giant
Baujahr:	1974
PS/kW:	605 PS/445 kW
Hubraum ccm:	18 900
Motortyp:	V10 Zylinder

Dodge Fargo AS 600

Expansion statt Stagnation. In den schwierigen 30er Jahren sah Chrysler Licht am Horizont beim Vertrieb seiner bewährten Dodge-Lastwagen. Neue Produktions- und Montagewerke wurden in Australien, Indien, der Türkei und in Skandinavien aus dem Boden gestampft. Der gemeinsame Name dieser Konzerntöchter lautet Fargo. Dieser kantige Geselle fährt heute noch in der Türkei.

Modell:	Dodge Fargo AS 600
Baujahr:	1970
PS/kW:	190 PS/140 kW
Hubraum ccm:	6200
Motortyp:	R/6 Zylinder, Diesel

Dodge Barreiros C20

Der Spanier Eduardo Barreiros Rodriguez erhoffte sich 1959 eine glanzvolle Zukunft als Lastwagenfabrikant. Nach gutem Start war er auf Lizenzpartner angewiesen, die ihm die Fabrikation von englischen AEC- und amerikanischen Dodge-Trucks ermöglichten. 1979 kam dann das Ende der Liaison. Unser Foto zeigt einen der letzten Dodge Barreiros C20 von 1979.

Modell:	Dodge Barreiros C20
Baujahr:	1979
PS/kW:	200 PS/147 kW
Hubraum ccm:	12 800
Motortyp:	R/6 Zylinder

Dodge Fargo 2.5

1964 wurden die ersten Dodge-Lastwagen in der Türkei montiert. Dodge ist eine Chrysler-Tochter. Dieser kastenförmige 2,5-Tonner wurde 1980 als Fargo, andere Typen auch als De Soto verkauft. Unter der Motorhaube herrscht zweckmäßige, einfache Motorentechnik. Angeboten werden Vier- und Sechszylinder aus der englischen Motorenschmiede von Perkins.

Modell:	Dodge Fargo 2.5
Baujahr:	1980
PS/kW:	75 PS/55 kW
Hubraum ccm:	4200
Motortyp:	R/4 Zylinder

Dodge-Dragster

Erlaubt ist, was einem Mexikaner so gefällt. Dieser gelbe Dodge aus achter Hand startet bei amerikanischen Dragster-Rennen, wo es um die beste Beschleunigung auf der Viertelmeilenpiste geht. Die 402 Meter lange, schnurgerade Strecke ist durch den Reifenabrieb auf der Startlinie so klebrig wie ein Kontaktkleber.

Modell:	Dodge-Dragster
Baujahr:	1980–2000
PS/kW:	1500 PS/1111 kW
Hubraum ccm:	14 800
Motortyp:	R/6 Zylinder Cummins

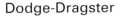

Faun K40/40

Faun ließ nichts unversucht, um Marktnischen zu besetzen. In den 60er Jahren waren die Faun-Muldenkipper ihrer Zeit weit voraus. Der K40/40 wurde mit Achtzylinder Rolls Royce- oder mit Deutz-Motoren ausgeliefert.

Modell:	Faun K40/40
Baujahr:	1961
PS/kW:	400 PS/296 kW
Hubraum ccm:	16 000
Motortyp:	V8 Zylinder

Faun – Konzentration auf Spezialfahrzeuge

1968 verabschiedete sich Faun von der Serienproduktion der Lastwagen und forcierte die Herstellung von Schwerlastzugmaschinen und Spezialfahrzeugen. Für die Bundeswehr wurden einige Tausend Panzertransporter hergestellt, die heute noch ihren Dienst verrichten. Im zivilen Bereich waren Ölbohrgesellschaften die besten Kunden des mittelständischen Unternehmens.

Faun HZ 32.25/40

1975 wurde diese Faun-Zugmaschine mit Allradantrieb nach Qatar geliefert. Das HZ bedeutet Hauben-Universal-Zugmaschine. Die erste Zahl 32 steht für das zulässige Gesamtgewicht in Tonnen, die zweite Zahl für die Kennung des Motors, und die dritte Zahl für den Radstand. Eingebaut ist ein luftgekühlter F10L-Deutz-Motor.

Modell:	Faun HZ 32.25/40
Baujahr:	1975
PS/kW:	275 PS/204 kW
Hubraum ccm:	19 144
Motortyp:	V10 Zylinder Deutz

FBW L40

Obwohl die Schweizer FBW-Werke in Wetzikon am Bodensee zwischen 1919 und 1985 nur 6685 Nutzfahrzeuge verkauften, gehört diese Firma zu den weltweit innovativsten Herstellern. Henschel fertigte einige hundert FBW-Laster in Lizenz mit dem von FBW in den 20er Jahren entwickelten Kardanantrieb. Der gezeigte Wagen von 1965 ist einer der 3878 ausgelieferten FBW-Lastwagen. Wie in der Schweiz üblich, ist er ein Rechtslenker wegen der schmalen Straßen und damit besserer Übersicht.

Modell:	FBW L40
Baujahr:	1965
PS/kW:	160/118 kW
Hubraum ccm:	11 575
Motortyp:	R/6 Zylinder

FBW Bus

Wegen der schmalen Bergstraßen ist der schweizerische FBW-Bus mit Rechtslenkung ausgerüstet. FBW stand lange Jahre in harter Konkurrenz zu Saurer bei der Beschaffung von Postbussen oder militärischen Fahrzeugen. Nachdem Saurer die Busproduktion in den 70er Jahren stark vernachlässigt hatte, konnte FBW verlorene Marktanteile wieder zurückgewinnen.

Modell:	FBW Bus
Baujahr:	1962
PS/kW:	160/118 kW
Hubraum ccm:	11 000
Motortyp:	R/6 Zylinder

FBW 70 N E3

Jeder FBW-Lastwagen oder Bus wurde nach den Wünschen der anspruchsvollen Kundschaft hergestellt. Zudem änderten sich in der Schweiz binnen weniger Jahre die Bestimmungen für die Zulassung schwerer Lastwagen und Busse immer wieder. Export-Erfolge waren mit dieser teuren Fertigungsmethode nicht zu erzielen. 1985 übernahm Daimler-Benz die FBW-Werke in Wetzikon am Bodensee, wo heute ein neu erstelltes Museum die wechselvolle Geschichte der Firma dokumentiert. Der blaue FBW wurde 1972 in Dienst gestellt und verrichtet heute noch jeden Tag seinen Dienst im Nahverkehr.

Modell:	FBW 70 N E3
Baujahr:	1972
PS/kW:	240 PS/176 kW
Hubraum ccm:	11 575
Motortyp:	R/6 Zylinder

FBW-91 UA 52

Als moderner, Abgas reduzierter Stadtbus mit Unterflurmotor präsentierte sich dieses Modell in den 70er Jahren. Eingebaut war ein 260 PS starker Kompressormotor mit Vorwahlgetriebe und Luftfederung. FBW konstruierte schon in den 60er Jahren 280 PS starke Überlandbusse in Eineinhalb-Hochdeckerausführung für 80 Passagiere. Die Firma Vetter Karosseriebau in Fellbach bei Stuttgart war jahrzehntelang der Lieferant für die FBW-Busaufbauten.

Modell:	FBW-91 UA 52
Baujahr:	1970
PS/kW:	260 PS/191 kW
Hubraum ccm:	11 575
Motortyp:	R/6 Zylinder K

Fiat – Die Kleinen werden geschluckt

In den 60er bis 80er Jahren übernahm Fiat im eigenen Land bislang wichtige Konkurrenten wie 1968 Autobianchi, OM und 1969 Lancia. Einige Modelle der bewährten OM-Lastwagen wurden dann unter dem Namen Fiat weiterproduziert. Ein ähnliches Übernahmekonzept gelang Fiat 1966 bei der Fusion mit Unic/Frankreich. In Deutschland und Frankreich standen KHD/Magirus-Deutz und Citroen auf zu schwachen Beinen, um die Anforderungen der Zukunft allein zu bewältigen. Mit der Gründung der von Fiat kontrollierten Iveco Nutzfahrzeuggesellschaft gelang es den Turinern, einen schlagkräftigen Konzern zu etablieren.

Fiat Multipla FS

Das ausgeprägte Talent für die kreative Improvisation liegt den Italienern im Blut. Hier wurde ein über 30 Jahre alter Fiat Multipla zum Kontrollfahrzeug für Gleisarbeiter umgebaut. Bei chronisch knappen Kassen freut sich jeder Bahnarbeiter über den unkomplizierten Transport zur Gleisbaustelle.

Modell:	Fiat Multipla FS
Baujahr:	1970
PS/kW:	21,5 PS/*6 kW
Hubraum ccm:	633
Motortyp:	R/4 Zylinder

Fiat 682 N3

Etwas schwächer motorisiert als der kräftige Fiat 690 zeigt sich dieser 682 N an der kroatischen Küste 1995 bei Dubrovnik. Bei diesem Typ fiel der Turbolader weg. Die rundliche Fahrerkabine wurde auch zu Unic nach Frankreich geliefert.

Modell:	Fiat 682 N3
Baujahr:	1965
PS/kW:	170 PS/126 kW
Hubraum ccm:	12 900
Motortyp:	R/6 Zylinder

Fiat 684

Deutlich moderner als die über zehn Jahre lang gebaute rundliche 690er-Serie, verlässt dieser Fiat 684 von 1975 die Fähre bei Piombino. 1975 begann die Zusammenarbeit mit KHD/Magirus-Deutz unter dem neuen Namen Iveco, nachdem Fiat schon 1969 Lancia, Autobianchi sowie OM und Unic in Frankreich komplett übernommen hatte.

Modell:	Fiat 684
Baujahr:	1975
PS/kW:	200 PS/148 kW
Hubraum ccm:	12 900
Motortyp:	R/6 Zylinder

Fiat 619 T

In diesem schweren Baulaster von 1975 wurde ein kräftiger 250 PS starker Sechszylindermotor eingebaut. Fiat verlagerte nach der Übernahme von OM einen Teil der schweren Lastwagenproduktion dorthin. Die leichteren Lastwagen wurden in den alten Hallen von Lancia montiert.

Modell:	Fiat 619 T
Baujahr:	1975
PS/kW:	250 PS/185 kW
Hubraum ccm:	12 900
Motortyp:	R/6 Zylinder T

Fiat M

Dieser Militärlastwagen wurde 1978 bei der Singapore Air Show gezeigt. Fiat gilt bis heute als anerkannter Spezialist für geländegängige Transporter und Lastwagen, die sowohl für den zivilen Bereich wie auch für militärische Aufgaben geeignet sind.

Modell:	Fiat M
Baujahr:	1978
PS/kW:	250 PS/185 kW
Hubraum ccm:	17 200
Motortyp:	V8 Zylinder T

Fiat-Iveco 190-38

Die ersten Früchte der gemeinsamen Arbeit zeigt dieser Fiat-Iveco-Renntransporter von 1978. Sowohl in Jugoslawien als auch in Argentinien wurden nun Fiat-Iveco-Lastwagen in Lizenz hergestellt. Die jugoslawische Produktion bekam den Namen Zastava, die argentinische Concord.

Modell:	Fiat-Iveco 190-38
Baujahr:	1978
PS/kW:	250 PS/185 kW
Hubraum ccm:	12 900
Motortyp:	R/6 Zylinder T

Foden S90

Bis 1934 hielt Foden an seiner Dampflastwagentechnik fest. Die englische Regierung brachte neue Gesetze durch, die für alle britischen Dampflastwagenhersteller eine Katastrophe bedeuteten. Foden ließ sich nun von Gardner und später auch von Rolls Royce mit Dieselmotoren beliefern. Unser Foto zeigt einen hübschen Foden S90 aus den 70er Jahren.

Modell:	Foden S90
Baujahr:	1970
PS/kW:	ca. 115 PS/84kW
Hubraum ccm:	4090
Motortyp:	R/6 Zylinder

Ford – Gute Zeiten, schlechte Zeiten

In Deutschland verkaufte sich der in England konstruierte Ford Transit besser als von der Branche erwartet. Als klares Plus galt die höhere Zuladung im Vergleich zu den VW-Transportern. Preislich gesehen waren die Ford Transit der 60er und 70er Jahre deutlich günstiger als die Mitbewerber. Von 1971 bis 1977 wurden fast 500 000 Ford Transit aus dem Werk Genk/Belgien ausgeliefert. In den USA behauptete Ford seine Spitzenstellung bei leichten und mittleren Lastwagen, verlor aber bei den schweren Trucks deutlich an Boden. Expansion war in Südamerika, Australien und in Südafrika angesagt, hier modernisierte Ford seine Produktionsanlagen grundlegend für die Zukunft.

Ford T-Serie

Keine Sorge, dies ist kein Schreibfehler. 1961 kreierten die Werbemanger von Ford/USA eine neue T-Baureihe, die an den ersten Welterfolg des Gründermodells anknüpfen sollte. In erster Linie würde dieser neue Ford T die Haushaltskasse schonen, so stand im Prospekt: ... with prices that give you a flying start. Die Rechnung ging auf. 1961 verkaufte Ford exakt 338 985 leichte bis mittelschwere Trucks.

Modell:	Ford T-Serie
Baujahr:	1961
PS/kW:	170 PS/125 kW
Hubraum ccm:	5 480
Motortyp:	R/6 Zylinder, Benzin

Modell:	Ford Super Duty
Baujahr:	1962
PS/kW:	220 PS/162 kW
Hubraum ccm:	5408
Motortyp:	V8 Zylinder

Ford Super Duty

Ein hervorragender Truck war 1962 dieser Ford Super Duty, der nicht nur mit den schon betagten Ford Big 6- und V8-Benzinmotoren angeboten wurde. Neben diesen Benzinern standen nun sieben Cummins-Dieselmotoren von 180 PS bis 260 PS im Angebot. Bei der Feuerwehr wurden nach wie vor Benziner bevorzugt, während das Baugewerbe und die Spediteure die robusten V6-Cummins-Dieselmotoren bevorzugten.

Ford Super Duty C

Von 1961 an bot Ford eine 100 000 Meilen-Garantie für seine Lastwagen an, die mit einem hauseigenen V8-Benzinmotor ausgerüstet waren. Die größte Maschine war ein 534 CID V8-Motor (8750 ccm) mit 210 PS. Letztlich überwogen jedoch die Vorteile des sparsamen Dieselmotors, und die Stückzahlen der Benziner gingen bei der ersten Benzinkrise in den Keller.

Modell:	Ford Super Duty C
Baujahr:	1962
PS/kW:	165 PS/121 kW
Hubraum ccm:	6571
Motortyp:	V8 Zylinder, Benzin

Ford F-100

Optisch unterschied sich der 1967 vorgestellte Ford F-100 nur in einem neuen Kühlergrill von seinem Vorgänger. Technisch gesehen gab es eine Menge Neuigkeiten, die die Amerikaner begeisterten: Ein neues Cruise-O-Matic-Getriebe, das sich manuell und automatisch schalten ließ, und eine Feststellbremse, die über ein Fußpedal aktiviert werden konnte. Etwas Mercedes-Benz-Technik musste es schon sein.

Modell:	Ford F-100
Baujahr:	1967
PS/kW:	190 PS/140 kW
Hubraum ccm:	5480
Motortyp:	V8 Zylinder, Benzin

Ford F-250 Contractor

Die Bauserie Ford F-100 und F-250 konnte in den 60er und 70er Jahren erstklassig verkauft und in über 50 Länder exportiert werden. Dieser grüne F-250 wurde 2003 in Venezuela aufgenommen. Am Komfort, wie einer optionalen Aircondition-Anlage und dem Automatikgetriebe, wurde nicht gespart. Deshalb verkündeten die Werbebroschüren zu Recht: „Luxury in the pickup that works like a truck and rides like a car."

Modell:	Ford F-250 Contractor
Baujahr:	1969
PS/kW:	210 PS/154 kW
Hubraum ccm:	5680
Motortyp:	V8 Zylinder, Benzin

Ford Louisville Race Truck

American power forever, das kann nicht nur der Wahlspruch unzähliger amerikanischer Trucker sein. Für die englischen Fans ist der 1969 gebaute Ford Louisville-Kurzhauber von Samatha Foster klar die Nummer Eins. Der über 35 Jahre alte Bolide wird heute noch bei nationalen Rennen auf der Insel eingesetzt.

Modell:	Ford Louisville Race Truck
Baujahr:	1969
PS/kW:	600 PS/444 kW
Hubraum ccm:	18 000
Motortyp:	V8 Zylinder

Ford LN-Louisville

Ein radikal neues Modell war der Ford LN von 1970. In dieser mittelschweren Modellpalette hatte Ford keine ernsthafte Konkurrenz. Auf unserem Foto wird die erste Hälfte eines Mobilhomes zu einem neuen Bestimmungsort nach Kalifornien transportiert. Der zweite Teil des trauten Heims folgt im Hintergrund.

Modell:	Ford LN-Louisville
Baujahr:	1970
PS/kW:	260 PS/191 kW
Hubraum ccm:	6480
Motortyp:	R/6 Zylinder, Diesel

Ford L Heavy Duty

Die Kundschaft verlangte Anfang der 70er Jahre nach immer stärkeren und größeren Trucks mit maximaler Zuladung. Ford reagierte darauf mit der Baureihe L Heavy Duty, die im neuen Werk von Louisville vom Band lief. Kennzeichen ist das Ford 9000-Emblem am seitlichen Luftfiltereinlass.

Modell:	Ford L Heavy Duty
Baujahr:	1972
PS/kW:	290 PS/213 kW
Hubraum ccm:	6890
Motortyp:	V8 Zylinder, Diesel

Ford A Serie 1973

1973 rumorte es gewaltig in der Branche, als Ford Deutschland nach fast 13-jähriger Absti-
nenz den Verkauf einer komplett neuen Lastwagenreihe bis zu 14,5 Tonnen Gesamtgewicht
verkündete. Statt eigener Modelle wollten die Kölner nach der geglückten Einführung der
Ford Transit-Reihe nun die englischen Ford-Lastwagen in Deutschland vermarkten. Die A-
Serie reichte von 3,75 bis 5,6 Tonnen Gesamtgewicht.

Modell:	Ford A Serie 1973
Baujahr:	1973
PS/kW:	80 PS/59 kW
Hubraum ccm:	4149
Motortyp:	R/4 Zylinder D

Ford Transit FT 130 Arca

Der 1965 in den englischen Ford-Werken entwickelte Ford Transit gedieh im Laufe der
Jahre zu einem ebenso praktischen wie preiswerten Transporter, der seinen Konkurrenten
ordentlich zusetzte.

Modell:	Ford Transit FT 130 Arca
Baujahr:	1975
PS/kW:	62 PS/45 kW
Hubraum ccm:	2358
Motortyp:	R/4 Zylinder D

Ford N 1414K

In der mittelschweren Modellreihe N konnte sich Ford Deutschland
Mitte der 70er Jahre gut behaupten. So lag der Branchendurch-
schnitt 1975 bei einem Minus von elf Prozent für die Klasse bis 15,5
Tonnen Gesamtgewicht, während Ford ein Umsatzplus von 25 Pro-
zent erzielte. Die Ölkrise und die damit verbundene allgemeine flaue
Wirtschaftslage drückte dennoch aufs Ergebnis. Die Ford LKW-
Sparte blieb in den roten Zahlen hängen.

Modell:	Ford N 1414K
Baujahr:	1977
PS/kW:	144 PS/106 kW
Hubraum ccm:	5947
Motortyp:	R/6 Zylinder

Ford Transit FT 130 D

Ford England und Deutschland setzten Anfang der 70er Jahre alles
daran, die gut gestartete Transit-Reihe mit stärkeren Motoren aus-
zurüsten. Im Platzangebot mussten sich die Transit nie verstecken.
Dieselpower war nun angesagt. Unser Bild zeigt den Transit FT 130
D mit der 1977 stärksten Maschine, einem knapp 2,5 Liter großen
englischen Vierzylindermotor mit 62 PS. Der höhere Kühlergrill
zeigt den Einbau des Dieselmotors.

Modell:	Ford Transit FT 130 D
Baujahr:	1977
PS/kW:	62 PS/46 kW
Hubraum ccm:	2358
Motortyp:	R/4 Zylinder

Ford A Serie 1977

Die Kölner Ford-Werke bezogen ihre neue Lastwagenreihe aus der holländischen Produktion. Entwickelt wurde sie von englischen Ingenieuren unter der Mithilfe deutscher, holländischer und französischer Kollegen. Hinter dem Projekt stand die Entstehung einer Europa weit akzeptierten Modellreihe. Ganz im Hintergrund erkennt man den Ford Transcontinental.

Modell:	Ford A Serie 1977
Baujahr:	1977
PS/kW:	86 PS/63 kW
Hubraum ccm:	4149
Motortyp:	R/4 Zylinder D

1961–1980

Ford N

In England wurden die relativ komfortablen Ford-Lastwagen als Typ D verkauft. Das Baukastensystem erlaubte elf Basistypen mit acht Pritschenwagen bzw. Fahrgestellen mit Fahrerhaus, zwei Kippern und einer Sattelzugmaschine. Das Einheitsfahrerhaus war 1,62 Meter lang und konnte mühelos um 45 Grad nach vorne gekippt werden.

Modell:	Ford N
Baujahr:	1977
PS/kW:	116 PS/85 kW
Hubraum ccm:	5947
Motortyp:	R/6 Zylinder D

Ford CL 9000

Lang ist es her, aber in den 70er Jahren überzeugte Ford hinter Navistar International und Mack als der drittgrößte Nutzfahrzeughersteller in den USA. Das Flaggschiff, der berühmte Ford CL 9000, lief von 1978 bis 1991 vom Band. Als adäquate Motorisierung galten damals 305 PS bis 600 PS. Die eigene Motoren-Palette reichte nicht in diese „Oberklasse" hinein, deshalb griff man auf die bewährten Cummins- oder Detroit Diesel-Motoren zurück.

Modell:	Ford CL 9000
Baujahr:	1978
PS/kW:	420 PS/309 kW
Hubraum ccm:	14 880
Motortyp:	V8 Zylinder

Ford CL 9000 Cabover

Die amerikanischen Truckhersteller richteten sich eher an den relativ konservativen Wünschen ihrer Kundschaft aus als am realen Fortschritt der Nutzfahrzeugtechnik. So besaß dieser Ford CL 9000 nur
Trommelbremsen, dafür aber Tanks und Gußfelgen aus Aluminium.
Die Federung besorgten technisch längst überholte Blattfedern, mit
denen auch heute noch die meisten US-Trucks ausgerüstet sind.
Dieser Typ wurde von 1978 bis 1991 gebaut.

Modell:	Ford CL 9000 Cabover
Baujahr:	1978
PS/kW:	440 PS/323 kW
Hubraum ccm:	14 200
Motortyp:	R/6 Zylinder

Ford C Louisville

Die amerikanischen Trucks von Ford zeichnen sich durch ein unverwechselbares Erschei-
nungsbild aus. Dies gilt nicht nur für die CL 9000 Cabovers, sondern gleichermaßen für
die Fronthauber-Baureihe „Louisville". In Louisville/Kentucky wurde 1970 eine neue Fabrik
fertiggestellt, die größte im Westen der USA.

Modell:	Ford C Louisville
Baujahr:	1980
PS/kW:	380 PS/279 kW
Hubraum ccm:	13 860
Motortyp:	V8 Zylinder

Ford L Bus

Pralle Aktion ist angesagt, wenn auf der Karibikinsel Haiti das
Gepäck der Reisenden verladen wird. Dieser Ford L war einst ein
Muldenkipper und wurde dann als nacktes Chassis auf die Insel
verfrachtet – eine Spende der protestantischen Missionsgesell-
schaft. Dort bekam er einen neuen Aufbau aus Holz spendiert.
Heute fährt dieses Prunkstück zwei Mal am Tag in die ent-
legensten Dörfer, wo immer noch der Glaube an die Mächte der
Geister lebendig ist.

Modell:	Ford L Bus
Baujahr:	1980
PS/kW:	320 PS/235 kW
Hubraum ccm:	7680
Motortyp:	R/6 Zylinder

Modell:	Freightliner FL 459
Baujahr:	1972
PS/kW:	290 PS/213 kW
Hubraum ccm:	14 680
Motortyp:	V8 Zylinder

Freightliner FL 459

**Freightliner überzeugte in den 70er Jahren durch seine innova-
tiven Cabover-Modelle. Bei den konventionellen Haubern stand
die Firma in harter Konkurrenz zum Peterbilt 359, den Kenworth
und zu International Harvester. Nicht zuletzt war das Händlernetz
im Westen der USA zu dürftig im Vergleich zu den anderen Herstellern. Das Foto zeigt einen Freightliner FL von 1972.**

Freightliner WF 8164

Von 1952 an wurden die berühmten Freightliner Cabover äußerlich nahezu unverändert fast 30 Jahre lang gebaut. Der Vorteil dieser Frontlenker-Bauart zahlte sich durch höhere Nutzlast im Rahmen der erlaubten maximalen Maße von Zugfahrzeug und Hänger aus. Im Westen der USA wird nur der Auflieger gemessen, deshalb behaupten sich hier immer noch die bulligen Hauber gegenüber den Frontlenkern.

Modell:	Freightliner WF 8164
Baujahr:	1975
PS/kW:	320 PS/235 kW
Hubraum ccm:	14 800
Motortyp:	R/6 Zylinder

Freightliner FLD

Das Fahrerhaus der konventionellen Freightliner-Trucks war bis zum Einstieg von Daimler Chrysler im Jahr 1981 aus Aluminium solide genietet und leicht auswechselbar bei eventuellen Reparaturen. 1976 wurde dieser Truck ausgeliefert. Die durchschnittliche Streckenleistung der amerikanischen Class 8-Trucks liegt jährlich bei knapp 180 000 Kilometern. Mindestens 20 Jahre soll das gute Stück seine Arbeit verrichten. Dieser hat schon 25 Jahre auf dem Buckel.

Modell:	Freightliner FLD
Baujahr:	1976
PS/kW:	280 PS/206 kW
Hubraum ccm:	13 802
Motortyp:	R/6 Zylinder

DENVER FREIGHTLINER

Freightliner WF Cabover

Freightliner wurde 1951 mit einem Kooperationsvertrag zur White-Freightliner Motor Cooperation. Zwischen 1951 und 1977 gab es nur kleine Details, in denen sich die beiden Marken und Typen unterschieden. 1977 trennte man sich wieder. Unser Foto zeigt einen Freightliner WF Cabover von 1977 bei Salt Lake City.

Modell:	Freightliner WF Cabover
Baujahr:	1977
PS/kW:	274 PS/201 kW
Hubraum ccm:	13 802
Motortyp:	R/6 Zylinder

GMC – Chevrolets starker Bruder

Mitte der 60er Jahre kamen die meisten GMC-Trucks noch mit Benzinmotoren auf den Markt. So wurde 1964 ein Zwölfzylinder-Benziner mit elf Litern Hubraum und 275 PS für die schweren GMC Trucks als ideale Antriebsquelle angeboten. Der fließende Übergang zur sparsamen Dieseltechnik erfolgte viel später als bei den Kollegen. Letztlich glichen sich die Chevrolets und GMC-Trucks der 70er und 80er Jahre fast aufs Haar. Lediglich in der ganz schweren Klasse bis 36 Tonnen bekam der GMC General ein unverwechselbares „Gesicht" spendiert.

Glas-Goggomobil T300

Von 1955 an erfreute der Dingolfinger Landmaschinenfabrikant Hans Glas die Nation mit seinen putzig aussehenden, aber grundsoliden Goggomobil-Kleinwagen. Weniger bekannt ist dieser Kleintransporter von 1967. Die Post hatte sich dafür interessiert, aber der Großauftrag kam nicht zustande.

Modell:	Glas-Goggomobil T300
Baujahr:	1967
PS/kW:	15 PS/11 kW
Hubraum ccm:	296
Motortyp:	R/2 Zylinder

GMC Jimmy Artic Traktor

Die Bauserie „Jimmy" von 1968 wurde zu einem großen Erfolg für die Muttergesellschaft General Motors. Der erste Jimmy war ein robuster Militärlastwagen aus dem Zweiten Weltkrieg, von dem über 560 000 Stück in Rekordzeit gebaut wurden. Der neue Jimmy sollte an die ruhmreiche Vergangenheit erinnern.

Modell:	GMC Jimmy Artic Traktor
Baujahr:	1969
PS/kW:	220 PS/162 kW
Hubraum ccm:	4890
Motortyp:	R/6 Zylinder

GMC Firechief

Mit konventionell gestalteten Feuerwehr-Einsatzwagen rüstete GMC viele Feuerwehrdepots im mittleren Westen aus. Bei der Konzernmutter General Motors wurde die Kostenbremse ab 1970 vermehrt eingesetzt. Letztlich unterschied sich die leichte und mittlere GMC-Baureihe von den Chevrolet-Trucks nur noch in unwesentlichen Details.

Modell:	GMC Firechief
Baujahr:	1970
PS/kW:	350 PS/257 kW
Hubraum ccm:	6555
Motortyp:	V8 Zylinder, Benzin

GMC Sierra Grande

1970 bekamen die Amerikaner noch zehn Liter Superbenzin für etwa zwei Dollar in den Tank gefüllt. Der bullige GMC-Sierra Grande konsumierte mit seinem bis zu 400 PS starken „Invader"-Benzinmotor mindestens 25 Liter Sprit auf 100 Kilometer. So viel, oder besser gesagt so wenig, braucht heute ein 450 PS starker 40-Tonner-Sattelschlepper auf Flachlandetappen.

Modell:	GMC Sierra Grande
Baujahr:	1970
PS/kW:	350 PS/257 kW
Hubraum ccm:	6587
Motortyp:	V8 Zylinder, Benzin

GMC Astro

Die ersten GMC Astro Cabovers (Frontlenker) wurden schon 1970 vorgestellt. Ihre windschlüpfrige Form sollte eine Treibstoffersparnis von bis zu zehn Prozent gegenüber den Fronthaubern ermöglichen. In der harten Praxis waren es dann etwa sechs Prozent bei einem konstanten Tempo von 55 Meilen (90 km/h).

Modell:	GMC Astro
Baujahr:	1974
PS/kW:	320 PS/235 kW
Hubraum ccm:	10 200
Motortyp:	R/6 Zylinder, Diesel

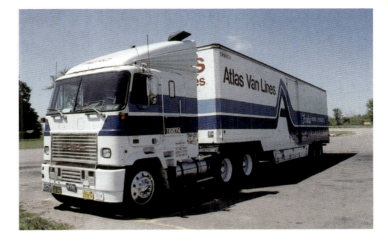

GMC Rail Truck

Das gesamte amerikanische Schienennetz wird von privaten Eisenbahngesellschaften betrieben. Statt der bekannten Draisinen baut GMC seit Jahrzehnten Zweiwege-Fahrzeuge, die für Wartungsarbeiten auf Schienen und auch auf der Straße fahren können.

Modell:	GMC Rail Truck
Baujahr:	1980
PS/kW:	160 PS/118 kW
Hubraum ccm:	7490
Motortyp:	R/6 Zylinder

Hanomag A-L28

Die bewährte Baureihe L28 von Hanomag war von 1950 bis 1970 der wichtigste Stützpfeiler in der Produktion leichter Lastwagen im Rheinstahl-Konzern. Ein Großauftrag der neuen Bundeswehr sorgte von 1953 an für volle Auftragsbücher. Gefragt war dieser allradbetriebene A-L28 als Kommandowagen und Gruppenfahrzeug. Neben dem Bundesgrenzschutz wurden auch die Technischen Hilfswerke mit diesem blauen, geländegängigen Hanomag-Typ versorgt. Der aufgeladene Vierzylinder- Vorkammer-Dieselmotor gilt noch heute als ein besonders zäher Bursche, der Globetrottern schon viele strapaziöse Sahara-Durchquerungen ermöglichte.

Modell:	Hanomag A-L28
Baujahr:	1969
PS/kW:	70 PS/51 kW
Hubraum ccm:	2780
Motortyp:	R4/Zylinder, Roots-Kompressor

Hendrickson 12x6 Crane

Einer der ältesten Lastwagenhersteller überhaupt ist die Firma Hendrickson in Chicago. Schon im Jahr 1900 montierte Magnus Hendrickson seine ersten Lastwagen mit dem Namen Lauth-Juergens. Von 1913 an bot der Familienbetrieb eigene Trucks und Spezialfahrzeuge unter ihrem Namen an. Dieser Kranwagen von 1974 zeigt, dass auch kleine Unternehmen in Marktnischen überleben können.

Modell:	Hendrickson 12x6 Crane
Baujahr:	1974
PS/kW:	290 PS/213 kW
Hubraum ccm:	15 890
Motortyp:	V8 Zylinder, Diesel DD

Henschel HS 140 S

Die Kasseler Henschel-Werke konnten mit der Baureihe 140 S zwischen 1959 und 1961 zahlreiche Speditionsfirmen gewinnen, denn die Henschel Schwerlastwagen galten als sichere Investition für die zukünftigen Jahre. 1961 fuhr dieser perfekt restaurierte Möbelwagen 80 km/h schnell, wog elf Tonnen und schleppte wertvolle Möbel bis in die hinterste Ecke Europas. Angetrieben wird das Prachtstück vom Henschel-Direkteinspritzer-Dieselmotor Typ 1215RD.

Modell:	Henschel HS 140 S
Baujahr:	1961
PS/kW:	192 PS/141 kW
Hubraum ccm:	11 045
Motortyp:	R/6 Zylinder

Henschel HS 12 HAK

Die Baureihe HS 12 von Henschel wurde von 1962 bis 1967 tüchtig verkauft. Als Motorisierung dient ein Sechszylinder-Luftspeicher-Dieselmotor von Henschel-Lanova, der mit und ohne Roots-Kompressor geordert werden konnte. Ohne Kompressor standen 132 PS bei 2600 U/min zur Verfügung. Das gezeigte Exemplar erklimmt gerade eine zwölfprozentige Steigung auf der ehemaligen Solitude-Rennstrecke bei Stuttgart.

Modell:	Henschel HS 12 HAK
Baujahr:	1965
PS/kW:	150 PS/110 kW
Hubraum ccm:	6084
Motortyp:	R/6 Zylinder Typ 1013 mit Kompressor

IFA W50 LA/K

Als robust und langlebig zeigten sich die Laster der VEB IFA-Fahrzeugwerke Ludwigsfelde. Dieser blaue Dreiseitenkipper ist die Allradversion, die für zivile und militärische Zwecke tausendfach bis zur Wiedervereinigung gebaut wurde. Während die ersten IFA W50-Fünftonner 1965 noch über einen 100 PS starken Vierzylinder-Dieselmotor verfügten, wurden die Modelle ab 1967 mit der 125 PS-Maschine ausgeliefert.

Modell:	IFA W50 LA/K
Baujahr:	1969
PS/kW:	125 PS/92 kW
Hubraum ccm:	6500
Motortyp:	R/4 Zylinder, Diesel

IFA W50 L

Das Foto wurde 14 Tage nach der Wiedervereinigung 1989 bei Zwickau aufgenommen. Heute würden sich an gleicher Stelle wohl eher ein Mercedes Sprinter und ein VW Golf begegnen. Für die zivile Nutzung genügte der gelbe IFA W50 ohne Allradantrieb den meisten mittelständischen Betrieben in der DDR. Weniger bekannt sind eine Sattelschlepper-Ausführung für zehn Tonnen Nutzlast und eine 16 Tonnen-Version für die Volksarmee.

Modell:	IFA W50 L
Baujahr:	1980
PS/kW:	125 PS/92 kW
Hubraum ccm:	6500
Motortyp:	R/4 Zylinder

International Harvester –
Eine wechselvolle Geschichte

Amerikas älteste Lastwagenfabrik galt seit 1831 als Spezialist für landwirtschaftliche Maschinen. Nach der Erfindung der schnell laufenden Verbrennungsmotoren kippte International Harvester seine Dampfmotoren aus dem Verkaufsprogramm und sattelte auf Benziner um. Vor dem Ersten Weltkrieg betrug der Marktanteil knapp 40 Prozent. Bis 1937 wurden über 100 000 Trucks verkauft. Nach dem Zweiten Weltkrieg lief die Produktion der riesigen Modellreihe ungezügelt weiter. Richtiges Geld verdienen ließ sich mit dieser Modellvielfalt nicht. 1980 sah es zum ersten Mal nach einem abrupten Ende der hoch angesehenen Firma aus. Noch einmal konnte das Schlimmste abgewendet werden.

International Harvester Loadstar 1600

In den 60er Jahren war International Harvester immer einer der drei Spitzenreiter an der Verkaufsfront. 1965, als dieser Loadstar 1600 ausgeliefert wurde, rollten 170 385 Trucks von den Fließbändern der drei Fabriken.

Modell:	International Harvester Loadstar 1600
Baujahr:	1965
PS/kW:	210 PS/154 kW
Hubraum ccm:	10 890
Motortyp:	V8 Zylinder, Diesel

International Loadstar

In den 60er und 70er Jahren bot International Harvester über 70 Modelle von 2,5 bis 80 Tonnen an. Dieser Loadstar von 1967 wurde fast zehn Jahre lang nahezu unverändert gebaut. Das moderne Aussehen mit den integrierten Scheinwerfern war seiner Zeit weit voraus. Der zweite Namenszug Harvester wurde von den Marketing-Strategen eleminiert.

Modell:	International Loadstar
Baujahr:	1967
PS/kW:	210 PS/154 kW
Hubraum ccm:	6 890
Motortyp:	R/6 Zylinder, Benzin

International Harvester Transtar 400

Mag es an der Hitze im Outback liegen? Australische Trucks leben deutlich länger als im Rost gefährdeten Europa. Dieser Transtar 400 rollte 1969 aus dem australischen Werk von International Harvester. Der 72 Jahre alte Fahrer zeigte mir stolz sein persönliches Fahrtenbuch: 16. Februar 2003 – zwei Millionen Kilometer mit dem ersten Motor. Eingebaut ist ein Detroit Diesel-Motor.

Modell:	International Harvester Transtar 400
Baujahr:	1969
PS/kW:	230 PS/169 kW
Hubraum ccm:	10 800
Motortyp:	V8 Zylinder, Diesel

International Harvester 1000B

Wo sonst, als in den ärmeren Ländern Mittel- und Südamerikas gehören fahrtüchtige Oldtimer immer noch zum Alltagsbild im Straßenverkehr. „Meine Liebe" steht auf diesem International Harvester von 1967. Oldie, was willst du mehr?

Modell:	International Harvester 1000B
Baujahr:	1967
PS/kW:	110 PS/81 kW
Hubraum ccm:	4280
Motortyp:	R/6 Zylinder

International Harvester Metro

Mit einer riesigen Produktpalette wollte International Harvester bis in die 70er Jahre hinein in jedem Segment vertreten sein. 1970 wurden 72 verschiedene Modelle zwischen 2,5 und 72 Tonnen angeboten. Unser Bild zeigt einen schön erhaltenen Lieferwagen für die Zustellung von Milchflaschen.

Modell:	International Harvester Metro
Baujahr:	1970
PS/kW:	130 PS/95 kW
Hubraum ccm:	5600
Motortyp:	R/6 Zylinder, Benzin

International Transtar

Der Name Harvester verschwand ab 1970 von den Kühlerhauben der neueren Trucks der Firma International Harvester. Dafür wurden selbst in kommunistisch und sozialistisch regierten Ländern Montagewerke gebaut. Dieser International Transtar wurde in Mexiko gefertigt. In China hießen die amerikanischen Trucks dann Jay Fong, oder ZIS-150 in der Sowjetunion.

Modell:	International Transtar
Baujahr:	1970
PS/kW:	230 PS/169 kW
Hubraum ccm:	9390
Motortyp:	V8 Zylinder, Diesel

International Transtar DVT

1970 stellte International Harvester noch 155 353 Trucks her, aber die Konkurrenz von Kenworth, im Hintergrund, und Peterbilt wurde immer bedrohlicher. Das Foto zeigt den geringen optischen Unterschied konkurrierender Marken. Ein hauseigener 573 cubic inch V8-Diesel gehörte zum Standardangebot.

Modell:	International Transtar DVT
Baujahr:	1970
PS/kW:	240 PS/176 kW
Hubraum ccm:	9389
Motortyp:	V8 Zylinder, Diesel

International Transtar Cabover

Die Frontlenker-Modelle vom Typ Transtar verwöhnten ihre müden Fahrer schon 1970 mit einer recht bequemen Schlafkoje hinter dem Fahrersitz. Der zwischen den Sitzen platzierte Motor sorgte zumindest im Winter für angenehme Wärme im Fahrerhaus. Im Sommer floss meist der Schweiß, denn Klimaanlagen wurden nur zögerlich bestellt.

Modell:	International Transtar Cabover
Baujahr:	1972
PS/kW:	240 PS/176 kW
Hubraum ccm:	9389
Motortyp:	V8 Zylinder, Diesel

International Paystar 5000 Dumper

Dieser über 30 Jahre alte International Paystar 5000 steht 2004 immer noch wie eine Eins da. Die Paystar-Baureihe umfasste 4x4-, 4x6- und 6x6-Modelle. Unser Foto zeigt den Typ 6x6-Allradantrieb auf allen drei Achsen. Für den Baustellenbetrieb konnten bis zu 560 PS starke Motoren eingebaut werden. Die Getriebe kamen meist von Fuller oder New Process.

Modell:	International Paystar 5000 Dumper
Baujahr:	1979
PS/kW:	480 PS/353 kW
Hubraum ccm:	14 890
Motortyp:	V8 Zylinder

International Transstar 4300 Highway Hauler

Warten auf Beute? Abschleppen und Bergen ist auch in den USA ein lukratives Geschäft, wenn man an der richtigen Stelle platziert ist. Damit kein offener Kampf zwischen den Abschleppunternehmen stattfindet, wird jeder Streckenabschnitt alle paar Jahre neu verteilt. Dafür muss eine Nutzungsgebühr bezahlt werden.

Modell:	International Transstar 4300 Highway Hauler
Baujahr:	1980
PS/kW:	340 PS/250 kW
Hubraum ccm:	13 690
Motortyp:	V8 Zylinder

International Firechief

Das erste Feuerwehrfahrzeug von International Harvester entstand schon 1908. Keine andere amerikanische Firma hat eine derart lange Historie wie IHC. Unser Bild zeigt einen kompakten International Firechief von 1980, der auch im Jahr 2004 noch blendend dasteht.

Modell:	International Firechief
Baujahr:	1980
PS/kW:	160 PS/118 kW
Hubraum ccm:	5400
Motortyp:	R/6 Zylinder, Benzin

International Paystar 5000 CO8190

Hinter der Konkurrenz brauchte sich International nie verstecken. Dieser Paystar 5000 gelangte 1980 in den Dienst der Feuerwehr von Monroe/Kalifornien. Die Paystar-Reihe umfasste schwere Trucks und Kipper bis zu einem Gesamtgewicht von 76 Tonnen. Als Motorisierung kamen auch V12- und V16-Zylinder-Motoren zum Einbau.

Modell:	International Paystar 5000 CO8190
Baujahr:	1980
PS/kW:	450 PS/331 kW
Hubraum ccm:	16 800
Motortyp:	V12 Zylinder

Isuzu TX

Mit einfach aufgebauten Lastwagen eroberten sich die japanischen Hersteller das Vertrauen, das die englischen Hersteller wie Bedford leichtfertig verspielt hatten. In den afrikanischen Staaten wird meist am Straßenrand repariert, wie hier in Kairo/Ägypten. Wartungsintervalle sind dort ein Fremdwort. Wenn die Kiste läuft, ist doch alles in Ordnung, oder nicht? Dieser Isuzu wurde 1979 in der Türkei montiert und diente inzwischen 25 Jahre lang seinen sechs Besitzern.

Modell:	Isuzu TX
Baujahr:	1979
PS/kW:	120 PS/88 kW
Hubraum ccm:	6900
Motortyp:	R/6 Zylinder

Iveco-Unic Turbostar

In Frankreich wurden die neuen Iveco Turbostar-Laster noch einige Jahre unter dem Markenzeichnen Iveco-Unic verkauft. Technisch gesehen gab es keine Unterschiede zwischen den französischen und italienischen Wagen, da alle aus der gleichen Fabrik von Unic/Frankreich stammten. Eingebaut ist ein völlig neu entwickelter Fiat V8-Motor mit strammen 17 Litern Hubraum.

Modell:	Iveco-Unic Turbostar
Baujahr:	1979
PS/kW:	330 PS/244 kW
Hubraum ccm:	17 200
Motortyp:	V8 Zylinder T

Iveco L

In der leichten bis mittelschweren Baureihe sah es in den 70er und 80er Jahren nicht so erfreulich aus wie heute, wo Fiat mit seinen Partnern Peugeot und Citroen einer der Marktführer in der Transporter-Klasse ist. Der Umschwung kam mit dem Fiat/Iveco Daily.

Modell:	Iveco L
Baujahr:	1980
PS/kW:	130 PS/96 kW
Hubraum ccm:	5200
Motortyp:	R/4 Zylinder

Kaelble KDV 22 Z8T

Mit 300 PS an der Hinterachse zog diese bullige Schwerstzugmaschine bis zu 100 Tonnen Last. 1963 war dies einer der absolut stärksten Trucks auf deutschen Straßen. Dieser erstklassig restaurierte Laster wiegt stolze 22 Tonnen. Mit dazu bei trägt der formschöne Aufbau der Firma Knapp & Söhne. Von diesem Typ wurden nur 45 Stück auf Bestellung gebaut. Der Verkaufspreis betrug auf den Pfennig genau beachtliche 126 870,80 DM. Man merkt, hier waren die sparsamen Schwaben am Rechnen.

Modell:	Kaelble KDV 22 Z8T
Baujahr:	1963
PS/kW:	300 PS/221 kW
Hubraum ccm:	19 104
Motortyp:	V8 Zylinder, GN 130 aT

Kaelble 652 LF

Von 1962 bis 1964 wurde dieser Kaelble Frontlenker-Pritschenwagen gegen die übermächtige Konkurrenz von Büssing, Daimler-Benz und MAN angeboten. Ganze 25 Fahrzeuge fanden in den drei Jahren ihre Käufer. Danach konzentrierten sich die Backnanger wieder auf robuste Muldenkipper und überschwere Zugmaschinen.

Modell:	Kaelble 652 LF
Baujahr:	1963
PS/kW:	192 PS/141 kW
Hubraum ccm:	11 945
Motortyp:	R/6 Zylinder Kaelble M 130 S

Modell:	Kaelble KDV 22 Z Allrad
Baujahr:	1964
PS/kW:	300 PS/221 kW
Hubraum ccm:	19 104
Motortyp:	V8 Kaelble-Vorkammer-Dieselmotor

Kaelble KD 22 Z

Bis zu 100 Tonnen Anhängelast zieht dieser grüne Kaelble über mittelsteile Berge. Der V8 Kaelble-Vorkammer-Dieselmotor entwickelt sein maximales Drehmoment schon bei 1600 U/min. Ganze sieben Fahrzeuge wurden von diesem Typ 1964 verkauft. Letztlich waren die Stückzahlen für eine rentable Fertigung dieser Fahrzeugsparte zu gering.

Modell:	Kaelble KD 22 Z
Baujahr:	1964
PS/kW:	300 PS/221 kW
Hubraum ccm:	19 104
Motortyp:	V8 Zylinder G0 130 aT

Kaelble KDV 22 Z Allrad

Der schwäbische Hersteller fertigte jedes Fahrzeug nach den Wünschen seiner Kundschaft. Als 6x4-, 6x6-, mit und ohne Allradantrieb, mit Einzel- oder Doppelkabine, kurzem oder langem Aufbau, oder als reine Zugmaschine und auch als Sattelzugmaschine. Das Baukastensystem rentierte sich leider langfristig nicht, denn die Stückzahlen blieben gering. 1965, 1967 und 1969 wurden nur jeweils eine Zugmaschine und weniger als 100 Muldenkipper pro Jahr hergestellt.

Kaelble KDV 22 Z

Für schwerste Lasten wurde diese bestens erhaltene Straßenzugmaschine von Kaelble als Abschleppwagen umgebaut. Keiner der berühmten Kaelble-Laster gleicht dem anderen in allen Details, denn hier wurde auf die Wünsche der Kundschaft präzise eingegangen und alles Stück für Stück, einschließlich der Motoren, handgefertigt. Entsprechend teuer war die Produktion. Über die Langlebigkeit dieser Nutzfahrzeuge gibt es keinen Zweifel. Einige 40 Jahre alte Kaelble-Zugmaschinen sind noch heute im Einsatz.

Modell:	Kaelble KDV 22 Z
Baujahr:	1965
PS/kW:	240 PS/176 kW
Hubraum ccm:	19 104
Motortyp:	V8 Zylinder

Kaelble Spezial DB

Den wohl stärksten Schwersttransporter Europas stellten die Backnanger Kaelble-Werke für die Deutsche Bundesbahn auf cie Räder. Selbst 340 Tonnen schwere Transformatoren waren für diese gewaltige Zugmaschine kein Problem, wie das Foto zeigt. Den Antrieb lieferte ein Zwölfzylinder-KHD-Motor, der als Panzermotor konstruiert worden war. Von diesem Kaelble Spezial wurde nur dieses einzige Exemplar gebaut.

Modell:	Kaelble Spezial DB
Baujahr:	1979
PS/kW:	700 PS/515 kW
Hubraum ccm:	21 000
Motortyp:	V12 Zylinder, KHD

Kenworth – Der amerikanische Klassiker

Unter dem Namen Kenworth werden seit 1923 Trucks verkauft, die einmalig sind. Kenworth bestückte seine schweren Trucks schon 1933 mit Dieselmotoren, während andere Hersteller noch in den späten 60er Jahren Benzinmotoren vorzogen. Kenworth rüstete 1934 seine robusten Fernlaster mit Schlafkabinen aus – heute eine Selbstverständlichkeit, damals als Affront bei Frauenrechtlerinnen betrachtet, die nicht ganz ohne Hintergedanken Schlimmes vermuteten. Seit 1944 gehört Kenworth zum Paccar-Konzern, dessen Marken Peterbilt, Foden und DAF jedem Lastwagen-Fan bekannt sind.

Kenworth 900

Dieser gepflegte Kenworth 900 wurde 1961 ausgeliefert und verrichtet heute noch seine Arbeit in den Wäldern von British Columbia. Ein harter Job, der Motor und Getriebe einiges abverlangt. Kenworth rüstete diesen Typ mit drei verschieden starken Motoren aus: 150 PS Cummins 672 CID, 200 PS Cummins 801 CID und einem 188 PS starken Benziner, der nur wenig gefragt war. CID bedeutet Cubic inch.

Modell:	Kenworth 900
Baujahr:	1961
PS/kW:	200 PS/147 kW
Hubraum ccm:	13 125
Motortyp:	V8 Zylinder, Diesel

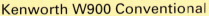

Kenworth W900 Conventional

Dieses Foto entstand 2002 bei Fairbanks/ Alaska. Es ist der 16. Oktober, und statt des angekündigten warmen Indian Summer erleben wir Schneegestöber und Glatteis. Der über 35 Jahre alte Kenworth bleibt von solchen Wetterkapriolen unbeeindruckt. Für widrige Bedingungen gibt es kaum bessere Trucks als sein treuer Kenworth W900, meint sein Fahrer.

Modell:	Kenworth W900
	Conventional
Baujahr:	1967
PS/kW:	308 PS/226 kW
Hubraum ccm:	13 980
Motortyp:	V8 Zylinder

Kenworth WS900

Der größte Erfolg in der langen Firmenhistorie von Kenworth ist die Baureihe W900, erkennbar an den zuerst runden, später eckigen Doppelscheinwerfern. 1970 standen sechs verschieden starke Motoren von 180 bis 300 PS zur Auswahl, unter anderem ein neuer V12-Motor von Detroit Diesel.

Modell:	Kenworth WS900
Baujahr:	1970
PS/kW:	300 PS/220 kW
Hubraum ccm:	16 480
Motortyp:	V12 Zylinder WS12

Kenworth K 100 C.O.E.

Die ersten Kenworth Cabover-Trucks entstanden schon 1936. C.O.E. steht für: Cab (Fahrerhaus), over (über), engine (Motor). 1961 wurde der Typ K 100 C.O.E. vorgestellt, der ähnlich wie die großen Kenworth W900-Hauber ständig modernisiert wird. Die runden, doppelten Scheinwerfer wurden ab 1971 eingebaut.

Modell:	Kenworth K 100 C.O.E.
Baujahr:	1971
PS/kW:	280 PS/206 kW
Hubraum ccm:	12 890
Motortyp:	R/6 Zylinder

Kenworth W900 Short Base

Mit kleinen, aber wichtigen Programmänderungen gelang es Kenworth, die Fahrer bei Laune zu halten. Der seit 1961 eingeführte W900 rollt bis heute in seiner charakteristischen Form vom Fließband. Bei diesem 1972er-Modell konnte man die komplette Innenverkleidung, die Fahrersitzbezüge oder auch eine Enteisungsanlage für die Front- und Seitenfenster nach Wunsch bestellen.

Modell:	Kenworth W900 Short Base
Baujahr:	1972
PS/kW:	420 PS/309 kW
Hubraum ccm:	14 880
Motortyp:	V8 Zylinder

Kenworth W900 WS 2

An den unterschiedlich groß geformten Motorhauben erkennt man am Grundtyp W900 die Bauausführung. Dieser silber-blaue W900 WS 2 wurde mit einer etwas flacheren Motorhaube gegenüber dem gelb-schwarzen W900 WS-12 ausgestattet, weil der V8-Motor niedriger baut als der V12-Motor.

Modell:	Kenworth W900 WS 2
Baujahr:	1973
PS/kW:	320 PS/235 kW
Hubraum ccm:	14 680
Motortyp:	V8 Zylinder

Kenworth K 100 Camper

Wohl jeder deutsche Campingplatz würde aus den Fugen brechen, wenn dieses grüne Monstrum Einlass begehrte. Das Zugfahrzeug ist ein Kenworth K 100 von 1975. Statt der geraden Stoßstange gab es nun ein aerodynamisch geformtes Stück aus Edelstahl.

Modell:	Kenworth K 100 Camper
Baujahr:	1975
PS/kW:	240 PS/176 kW
Hubraum ccm:	13 890
Motortyp:	R/6 Zylinder

Kenworth „Mama Truck"

Show time für einen Truck? Der Rennfahrer Tyrone Malone war in den 70er Jahren einer der Pioniere des Customising in den USA. Darunter verstehen die Fans das individuelle Verschönern aller Teile. Die doppelte Schlafkabine galt damals als besonders schick.

Modell:	Kenworth „Mama Truck"
Baujahr:	1978
PS/kW:	420 PS/311 kW
Hubraum ccm:	14 600
Motortyp:	V8 Zylinder

Kenworth Bobtail 200 Race Truck

Das berühmteste Truck-Rennen Amerikas wurde in den 80er Jahren auf den Super Speedway Oval-Rennstrecken von Atlanta und Ontario ausgetragen. Hier fuhren die 390 km/h schnellen Indianapolis-Rennwagen und Stockcars. Das Bobtail 200 Meilen-Rennen für Renntrucks zog über 250 000 Zuschauer an. Als ein Teilnehmer die massive Absperrung zu den Zuschauerrängen wegen eines Reifenschadens durchbrach, wurden alle zukünftigen Veranstaltungen auf Hochgeschwindigkeitspisten durch extrem hohe Versicherungsprämien letztlich „verboten". Kein Veranstalter wollte dieses Risiko mehr eingehen.

Modell:	Kenworth Bobtail 200 Race Truck
Baujahr:	1979
PS/kW:	650 PS/481 kW
Hubraum ccm:	16 800
Motortyp:	V10 Zylinder Detroit Diesel

Kenworth K 100 Artic Tractor

Seltsam mutet für deutsche Trucker dieses Gespann an. In den USA erlauben nur wenige Bundesstaaten, die alle ihre eigenen Zulassungsbestimmungen haben, mehr als einen Hänger. Das Bild wurde 2003 am fast ausgetrockneten großen Salzsee von Utah aufgenommen.

Modell:	Kenworth K 100 Artic Tractor
Baujahr:	1980
PS/kW:	325 PS/239 kW
Hubraum ccm:	13 800
Motortyp:	R/6 Zylinder

Kenworth Class 5

Kenworth ist für seine schweren Trucks weltweit bekannt. Weniger bekannt ist, dass der Mutterkonzern Paccar die englischen Foden-Werke 1979 übernahm und in den 80er Jahren Foden-Konstruktionen unter dem Label von Kenworth anbot. Das Foto zeigt diesen Typ von 1980.

Modell:	Kenworth Class 5
Baujahr:	1980
PS/kW:	160 PS/118 kW
Hubraum ccm:	5680
Motortyp:	R/6 Zylinder

Kenworth-Mexiko Dragster

Kenworth fertigt in Mexiko mit Erfolg schwere Trucks für den südamerikanischen Markt. Dieser bärenstarke Truck ist eine Spezialkonstruktion für die ungemein beliebten Dragster-Rennen. Der übliche Sechszylinder-Reihenmotor wich einem getunten, aufgeladenen Achtzylindermotor von Detroit Diesel. Lebensdauer im Rennbetrieb: ca. zehn Minuten. Zum Glück für den Besitzer dauert ein Dragster-Rennen nur ca. 12 Sekunden. Da bleibt genügend Zeit für eine rechtzeitige Motorrevision nach jedem Renntag.

Modell:	Kenworth-Mexiko Dragster
Baujahr:	1980–2000
PS/kW:	2200 PS/1629 kW
Hubraum ccm:	18 600
Motortyp:	V8 Zylinder Detroit Diesel

Kraz 256

Mit drei wesentlichen Baureihen bedienten die russischen Kraz-Werke ab 1966 den osteuropäischen Markt. Der Kraz 256 ist das wichtigste Baustellenfahrzeug als 6x4. Der 255-L wird als Langholztransporter in Sibiriens Wäldern eingesetzt, die schwere Zugmaschine ist der auf Seite 139 gezeigte 258. Im Ausland wurde diese in riesigen Stückzahlen gefertigte Baureihe auch unter dem Namen Belaz verkauft.

Modell:	Kraz 256
Baujahr:	1974
PS/kW:	265 PS/195 kW
Hubraum ccm:	14 860
Motortyp:	V8 Zylinder YAMZ Diesel

Kraz 258 B1 Zugmaschine

Westdeutschen Truck-Fans bleibt beim Anblick dieses weißen Riesen die Spucke weg. Für die Kollegen aus dem Osten war und ist der 1970 gebaute russische Kraz der richtige Truck fürs grobe Geschäft auf verschlammten Baustellen, im unwegsamen Gelände oder beim Militär. Gefertigt wurde der Kraz in den UdSSR-Werken von Krementschug, den ehemaligen YAAZ-Werken.

Modell:	Kraz 258 B1 Zugmaschine
Baujahr:	1970
PS/kW:	240 PS/176 kW
Hubraum ccm:	14 860
Motortyp:	V8 Zylinder YAMZ Diesel

Krupp – Ein Ende mit Schrecken

Im Juni 1968 standen bei Krupp in Essen die Fließbänder endgültig still. Trotz aller gut gemeinten Rettungsversuche blieb die Lastwagenproduktion seit Kriegsende ein schwieriges, ja ruinöses Geschäft, das selbst den mächtigen Stahlkonzern empfindlich tangierte. Der Schlussstrich kam nach fast 50 Jahren Lastwagenfertigung. Vielleicht scheiterte man in den oft hektischen Bemühungen, besser zu sein als die Konkurrenz. In der Praxis zählten nie vollmundige Attribute wie „der stärkste deutsche Lastwagen". Entscheidend war die Mundpropaganda der Fahrer, die sich immer häufiger für MAN- oder Mercedes-Benz-Modelle entschieden. Krupp war zuletzt nur noch ein Außenseiter im Geschäft. Daimler-Benz übernahm die Verkaufsniederlassungen von Krupp und baute sein eigenes Kundennetz somit weiter aus.

Krupp Widder K40W3

Einer der ganz wenigen überlebenden Krupp Widder-Feuerwehrwagen ist hier abgebildet. Krupp hielt 1962, als dieser Wagen ausgeliefert wurde, noch immer an seinen Kompressor aufgeladenen Zweitakt-Dieselmotoren fest. In der Widder-Baureihe wurde ein Dreizylindermotor bis 1967 installiert. Der Aufbau stammt von der Firma Bachert vom Typ LF 16.

Modell:	Krupp Widder K40W3
Baujahr:	1962
PS/kW:	126 PS/93 kW
Hubraum ccm:	4300
Motortyp:	R/3 Zylinder, Roots-Kompressor

Krupp Mustang S-806

Abschied vom Zweitakt-Prinzip. In einer geschickt ausgehandelten Kooperation gelang es Krupp, mit dem amerikanischen Motorenhersteller Cummins ein Rahmenabkommen zu unterzeichnen, das den Bau der robusten Cummins-Motoren in Krupp-Lastwagen ermöglichte. Dieser Krupp 806 Mustang Sattelschlepper von 1967 ist mit dem Viertakt-Direkteinspritzer-Dieselmotor von Krupp-Cummins ausgerüstet, der zwischen 187 und 210 PS Leistung abgab.

Modell:	Krupp Mustang S-806
Baujahr:	1967
PS/kW:	210 PS/154 kW
Hubraum ccm:	9640
Motortyp:	V6 Zylinder Typ 186

Modell:	Krupp SF 360
Baujahr:	1967
PS/kW:	210 PS/154 kW
Hubraum ccm:	9460
Motortyp:	V6 Zylinder

Krupp KF 380

Bei Krupp wurde in den ersten 20 Nachkriegsjahren auf der Motorenseite viel experimentiert und nicht ausreichend in ein lückenloses Werkstattnetz investiert. Letztlich blieb dadurch der wirtschaftliche Erfolg aus. So kamen erst 1967 die im Drehmoment starken V8 Krupp-Cummins-Motoren in der schweren Baureihe zum Einsatz. Die meisten Bauunternehmer und Speditionen hatten sich aber längst für die soliden Daimler-Benz- oder MAN-Laster entschieden, deren Niederlassungen und Werkstattnetze über ganz Europa kontinuierlich erweitert wurden. Daimler-Benz übernahm 1969 die LKW-Niederlassungen der Krupp AG nach dem Ende der Lastwagenproduktion bei Krupp.

Modell:	Krupp KF 380
Baujahr:	1967
PS/kW:	250 PS/184 kW
Hubraum ccm:	12 849
Motortyp:	V8 Zylinder

Krupp SF 360

Die gesamte Lastwagenproduktion belief sich bei Krupp zwischen 1946 und 1968 auf 33 500 Fahrzeuge. Von der durchaus modernen 360er-Reihe wurden zwischen 1965 und 1968 nur 488 Stück ausgeliefert. Bei einem Fahrzeuggewicht von 7 310 kg kam der Gesamtzug auf 22 000 kg, damals das Maß der gesetzlich erlaubten Gewichte. Bei Krupp fehlte es nicht an technischen Neuerungen. So wurden von Krupp die ersten kippbaren Fahrerhäuser in den Frontlenker-Modellen angeboten, die heute Standard der Technik sind und die Wartungsarbeiten wesentlich erleichtern.

Krupp AK 380

Der Krupp AK 380 war der stärkste Drei-seitenkipper auf dem deutschen Markt, und gleichzeitig auch die letzte Baureihe der Lastwagenproduktion im Hause Krupp. Im Frühjahr 1968 konnte noch zwischen dem Krupp V6-210-Motor und dem stärkeren Krupp V8-250 gewählt werden, die beide nach einem Lizenzabkommen mit Cummins in Deutschland hergestellt wurden. Doppel-Sechsganggetriebe, Allradantrieb.

Modell:	Krupp AK 380
Baujahr:	1968
PS/kW:	265 PS/195 kW
Hubraum ccm:	12 849
Motortyp:	V8 Viertakt-Direkteinspritzung

Krupp LF 380

Obwohl Krupp Ende der 60er Jahre die stärksten und schnellsten Fernlaster herstellte, ver-diente die Konkurrenz besser. Mitte 1969 trennte sich Krupp komplett von seiner LKW-Sparte nach 49 Jahren Fahrzeugbau. Dieser Krupp LF 380 ist einer der letzten Sattel-schlepper, die Krupp herstellte. Der V8-Direkteinspritzer stammt aus der Krupp-Cummins-Produktion. Die Leistung variierte zwischen 250 und 265 PS je nach Produktionszeitraum. Es wurden insgesamt 477 Fahrzeuge vom Typ 380 und 381 hergestellt.

Modell:	Krupp LF 380
Baujahr:	1968
PS/kW:	265 PS/195 kW
Hubraum ccm:	12 849
Motortyp:	V8 Zylinder

Land Rover II B

Für die angelsächsischen Streitkräfte entwarf Land Rover einige geländegängige, leichte Nutzfahrzeuge, die für den Transport von militärischem Gerät besonders geeignet waren. Dieser II B ist ein Land Rover in Frontlenker-Bauart. Mehr Raum für Material und Personen stand nun zur Verfügung. Gleichzeitig erhöhte sich die Nutzlast auf 1500 kg, etwa doppelt so viel, wie bei einem konventionellen Land Rover 110, von dem dieser interessante Wagen abstammt. Auf unserem Foto, das bei Ceuta an der marokka-nischen Grenze entstand, wird ein simpler Anhänger mitge-schleppt. Mittels Nebenantrieb konnte allerdings auch ein Hänger angekoppelt werden, der über einen Eigenantrieb verfügte. Im schweren Gelände war diese Kombination fast unschlagbar.

Modell:	Land Rover II B
Baujahr:	1971
PS/kW:	83 PS/61 kW
Hubraum ccm:	2625
Motortyp:	R/6 Zylinder, Benzin

Liaz MT

Die ersten tschechischen Liaz-Lastwagen aus Jablonec trugen noch die Konstruktionsmerkmale von Skoda. Dies war zwischen 1951 und Ende der 70er Jahre der Fall, dann folgten weitgehend eigenständige Modelle. Unser Foto zeigt den Typ MT, der von 1968 bis 1980 in allen osteuropäischen Ländern als Einheitslastwagen verkauft wurde und auch heute noch manchmal benutzt wird.

Modell:	Liaz MT
Baujahr:	1979
PS/kW:	200 PS/147 kW
Hubraum ccm:	11 940
Motortyp:	R/6 Zylinder, Diesel

Mack – Endgültiger Abschied vom Benziner

1961 ging der Verkauf von Benzinmotoren auf knapp 25 Prozent der Gesamtproduktion zurück. Mack entschied sich für das Ende seiner anerkannt leistungsfähigen Benzinmotoren und entwickelte in fünfjähriger Arbeit einen völlig neuen Achtzylinder-Dieselmotor, den Mack END 864 mit gut 14 Litern Hubraum. In der ersten Version standen schon 255 PS ohne Turbolader zur Verfügung, die in den kommenden Jahren auf über 400 PS mit Turbolader kletterten. Für die Motoren seiner Verteiler-Baureihe entschied sich Mack zu einer Kooperation mit Scania-Vabis. Die Schweden lieferten einen robusten 7,8 Liter-Dieselmotor, der bei Mack als END 475 eingebaut wurde und sich bestens bewährte.

Mack Modell N Pumper

Wie frisch aus dem Ei gepellt steht dieser 40 Jahre alte Tanklöschwagen nach einem Einsatz da. Die ersten N-Modelle wurden schon 1960 der Öffentlichkeit vorgestellt, die Serienproduktion lief allerdings erst zwei Jahre später an. Wie in Amerika üblich, konnten die Interessenten unter zwölf verschiedenen Motoren wählen. Die überaus bewährten Mack-Thermodyne-Dieselmotoren mit Turbolader wurden übrigens mit Hilfe von Scania-Vabis-Ingenieuren entwickelt. Der schwächste Typ dieser Kooperation ist der Mack END 475 mit 140 PS. Die Palette reichte bis 320 PS.

Modell:	Mack Modell N Pumper
Baujahr:	1965
PS/kW:	255 PS/189 kW
Hubraum ccm:	14 158
Motortyp:	V8 Zylinder END 864

Mack B73

Alte Liebe rostet nicht. Dieser holländische Mack B73 steht nach fast 40 Jahren Arbeitsleben immer noch wie eine Eins da. Unter der klassisch geformten Motorhaube versteckt sich ein Mack-Sechszylinder-Thermodyne-Dieselmotor mit Turbolader. Neben der sprichwörtlichen Zuverlässigkeit begeisterte das Werk seine West Coast-Trucker mit vielen Extras, die bei der Konkurrenz nicht immer geboten waren. So hatten die Fahrer beim passenden Getriebe die Wahl zwischen einem Fünfgang-, Zehngang-, 15-Gang- und 20-Gang-Getriebe eigener

Herstellung, zusätzliche Verteilergetriebe für den schweren Baustellen- und Militäreinsatz nicht mitgerechnet.

Modell:	Mack B73
Baujahr:	1966
PS/kW:	290 PS/213 kW
Hubraum ccm:	11 028
Motortyp:	R/6 Zylinder

Mack R 763S

Nach über zehnjähriger Bauzeit verschlechterte sich der Verkauf der rundlichen Mack B-Reihe dramatisch. Die Konkurrenz mit Kenworth, Peterbilt und White lag klar auf der Überholspur. 1966 riss Mack mit einem radikal neuen Modell das Ruder noch einmal herum. Bulldog wurde die neue Baureihe R bezeichnet. Sie entwickelte sich zu einem der größten Erfolge in der wechselhaften Geschichte der Firma. Im Zentrum Chicagos wurde dieses Foto 1986 aufgenommen.

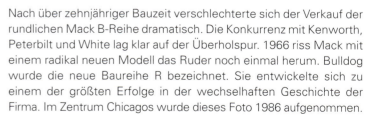

Modell:	Mack R 763S
Baujahr:	1966
PS/kW:	237 PS/175 kW
Hubraum ccm:	14 158
Motortyp:	R/6 Zylinder

Mack DM 800

Als Long nose, Langnase, wurden die Macks der Baureihe DM 800 bezeichnet. 1967 vorgestellt, blieb diese erfolgreiche Baureihe fast zehn Jahre im Programm. Das D steht für Dumper (Baustellenkipper), und das M für Mixer (Betonmischer). Nach sieben Jahren Entwicklungszeit konnten die neuen Dieselmotoren mit Turbolader vom Typ Maxidyne ENDT mit 220 bis 325 PS auch skeptisch eingestellte Trucker auf Anhieb überzeugen. Allen gemeinsam war der raffiniert gewählte Ausdruck „Constant power". Motoren dieser Baureihe gaben ihre beste Durchzugskraft/Drehmoment über den weiten Drehzahlbereich von 1500 und 2000 U/min ab.

Modell:	Mack DM 800
Baujahr:	1967
PS/kW:	260 PS/193 kW
Hubraum ccm:	15 900
Motortyp:	R/6 Zylinder

Mack U 400

Um Gewicht einzusparen, wurde bei der U-Serie ab 1966 das nach vorne schwenkbare Fahrerhaus aus mit Glasfaser verstärktem Polyesterharz, GFK, gefertigt. Das U bedeutet Unitized Fiberglas. Der Fahrer schilderte mir seine Langzeiterfahrungen mit dem damals neuen „Wundermaterial": „Alle paar Jahre lackiere ich meine Motorhaube neu, denn die Sonne bleicht den Lack so aus, dass mir die Tränen kommen." Über 19000 Bulldogs von

diesem Typ wurden dennoch allein von 1966 bis 1968 verkauft.

Modell:	Mack U 400
Baujahr:	1968
PS/kW:	265 PS/195 kW
Hubraum ccm:	14 158
Motortyp:	V8 Zylinder

Mack F Cab Forward

Dieser 35 Jahre alte Mack F aus dem einstigen vereinigten Jugoslawien ruht sich auf einer anatolischen Landstraße für ein paar Stunden aus. Mack-Trucks wurden im Iran montiert und fanden dann bald den Weg über den Irak in die Türkei, wo man heute noch Macks aus den 60er Jahren begegnen kann. Das spricht für die Robustheit dieser Fahrzeuge mit dem ENDT 475-Motor.

Modell:	Mack F Cab Forward
Baujahr:	1969
PS/kW:	190 PS/140 kW
Hubraum ccm:	7784
Motortyp:	R/6 Zylinder

Mack DM 800/2

Charakteristisches Merkmal der Mack DM-Serie ist die ultralange Motorhaube. Die ersten schweren DM-Modelle kamen 1967 auf den Markt. Man unterschied zwischen den DM 400-, DM 600- und den DM 800-Versionen sowie Leistungsstufen von 195 bis 335 PS. Dieser spanische Mack DM 800 fuhr 1983, als dieses Foto an der Atlantikküste aufgenommen wurde, noch ohne Begleitfahrzeuge übers Land.

Modell:	Mack DM 800/2
Baujahr:	1969
PS/kW:	325 PS/239 kW
Hubraum ccm:	14 158
Motortyp:	V8 Zylinder

143

Mack RL 700

Die „Bulldogs" von Mack wurden 1966 zum Gesprächsthema Nummer Zwei unter den amerikanischen Truckern. Die Nummer Eins dürfte bekannt sein. Für den wichtigen Markt der kalifornischen Spediteure wurde im Werk Hayward eine spezielle RL-Version gebaut, die besten Absatz fand. 1967 kamen dort über 300 Bulldogs zur Auslieferung. Bei der RL-Variante bestehen große Teile aus Aluminium, die mehr Zuladung und damit besseren Profit ermöglichen. Der eingebaute Motor ist in diesem Schlepper der ENDT Maxidyne 865.

Modell:	Mack RL 700
Baujahr:	1970
PS/kW:	325 PS/241 kW
Hubraum ccm:	14 158
Motortyp:	V8 Zylinder

Mack CF R865

Mack stand schon immer in harter Konkurrenz zu den etablierten Feuerwehr-Ausrüstern wie American LaFrance oder Crown. Einige hundert dieser konventionell aufgebauten Tanklöschwagen vom Typ CF gingen in den Export. In den USA sind diese Löschwagen weniger gefragt, weil die Kopfhöhe im Fahrerhaus zu niedrig ist für groß gewachsene Feuerwehrmänner mit Schutzhelm.

Modell:	Mack CF R865
Baujahr:	1972
PS/kW:	325 PS/239 kW
Hubraum ccm:	14 158
Motortyp:	V8 Zylinder

Mack DM 600 Venezuela

Für den schwierigen südamerikanischen Markt fertigt Mack seit Mitte der 60er Jahre Trucks, die eine unkomplizierte Wartung ermöglichen. Der kantige Mack DM 600 wurde 1965 in den USA für den Einsatz auf Baustellen entwickelt, ab 1969 lief er in Venezuela vom Montageband. Eingebaut ist hier ein Cummins-Diesel.

Modell:	Mack DM 600 Venezuela
Baujahr:	1972
PS/kW:	240 PS/176 kW
Hubraum ccm:	12 800
Motortyp:	R/6 Zylinder

Mack CF 685

1972 lieferte Mack über 29 000 Trucks aus, ein Rekordjahr, in dem auch dieser Mack CF 685 an die Berufsfeuerwehr von Lake Tahoe/Nevada übergeben wurde. Die Hochdruckpumpe fördert 4500 Liter pro Minute. Das Foto wurde am 1. Mai 1996 aufgenommen. Schneeketten waren damals kein Luxus, denn die Straßen waren nach einem erneuten Kälteeinbruch spiegelglatt.

Modell:	Mack CF 685
Baujahr:	1972
PS/kW:	237 PS/174 kW
Hubraum ccm:	11 225
Motortyp:	R/6 Zylinder

Mack R 739

Anfang der 70er Jahre ging ein Ruck durch die amerikanische Nutzfahrzeugindustrie. Ihre an sich konservativ eingeschworene Kundschaft verlangte plötzlich Motoren, die weniger Sprit verbrauchen sollten. Sparen war angesagt. Diesel- und Benzinpreise waren bislang kein ernstes Thema unter den Autofahrern, und auch die Wartungskosten sollten geringer werden. Mack reagierte sofort und erhöhte die Ölwechsel-Intervalle ihrer Maxidyne-300-Motoren von 25 000 Meilen auf 50 000 Meilen, beachtliche 82 650 Kilometer.

Modell:	Mack R 739
Baujahr:	1973
PS/kW:	300 PS/221 kW
Hubraum ccm:	12 110
Motortyp:	R/6 Zylinder

Mack FL 300 Australia

Mack konnte sich der allgemeinen Frontlenker-Bauart nicht entziehen, obwohl die Mehrzahl der überwiegend konservativ eingestellten amerikanischen Trucker immer noch auf die grundsoliden Hauber eingestellt war. Bei diesem australischen Mack FL kann das ganze Führerhaus hydraulisch nach oben bugsiert werden, damit die Antriebseinheit frei zugängig ist.

Modell:	Mack FL 300 Australia
Baujahr:	1973
PS/kW:	315 PS/232 kW
Hubraum ccm:	11 078
Motortyp:	R/6 Zylinder

Mack DM 800

Die ersten schweren DM 800-Trucks von Mack wurden schon 1966 vorgestellt, erkennbar an der langen Motorhaube, die Platz für bis zu 600 PS starke Motoren bot. Im Laufe der Jahre wurde an diesem Modell sowohl optisch als auch mechanisch gefeilt. Das Bild zeigt einen Mack-DM 800 von 1974 mit dem damals längsten zugelassenen Auflieger von Trail King Industries.

Modell:	Mack DM 800
Baujahr:	1974
PS/kW:	335 PS/248 kW
Hubraum ccm:	14 158
Motortyp:	V8 Zylinder

Mack Dumper RW

Kenworth gelangte 1975 mit seinem neuen W900 an die Spitze der Zulassungszahlen. Darauf reagierte Mack mit verbesserten Modellen, die sich variabel umbauen ließen. So kann dieser Kipper in weniger als einer Stunde zum Betonmixer umfunktioniert werden.

Modell:	Mack Dumper RW
Baujahr:	1976
PS/kW:	325 PS/239 kW
Hubraum ccm:	14 158
Motortyp:	V8 Zylinder

Mack Cruise Liner

Die ersten Frontlenker-Class-8-Trucks lieferte Mack schon in den 50er Jahren an bedeutende Speditionen der Ostküste. Allied ist in ganz Amerika mit einer Flotte von über 6000 schweren Trucks vertreten. Dieser Mack Cruise Liner von 1974 ist mit einem Cummins-Diesel ausgerüstet. Wahlweise konnten auch Detroit Diesel- und Caterpillar-Motoren mit bis zu 500 PS ins Auftragsbuch geschrieben werden. Es bestand kein Zwang, Mack Maxidyne-Aggregate einzubauen.

Modell:	Mack Cruise Liner
Baujahr:	1974
PS/kW:	340 PS/250 kW
Hubraum ccm:	14 400
Motortyp:	R/6 Zylinder

Mack Australia

Das Foto zeigt den rauen Alltag im Nordwesten Australiens. Nur wenige amerikanische und europäische Nutzfahrzeug-Hersteller konnten sich Mitte der 70er Jahre hier mit ihren Standardmodellen einigermaßen behaupten. Was bis heute gefragt ist, sind robuste Trucks, die bei jeder Tankstelle im Outback repariert werden können. Die australischen Mack-Fahrzeuge werden mit einem verstärkten Rahmen ausgeliefert.

Modell:	Mack Australia
Baujahr:	1975
PS/kW:	385PS/283 kW
Hubraum ccm:	16 400
Motortyp:	V8 Zylinder

Mack-Dragster

Im amerikanischen „National Speedway Directory" sind nahezu 2000 Rennstrecken aufgelistet. So besitzt fast jede Kleinstadt einen 400 Meter langen Oval-Kurs und eine Dragster-Rennstrecke, die von privaten Investoren betrieben werden. Dieser schön präparierte Renntruck startet in beiden Disziplinen. Am Steuer sitzt die amerikanische Meisterin Lin Bailey, die ihren männlichen Kollegen mehr Sorgen bereitet, als ihnen lieb ist.

Modell:	Mack-Dragster
Baujahr:	1977-2000
PS/kW:	1700 PS/1259 kW
Hubraum ccm:	14 800
Motortyp:	R/6 Zylinder

Mack 766 Super-Liner

Quadratisch, praktisch, gut? Mack schwamm mit diesem kantigen Brocken im besten West-Coast-Stil vehement gegen die Konkurrenz an, die sich Anfang der 80er Jahre um etwas mehr „Stromlinie" bemühte. Der Baureihe der Super-Liner gelang dennoch im Westen Amerikas ein beachtlicher Erfolg. In 55 Länder wurde der Super-Liner exportiert, und in zwölf ausländischen Montagewerken wurden Macks jetzt hergestellt. Die runden Scheinwerfer entstammen der ersten Baureihe von 1978 bis 1985.

Modell:	Mack 766 Super-Liner
Baujahr:	1980
PS/kW:	400 PS/294 kW
Hubraum ccm:	14 158
Motortyp:	V8 Zylinder

Magirus-Deutz – Vom Sechs- bis Zwölfzylinder

Mit seiner breit aufgestellten Motorenreihe war KHD in der glücklichen Lage, für jeden Magirus-Deutz-Lastwagen den passenden Motor zu liefern. In die leichteren Typen wurden Sechszylinder-Dieselmotoren eingebaut, für die mittelschweren Modelle kamen Achtzylinder zum Einsatz, und „fürs Grobe" wurden Zehn- und Zwölfzylindermotoren mit bis zu 16 Litern Hubraum angeboten. Alle Motoren waren nach Art des Hauses luftgekühlt.

Magirus-Deutz 150 Jupiter

Der über viele Jahre sehr bewährte Magirus-Deutz 150 Jupiter wurde bis 1961 mit dem luftgekühlten 150 PS starken V6-Motor ausgeliefert, Typ KHD F 6 L 714. Dann wünschte die Kundschaft einen stärkeren V8-Motor mit 195 bis 230 PS. Der Motor galt auf Baustellen als erste Wahl für allradbetriebene Dreiseitenkipper. Bei diesem Feuerwehrfahrzeug für eine Raffinerie ist eine besonders starke Löschpumpe von Magirus eingebaut. Sie leistet 5000 Liter pro Minute, rund doppelt soviel wie bei städtischen Feuerlöschwagen üblich.

Modell:	Magirus-Deutz 150 Jupiter
Baujahr:	1963
PS/kW:	195 PS/143 PS
Hubraum ccm:	12 667
Motortyp:	V8 Zylinder, luftgekühlt KHD F8L714

Magirus-Deutz 125 Merkur LF16

Feuerwehrfahrzeuge werden meist bestens gepflegt, und die effektive Laufleistung ist, über die Jahre verteilt, recht gering. So hat dieser Magirus-Deutz erst 17 009 Kilometer bei der Werksfeuerwehr der Heidenheimer Voith Großturbinenwerke auf dem Buckel. Hergestellt wurde das schöne Stück vor nun 43 Jahren 1962 in Ulm. Pumpenleistung: 1600 Liter pro Minute.

Modell:	Magirus-Deutz 125 Merkur LF16
Baujahr:	1962
PS/kW:	125 PS/92 kW
Hubraum ccm:	7412
Motortyp:	V6 Zylinder, luftgekühlt KHD F6L 613

Magirus-Deutz K16 Kranwagen

Dieser beeindruckende Magirus-Deutz-Kranwagen von 1965 ist mit einem luft-gekühlten Zwölfzylinder-KHD-Motor aus-gerüstet, der gut 250 PS auf die Achsen bringt. Allradantrieb ist selbstverständlich bei schwersten Berge- und Abschlepp-aktionen der Berufsfeuerwehr, den Ret-tungsdiensten vom Technischen Hilfswerk und der Bundeswehr. Das Fahrzeugge-wicht beträgt stolze 22 700 kg. Kranlast bis 16 Tonnen.

Modell:	Magirus-Deutz K16 Kranwagen
Baujahr:	1965
PS/kW:	250 PS/184 kW
Hubraum ccm:	15 966
Motortyp:	V12 Zylinder, luftgekühlt KHD F12 L614

Modell:	Magirus-Deutz 200 D AK
Baujahr:	1966
PS/kW:	200 PS/147 kW
Hubraum ccm:	12 667
Motortyp:	V8 Zylinder, luftgekühlt KHD L 714

Magirus-Deutz 200 D AK

Für schwere Baustellen-Lastwagen war Magirus-Deutz Mitte der 60er Jahre der führende Anbieter. Besonders beliebt war dieser all-radbetriebene 200 D durch sein passend abgestuftes Sechsgang-getriebe mit Vorlegegetriebe. Der kantige „Bulle" meisterte auch total verschlammte Baustellen mit Bravour. Sicher ein Argument, weshalb die Bundeswehr ihre Streitkräfte mit einigen hundert Mili-tärlastern von Magirus ausstattete, die auf diesem Typ 200 D AK beruhten. Der Nachfolgetyp 230 D hatte, äußerlich gleich, einen noch stärkeren 230 PS-Motor unter der Haube.

Magirus-Deutz 150 D Saturn TFL 16

Dieser allradbetriebene Magirus wurde 1966 an die Freiwillige Feuerwehr Forchheim im Odenwald ausgeliefert und steht heute noch wie eine Eins da. Pumpenleistung 1600 Liter pro Minute, Löschmittelvorrat 2400 Liter. Das Fünfganggetriebe besitzt ein Vorlege-getriebe, damit sind auch schwierigste Gelände für den luftgekühlten „Bullen" kein Hindernis. Das Basisfahrzeug vom Typ 150 D wurde in alle Welt exportiert und im ehe-maligen Jugoslawien, in der Türkei und im Iran in Lizenz gefertigt.

Modell:	Magirus-Deutz 150 D Saturn TFL 16
Baujahr:	1966
PS/kW:	150 PS/110 kW
Hubraum ccm:	9500
Motortyp:	V6 Zylinder, luftgekühlt KHD F6L 714

Magirus-Deutz 170 D11 LF–16TS

1969 überraschten die Ulmer Magirus-Deutz-Werke die Fachwelt
mit einem neuen Motorenkonzept. Jetzt saß der luftgekühlte Sechszylindermotor von KHD unter der mittleren Sitzbank und nicht mehr
zwischen den Sitzen. Der Schallpegel im Fahrerhaus konnte damit
deutlich reduziert werden. Eine durchaus erfolgreiche Baureihe, die
Pritschenwagen, Sonderaufbauten, Kommunalfahrzeuge und den
viel gefragten Tanklöschwagen, der auf dem Foto abgebildet ist,
anbot.

Modell:	Magirus-Deutz 170 D11 LF-16TS
Baujahr:	1969
PS/kW:	120 PS/88 kW
Hubraum ccm:	8482
Motortyp:	R/6 Zylinder KHD F6L 413

Magirus-Deutz 230 D16 AK

Paul Ernst Stähle aus Schorndorf war nicht nur einer der be-
kanntesten Renn- und Rallyefahrer der Nachkriegszeit, er sammelt
auch Nutzfahrzeuge, die in die Lastwagengeschichte eingingen.
Sein blauer Magirus-Deutz-Dreiseitenkipper mit dem berühmten
Meiller-Aufbau war 1970 das letzte und stärkste Glied in der langen Kette der „Bullen". Allradantrieb für den schweren Baustel-
len-einsatz mit Sechsgang-Vorlegegetriebe. Zulässiges Gesamtgewicht 16 000 kg.

Modell:	Magirus-Deutz 230 D16 AK
Baujahr:	1970
PS/kW:	230 PS/169 kW
Hubraum ccm:	12 579
Motortyp:	V8 Zylinder, luftgekühlt KHD 8L914

Magirus-Deutz 310 D22 F

Mit 305 PS war dieser luftgekühlte Magirus-Deutz 1973 einer der stärksten Lastwagen im
Land. Allerdings auch einer der lautesten Schwerlastwagen, denn der Zehnzylinder-Direkt-
einspritzer-Dieselmotor gab seine maximale Leistung bei 2650 U/min ab. Ein wassergekühlter MAN-Motor gleicher Leistung begnügte sich mit 2200 U/min.

Modell:	Magirus-Deutz 310 D22 F
Baujahr:	1973
PS/kW:	305 PS/224 kW
Hubraum ccm:	14 702
Motortyp:	V10 Zylinder KHD

MAN – Zusammenarbeit mit Saviem

MAN 15.215

Eine imposante Erscheinung ist dieser
Tanklastwagen von 1966 auch heute noch.
18 000 Liter passen in den Tank. Der ganze
Aufbau wurde von der Firma Strüver aus-
geführt. Eingebaut ist ein MAN D 2146 M2
Direkteinspritzer-Dieselmotor.

Modell:	MAN 15.215
Baujahr:	1966
PS/kW:	180 PS/133 kW
Hubraum ccm:	9659
Motortyp:	R/6 Zylinder

**Mit der Renault-Tochter Saviem verein-
barte MAN 1967 eine zehnjährige Part-**

nerschaft. **Saviem lieferte seine gut
eingeführten leichten Transporter mit
dem MAN-Emblem nach Deutschland,
und im Gegenzug montierte MAN mittelschwere Lastwagen und Fahrerkabinen für Saviem. Ansonsten pflegte
MAN sein immer breiter werdendes Programm mit der Modernisierung seiner
berühmten Kurzhauber und neuer Front-
lenker-Fahrerhäuser. Auf der Motorenseite wurde ein neuer V8-Dieselmotor
mit 15 Litern Hubraum entwickelt, der
1969 schon die 300 PS-Marke knackte.**

MAN 38.320

Hinter dieser nüchternen Zahl verbirgt sich einer der stärksten und bewährtesten Schwerlastmuldenkipper Deutschlands Anfang der 80er Jahre. Eingebaut ist der MAN-Zehnzylinder D 2530 MXF. Ohne Allradantrieb und Vorlegegetriebe würde bei den gezeigten Bedingungen die bis zu 38 Tonnen schwere Fuhre hoffnungslos in der Baugrube steckenbleiben.

Modell:	MAN 38.320
Baujahr:	1980
PS/kW:	320 PS/255 kW
Hubraum ccm:	15 953
Motortyp:	V10 Zylinder

Marmon-Bocquet MH 600BS

Das Tochterunternehmen von Marmon/ USA, Marmon-Bocquet, war in Villiers le Bel/Frankreich angesiedelt. Hier wurden seit 1963 leichte Militärlastwagen in großen Stückzahlen unter mehrfach wechselndem Markennamen produziert. Der 1,5-Tonner-Typ wurde auch als Simca-Marmon oder Unic an die französischen Streitkräfte ausgeliefert.

Modell:	Marmon-Bocquet MH 600BS
Baujahr:	1972
PS/kW:	80 PS/59 kW
Hubraum ccm:	4 290
Motortyp:	R/6 Zylinder

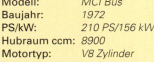

Modell:	MCI Bus
Baujahr:	1972
PS/kW:	210 PS/156 kW
Hubraum ccm:	8900
Motortyp:	V8 Zylinder

MCI Bus

MCI ging aus dem kanadischen Bushersteller Fort Garry Motor Body Cooperation hervor. Als Hauptlieferant der silbernen Greyhound-Busse wurde MCI zu einer Institution in ganz Amerika. Zehn Jahre diente dieser MCI-Bus bei Greyhound als Linienbus im Fernverkehr. Dann die Entscheidung: Schnelles Ende in einer amerikanischen Schrottpresse, oder eine zweite Karriere als Stadtbus in Tijuana/Mexiko? Die Vernunft siegte. Jetzt freut sich der hübsche Oldie über möglichst viele Touristen, die mit ihm die Stadt erkunden.

Mercedes-Benz – Expansion durch Übernahmen

Mit der immer reichlicher sprudelnden Geldmenge aus dem Verkauf der Personenwagen finanzierte die Abteilung für Nutzfahrzeuge in den 60er und 70er Jahren nicht nur Neuentwicklungen. Vorrangiges Ziel war es, die beengten Platzverhältnisse in der gesamten Produktion von Personen- und Lastwagen zu erweitern. Im Einvernehmen mit der Rheinstahl AG konnten die Produktionsanlagen von Hanomag und Henschel ab 1974 Stück für Stück übernommen werden. Bis 1977 wurden noch Hanomag-Kleinlastwagen mit dem Mercedes-Benz-Stern am Kühler verkauft, bevor die eigenen Transporter vom Fließband rollten.

Mercedes-Benz L 328

Kein schneller Hirsch war dieser MB 328 von 1961, dafür ein zuverlässiger Arbeiter. Anfangs lag die Motorleistung noch bei bescheidenen 100 PS und einem zulässigen Gesamtgewicht von neun Tonnen. Nach und nach drehte man an den Stellschrauben, und 1969 standen dann bis zu 150 PS zur Verfügung.

Modell:	Mercedes-Benz L 328
Baujahr:	1961
PS/kW:	100 PS/74 kW
Hubraum ccm:	4580
Motortyp:	R/6 Zylinder OM 321

Mercedes-Benz LP 334

Dieser Zweiachs-Pritschenwagen wurde mit einem von der Firma Wackerhut in Nagold entwickelten Frontlenker-Fahrerhaus versehen. Der LP 334 verkaufte sich zwischen 1960 und 1963 über 4000 Mal, was für den Erfolg dieser Konstruktion spricht. Vergleicht man den 334 mit dem LP 333 „Tausendfüßler", dann wird jedem bewusst, was ein unsinniges Gesetz anrichten kann.

Modell:	Mercedes-Benz LF 334
Baujahr:	1962
PS/kW:	200 PS/147 kW
Hubraum ccm:	10 810
Motortyp:	R/6 Zylinder OM 326

Modell:	Mercedes-Benz LG 315 TFL 24/24
Baujahr:	1963
PS/kW:	131 PS/96 kW
Hubraum ccm:	8280
Motortyp:	R/6 Zylinder OM 326

Mercedes LG 315 TFL 24/24

Ein gewaltiger Brocken ist dieser Mercedes LG 315 von 1963. Zuerst diente er bis 1985 in einer Bundeswehreinheit, dann übernahm die Freiwillige Feuerwehr von Schnelldorf den allradbetriebenen Tanklöschzug, der in der Lage ist, 2400 Liter Wasser in einer Minute in den Feuerherd zu pumpen. Der Aufbau stammt von der Firma Bachert. Heutiger Besitzer ist das Feuerwehrmuseum Stuttgart.

Mercedes-Benz Unimog S 404.115

Dieser gut erhaltene Unimog S 404 wurde 1962 an die Firma Voll in Würzburg ausgeliefert und dort zum geländetauglichen Feuerwehrfahrzeug ausgebaut. Der Sechszylinder-Einvergaser-Benzinmotor entspricht dem PKW-Motor aus dem 220er-Modell. Die Frontwinde hat eine Zugkraft von 3,5 Tonnen. Über 40 Jahre stand dieses Fahrzeug im Dienst der Freiwilligen Feuerwehr von Waldhaus, einer Kleinstadt nahe der tschechischen Grenze. Jetzt steht das Fahrzeug vor einer Restauration seines nun privaten Besitzers.

Modell:	Mercedes-Benz Unimog S 404.115
Baujahr:	1962
PS/kW:	82 PS/60 kW
Hubraum ccm:	2195
Motortyp:	R/6 Zylinder M 180

Mercedes-Benz LAF 1113 TFL 16/24

Ab Januar 1964 wurden neue, stärkere Motoren mit Direkteinspritzung in die einstige Baureihe L 322 montiert. Die neue Bezeichnung war nun L 1113, was für einige Diskussionen in der Fachwelt sorgte, weil man keinen Bezug mehr zur Nutzlast oder auch zur Konstruktionsnummer hatte. Der Aufbau stammt von der Firma Bachert, die Pumpenleistung beträgt 2400 Liter pro Minute.

Modell:	Mercedes-Benz LAF 1113 TFL 16/24
Baujahr:	1964
PS/kW:	126 PS/93 kW
Hubraum ccm:	5675
Motortyp:	R/6 Zylinder OM 352

Mercedes-Benz 1413 Tankwagen

Dieser liebevoll gepflegte Tanklastwagen ist ein mittelgroßer Kurzhauber Typ 1413. Daimler verkaufte von diesem Erfolgsmodell fast 30 000 Fahrzeuge unterschiedlicher Bauart zwischen 1959 und 1970. Unser Tankwagen wurde im Mai 1964 ausgeliefert und ist heute, noch 40 Jahre später, im Einsatz.

Modell:	Mercedes-Benz 1413 Tankwagen
Baujahr:	1964
PS/kW:	126 PS/93 kW
Hubraum ccm:	5675
Motortyp:	R/6 Zylinder OM 352

Mercedes-Benz Unimog 404B

Das Reglement unterscheidet bei der Truck Trial-Europameisterschaft zwischen der weitgehend serienmäßigen Klasse und der Prototypenklasse, bei der technisch gesehen fast alles erlaubt ist. Dieser Unimog 404 B startet in der Serienklasse.

Modell:	Mercedes-Benz Unimog 404B
Baujahr:	1970
PS/kW:	82 PS/60 kW
Hubraum ccm:	2195
Motortyp:	R/6 Zylinder M 180 II

Mercedes-Benz L 710

Mit der mittelschweren Modellreihe der Kurzhauber, die ab 1961 produziert wurde, gelang Daimler ein großer Wurf. Einerseits konnte durch die kurze Motorhaube mehr Nutzlast im Vergleich zu den bisherigen Langhaubern gewonnen werden, andererseits wäre ein echter Frontlenker die konsequente Lösung des Problems – mehr Nutzlast bei möglichst geringer Fahrzeuglänge – gewesen.

Modell:	Mercedes-Benz L 710
Baujahr:	1970
PS/kW:	100 PS/74 kW
Hubraum ccm:	5675
Motortyp:	R/6 Zylinder OM 352

Mercedes-Benz LP 911 Ägypten

Der Frontlenker-Mercedes-Benz TFL entstammt der mittleren Baureihe LP 111, die zwischen 1967 und 1972 in verschiedenen Ländern montiert wurde, so auch in Ägypten. Der Motor ist bei dieser Baureihe nicht mehr zwischen den Sitzen, sondern unterhalb am Wagenboden positioniert. Damit wärmt sich das Fahrerhaus etwas weniger auf und die Schalldämmung ist wirkungsvoller. Diese Aufnahme zeigt ein Feuerwehrdepot in Luxor.

Modell:	Mercedes-Benz LP 911 Ägypten
Baujahr:	1970
PS/kW:	110 PS/81 kW
Hubraum ccm:	5675
Motortyp:	R/6 Zylinder OM 352

Mercedes-Benz L 2624 Langeisen-Transporter

Noch heute ist der Transport von schweren Stahlblechen und Rohren eine schwierige Aufgabe. Dieser perfekt restaurierte Mercedes Langeisen-Transporter von 1971 besitzt ein in der Breite deutlich verkleinertes Fahrerhaus, damit bis zu 16,50 m lange Stahlrohre über die Kabine hinaus transportiert werden können. Auf- und Umbau entstand bei der Firma Karl Klöpfer im schwäbischen Endersbach, die auch eine höhere Windschutzscheibe und Schiebetüren im Fahrerhaus installierte. Der L 2624 ist ein 6x4 mit einem Gesamtgewicht von 22 000 kg. Seine Nutzlast beträgt 12 500 kg.

Mercedes-Benz 1624 Sattelzugmaschine

Zwischen 1969 und 1975 lieferte Daimler über 6000 Schwerlastwagen mit der charakteristischen Kurzhauberfront aus. Noch viele Jahre später wurde in Zentralafrika und Brasilien dieser schönen Kurzhauber montiert. Auch als Militärlaster mit dem allradbetriebenen Typ LA 1623 stehen noch viele Kurzhauber im Dienst der Nationen.

Modell:	Mercedes-Benz 1624
	Sattelzugmaschine
Baujahr:	1971
PS/kW:	240 PS/176 kW
Hubraum ccm:	11 580
Motortyp:	R/6 Zylinder OM 336

Modell:	Mercedes-Benz L 2624
	Langeisen-Transporter
Baujahr:	1971
PS/kW:	230 PS/169 kW
Hubraum ccm:	11 580
Motortyp:	R/6 Zylinder OM 356

Modell:	Mercedes-Benz Unimog S 404
Baujahr:	1972
PS/kW:	110 PS/81 kW
Hubraum ccm:	2778
Motortyp:	R/6 Zylinder M130

Mercedes-Benz Unimog S 404

Kippt er oder kippt er nicht? Mit deutlich besseren Fahrleistungen gegenüber seinen Vorgängern erfreute der Unimog S von 1956 seine Fahrer. Jetzt sorgte ein 82 PS starker Sechzylinder-Benziner für mehr Leistung. 1972 sattelte Gaggenau noch ein paar Pferde drauf, und nun standen 110 „Gäule" bereit für Abenteuer abseits asphaltierter Straßen.

Mercedes-Benz L-Bus

Sieht er nicht lieb aus? Die neueste Errungenschaft des DaimlerChrysler Museums ist dieser mit viel Liebe herausgeputzte L-Bus aus Argentinien, der seit den 70er Jahren dort im täglichen Einsatz war. Jetzt begeistert er Jung und Alt, denn ähnlich wohlgerundete Formen wird es in unserer nüchternen Zeit wohl nie wieder geben.

Modell:	Mercedes-Benz L-Bus
Baujahr:	1972
PS/kW:	110 PS/81 kW
Hubraum ccm:	5675
Motortyp:	R/6 Zylinder OM 352

Modell:	Mercedes-Benz U80 406
Baujahr:	1977
PS/kW:	80 PS/59 kW
Hubraum ccm:	3780
Motortyp:	R/4 Zylinder

Mercedes-Benz U80 406

Dieser Unimog der Baureihe 406 ist mit dem OM 314 Direkteinspritzer-Dieselmotor ausgerüstet, der deutlich mehr Drehmoment bei den schwierigen Trial-Wettbewerben aufbringt als die Benziner mit dem kleineren Vergasermotor.

Mercedes-Benz L 306 D

Nach der vollständigen Übernahme der Hanomag Werke durch Daimler Benz im Jahr 1971 stand der einstige Tempo Matador E im Verkaufsprogramm der Stuttgarter Autobauer. Kaum ein anderes Fahrzeug der Transporter-Klasse hat eine ähnlich lange Laufzeit wie dieser 1949 erstmals vorgestellte und von Daimler Benz bis 1979 gebaute Wagen mit Frontantrieb, der natürlich fortlaufend modernisiert wurde.

Modell:	Mercedes-Benz L 306 D
Baujahr:	1975
PS/kW:	60 PS/44 kW
Hubraum ccm:	2197
Motortyp:	R/4 Zylinder OM 615

Mercedes-Benz LS 2624 Export

Auf lange Sicht macht sich Qualität immer bezahlt. Dieser indonesische Kurzhauber ist der ganze Stolz seines Besitzers. 1980 gekauft, fährt das gute Stück nun schon 25 Jahre lang fast täglich landwirtschaftliche Erzeugnisse auf den Markt von Denpassar.

Modell:	Mercedes-Benz LS 2624 Export
Baujahr:	1980
PS/kW:	240 PS/177 kW
Hubraum ccm:	11 580
Motortyp:	R/6 Zylinder OM 355

Mitsubishi Colt 1400

25 Jahre alt ist dieser Mitsubishi Colt aus Kenia, der hier als unverwüstliches Busch-taxi das nächste Wasserloch durchquert. Der anhaltende Erfolg der japanischen Autohersteller hatte seinen Ursprung in den ehemaligen Kolonien des britischen Empire. Hier wurden die Morris-, Bedford- und Leyland-Busse und -Lastwagen zuerst durch die anerkannt bessere Qualität der japanischen Produkte verdrängt.

Modell:	Mitsubishi Colt 1400
Baujahr:	1980
PS/kW:	72 PS/53 kW
Hubraum ccm:	2650
Motortyp:	R/4 Zylinder

Opel Blitz 2,1-Tonner

Weit über 200 000 Opel Blitz-Lastwagen wurden von 1946 bis 1975 gebaut. Das vorläufige Ende der Modellreihe markierte dieser 2,1-Tonner, der von 1965 bis 1975 vom Band lief. Leider entschied sich Opel viel zu spät für den Einsatz eines leistungsstarken und sparsamen Diesel-motors. Eingebaut war ein schwacher Peugeot-Vierzylinder vom Typ XDP.

ÖAF-MAN-Husar

Ein ganz seltener Allradler ist dieser österreichische Husar, den ÖAF (Österreichische Automobilfabrik AG) mit MAN-Mehrstoffmotor als Pendant zum Mercedes Unimog herstellte. ÖAF ging aus der Verbindung mit Gräf & Stift hervor und wurde von MAN dann Mitte der 70er Jahre ganz übernommen. Die Basis für den MAN-Motor stammt von Saviem/Frankreich.

Modell:	ÖAF-MAN-Husar
Baujahr:	1975
PS/kW:	90 PS/66 kW
Hubraum:	3320
Motortyp:	R/4 Zylinder

Modell:	Opel Blitz 2,1-Tonner
Baujahr:	1969
PS/kW:	60 PS/44 kW
Hubraum ccm:	2112
Motortyp:	R/4 Zylinder D

Opel Blitz TFL LF8/TS

Die an sich erfolgreiche Opel Blitz-Bau-reihe erlebte nach dem Krieg einige Höhen und Tiefen, was nicht zuletzt an der Art der Motorisierung lag. Neben den bewährten Sechszylinder-Benzinern der Baureihe Opel Kapitän versuchte man sich mit dem schwachen Vierzylinder-1,9-Liter-Benzin-motor der Opel Olympia-Reihe, beide reine PKW-Motoren. Dieser schön res-taurierte Opel Blitz TFL LF8/TS Feuerwehr-wagen wurde 1966 mit dem 2,5-Liter-Vier-zylinder-Vergasermotor ausgerüstet, bevor 1968 dann ein Vierzylinder-Peugeot-Dieselmotor angeboten wurde, der bis 1975 unter der runden Motorhaube ru-morte.

Modell:	Opel Blitz TFL LF8/TS
Baujahr:	1966
PS/kW:	80 PS/59 kW
Hubraum ccm:	2496
Motortyp:	R/4 Zylinder, Benzin

Oshkosh Serie R-Australia

Die Eisenbahn führt im australischen Outback ein kümmerliches Dasein. Über 85 Prozent der Waren werden mit dem Truck befördert, dies gilt für den ganzen australischen Güterverkehr. Hier zählt noch die Qualität von Fahrer und Laster, sonst bricht die Versorgung zusammen. Unser Bild zeigt einen betagten Oshkosh R von 1969, der über 30 Jahre im Einsatz war. Tachostand: 4,8 Millionen Kilometer.

Modell:	Oshkosh Serie R-Australia
Baujahr:	1969
PS/kW:	350 PS/259 kW
Hubraum ccm:	14 633
Motortyp:	V8 Zylinder

Oshkosh R-Südafrika

Ein wahres Ungetüm ist dieser Oshkosh F aus der südafrikanischen Produktion. Das Bild wurde 2003 in Zimbabwe aufgenommen. Schon 1918 entwickelte Oshkosh den ersten Lastwagen mit Vierradantrieb und Sperrdifferential.

Modell:	Oshkosh R-Südafrika
Baujahr:	1980
PS/kW:	680 PS/500 kW
Hubraum ccm:	18 900
Motortyp:	V12 Zylinder, Detroit Diesel

Pegaso – In Macht-kämpfen zerrieben

Schon wenige Jahre nach der Gründung seiner Lastwagenproduktion 1949 geriet die einstige spanische Nobelmarke Pegaso in ernsthafte Schwierigkeiten. Des öfteren wechselten die Mehrheitsverhältnisse in der Firmenleitung, auch die Beteiligung von British Leyland 1960 brachte nicht den gewünschten Erfolg. Pegaso blieb ein Mauerblümchen, obwohl es an der Qualität der Lastwagen nicht lag. 1970 beteiligte sich DAF an den spanischen Kollegen, und wieder ging der Schuss nach hinten los. Pegaso gehört heute zur Fiat-Iveco-Holding.

Pegaso 1000 Serie

Kurz nach dem Zweiten Weltkrieg übernahm Pegaso die stillgelegten Hispano-Suiza-Werke bei Barcelona. Hier entstanden dann ab 1951 Super-Sportwagen mit Hilfe ehemaliger Ingenieure von Alfa Romeo und auch Lastwagen mit den charakteristischen runden Formen.

Modell:	Pegaso 1000 Serie
Baujahr:	1963
PS/kW:	160 PS/118 kW
Hubraum ccm:	10 400
Motortyp:	R/6 Zylinder

Pegaso 1020

Im Frühjahr 1995 wurde dieser betagte Pegaso von 1966 fotografiert. Die spanische Firma konnte sich einige Jahre lang mit dem lukrativen Geschäft von Militärlastwagen über Wasser halten, aber letztlich wurde das Geld in der Kasse immer knapper, und Pegaso musste sich nach Partnern wie Leyland, dann DAF etc. umsehen, die selbst nicht auf stabilen Beinen standen.

Modell:	Pegaso 1020
Baujahr:	1966
PS/kW:	190 PS/141 kW
Hubraum ccm:	10 400
Motortyp:	R/6 Zylinder

Modell:	Pegaso
Baujahr:	1972
PS/kW:	290 PS/215 kW
Hubraum ccm:	13 800
Motortyp:	R/6 Zylinder

Pegaso

Eine typische Konstruktion von Pegaso für den heimischen Markt war dieser Frontlenker von 1972 mit den zwei gelenkten Vorderachsen und einer relativ modernen Fahrerkabine. Auch die Leistung der nun wieder eigenen Motoren stieg deutlich an, nachdem man sich von den alten Leyland-Motoren endgültig verabschiedet hatte.

157

Peterbilt 351 Dumper

Der Peterbilt 351 erwies sich als Retter in der Not in schwierigen Zeiten. 1954 vorgestellt, entsprach dieser robuste Truck recht exakt den damaligen Vorstellungen von einem langlebigen Arbeitstier: genügsam, frei von Kinderkrankheiten und anspruchslos in der Pflege. Elf Jahre lang wurde dieser Truck fast unverändert gebaut. Das Foto entstand 2003.

Modell:	Peterbilt 351 Dumper
Baujahr:	1965
PS/kW:	220 PS/162 kW
Hubraum ccm:	12 175
Motortyp:	R/6 Zylinder Cummins

Peterbilt 381-HD Logger

Als einer der ersten Lastwagenhersteller verwendete Peterbilt das teure Aluminium für seine damals noch genieteten Motorhauben und Fahrerhäuser. Der Typ 381-HD ist eine stärkere Ausführung des Typs 351 mit Allradantrieb.

Modell:	Peterbilt 381-HD Logger
Baujahr:	1966
PS/kW:	280 PS/206 kW
Hubraum ccm:	14 680
Motortyp:	V8 Zylinder

Peterbilt 359 Tanker

Ein ganz seltenes Stück ist dieser Tanklastwagen mit Schlafkabine. Peterbilt konnte schon 1970 fast jeden Wunsch erfüllen. So wurden selbst zwei gelenkte Vorderachsen angeboten, oder auch eine um 18 cm nach hinten versetzte Vorderachse. Mit dieser Maßnahme wird der Wendekreis für Baustellenfahrzeuge verkleinert.

Modell:	Peterbilt 359 Tanker
Baujahr:	1970
PS/kW:	360 PS/265 kW
Hubraum ccm:	16 400
Motortyp:	V10 Zylinder

Peterbilt 352 Cabover

Nicht ganz so erfolgreich wie die Fronthauber-Reihe 359 verkauften sich die ersten Cabover-Modelle vom Typ 352, die 1968 vorgestellt wurden. Dennoch mangelt es nicht an der Zuverlässigkeit dieser Serien. Das Bild wurde 2003 im Yosemite Nationalpark aufgenommen. Motorisierung: Cummins 743 CID.

Modell:	Peterbilt 352 Cabover
Baujahr:	1969
PS/kW:	280 PS/206 kW
Hubraum ccm:	12 175
Motortyp:	R/6 Zylinder

Peterbilt 381 Tipper

Kein reines Vergnügen ist die Arbeit in New York, wenn Eis und Schnee die Millionenstadt heimsuchen. Dieser Peterbilt 351 von 1970 ist noch mit den seitlichen Motorraum-abdeckungen ausgerüstet. Bei den späteren Modellen kann die komplette Motorhaube aus Aluminium nach vorn geklappt werden.

Modell:	Peterbilt 381 Tipper
Baujahr:	1970
PS/kW:	280 PS/206 kW
Hubraum ccm:	14 680
Motortyp:	V8 Zylinder

Peterbilt 346 Mixer

Das Differential an der Vorderachse zeigt, dass auf der Baustelle Allradantrieb oft erforderlich ist. Peterbilt erhöhte seine Marktanteile in den schwierigen 70er Jahren kontinuierlich in diesem Marktsegment der schweren Mixer (Betonmischer).

Modell:	Peterbilt 346 Mixer
Baujahr:	1972
PS/kW:	390 PS/287 kW
Hubraum ccm:	14 800
Motortyp:	R/6 Zylinder

Peterbilt 359 Logger

Größere Motoren verlangen nach breiteren Hauben. Peterbilt reagierte 1967 auf die Wünsche seiner Kundschaft und kreierte den neuen 359, der in allen Belangen fortschrittlicher war als das in die Jahre gekommene Erfolgsmodell 351 von 1954. Nun konnten vom schmalen Sechszylinder bis zum breiten V12-Motor 14 unterschiedlich starke Motoren eingebaut werden.

Modell:	Peterbilt 359 Logger
Baujahr:	1972
PS/kW:	300 PS/220 kW
Hubraum ccm:	16 480
Motortyp:	V12 Zylinder

Peterbilt 352 Sleeper Cab

Zwischen den beiden Sitzen im Fahrerhaus thront ein wuchtiger Caterpillar-Sechszylindermotor mit 14,6 Litern Hubraum. Entsprechend warm und laut ist es in diesem Fahrerhaus aus Aluminium. Das ist einer der Gründe, weshalb sich die Cabover-Modelle, gleich von welcher Firma, im heißen Westen der USA nie so richtig durchsetzen konnten. Dafür ist das breite und hohe Schlafabteil top.

Modell:	Peterbilt 352 Sleeper Cab
Baujahr:	1973
PS/kW:	325 PS/239 kW
Hubraum ccm:	14 633
Motortyp:	R/6 Zylinder

Peterbilt 359 CAT

Eine selten schöne Zugmaschine ist dieser gelbe Peterbilt 359 von 1974. Unter der Haube arbeitet ein im durchzugsstarker 893 Cubic inch großer Caterpillar-Sechszylinder mit 375 PS – damals die erste Wahl für Schwersttransporter.

Modell:	Peterbilt 359 CAT
Baujahr:	1974
PS/kW:	375 PS/276 kW
Hubraum ccm:	14 633
Motortyp:	R/6 Zylinder

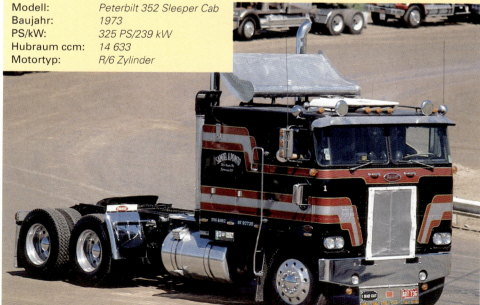

Peterbilt 352 Motor Home

Einfach gigantisch ist dieses Motor Home von Peterbilt aus dem Jahr 1975. Ein typisches Beispiel, wozu die amerikanische Truckindustrie fähig ist, wenn man den passenden Auftrag hat. Im Heck des Wagens ist eine komplette Werkstätte eingerichtet, vorne wird mit allem Komfort gewohnt.

Modell:	Peterbilt Super Speedway
Baujahr:	1978
PS/kW:	580 PS/426 kW
Hubraum ccm:	14 800
Motortyp:	R/6 Zylinder

Modell:	Peterbilt 352 Motor Home
Baujahr:	1975
PS/kW:	375 PS/276 kW
Hubraum ccm:	14 633
Motortyp:	R/6 Zylinder CAT

Peterbilt Super Speedway

Das Bild zeigt das erste Truck-Rennen der Geschichte auf dem Hochgeschwindigkeits-Rennkurs in Atlanta von 1980. Damals reichten noch 580 PS für den Sieg. Die meisten der 33 startberechtigten Hobby-Rennfahrer hatten nie zuvor ein Rennen gefahren. Die Technik der Renntrucks entsprach weitgehend der Serie, ebenso die Reifen, die nur für 110 km/h zugelassen waren. Die schnellsten Fahrer donnerten mit über 190 km/h um den Kurs.

Pierce Pumper

Pierce ist einer der weniger bekannten Ausrüster für hochwertige Feuerwehrfahrzeuge in den USA. Als Basisfahrzeuge verwendet Pierce Ford-, International Harvester-, Kenworth- und Mack-Trucks. Unser Foto zeigt einen erstklassig gepflegten Pierce Pumper von 1970.

Modell:	Pierce Pumper
Baujahr:	1970
PS/kW:	320 PS/235 kW
Hubraum ccm:	12 800
Motortyp:	V8 Zylinder, Diesel

Praga S5 T

Die tschechischen Praga Werke sind in den osteuropäischen Ländern seit 1910 bekannt für ihre robusten Lastwagen. Dieser rüstige Praga S5 T von 1966 wurde 2004 bei Pilsen aufgenommen. Vor dem Krieg baute Praga schon luftgekühlte Deutz-Motoren ein, die als TAM in Jugoslawien oder als Orava verkauft wurden.

Modell:	Praga S5 T
Baujahr:	1966
PS/kW:	140 PS/103 kW
Hubraum ccm:	7990
Motortyp:	R/6 Zylinder

Renault-Saviem

1959 übernahm Renault die letzten Saviem-Anteile und formte mit Berliet 1978 die Renault Vehicules Industriels. Saviem hatte schon einige Jahre vorher mit Henschel und MAN Kooperationsverträge abgeschlossen, die letztlich für beide Seiten nicht die gewünschte Rendite brachten.

Modell:	Renault-Saviem
Baujahr:	1980
PS/kW:	90 PS/66 kW
Hubraum ccm:	3200
Motortyp:	R/4 Zylinder

Renault-Berliet G280

1974 wurden die berühmten Berliet-Werke von Lyon in den staatlichen Renault/Saviem-Konzern integriert. Der gelbe Baulaster ist noch ein astreiner Berliet, obwohl er das Markenlogo von Renault trägt. In den nordafrikanischen Ländern werden heute noch viele Berliet bei der schweren Arbeit in Steinbrüchen eingesetzt.

Modell:	Renault-Berliet G280
Baujahr:	1980
PS/kW:	280 PS/206 kW
Hubraum ccm:	13 800
Motortyp:	V8 Zylinder

Robur LO 2002

Das VEB-Werk Robur wurde 1956 in der DDR ins Leben gerufen. Dieser Robur LO 2002 Pritschenwagen ist der Vorläufertyp des Robur LO 2500. In beide Laster ist ein luftgekühlter Vierzylinder-Benzinmotor eingebaut, der zusätzlich über ein leistungsstarkes Gebläse gekühlt wird. Kurz nach der Wende gab es noch einen Robur mit luftgekühltem Deutz-Dieselmotor, der allerdings schon bald wieder vom Markt verschwand.

Modell:	Robur LO 2002
Baujahr:	1980
PS/kW:	75 PS/55 kW
Hubraum ccm:	3345
Motortyp:	R/4 Zylinder

Robur 2002 AKF

Unser kompakter Robur 2002 AKF ist durch seine kurzen Überhänge für den militärischen Einsatz bestens geeignet. Der Allradantrieb mit Untersetzungsgetriebe sorgt für die nötige Traktion im schweren Gelände. In dieser Ausführung diente das Fahrzeug bei der Nationalen Volksarmee und in anderen Staaten des Warschauer Pakts als Funkbude, Küchenwagen oder als geländegängiger Ambulanzwagen.

Modell:	Robur 2002 AKF
Baujahr:	1966
PS/kW:	75 PS/55 kW
Hubraum ccm:	3345
Motortyp:	R/4 Zylinder Benzin

Saurer 2DM

Mit über 22 000 Lastwagen des Vorgängermodells C entwickelte Saurer mit großem Enthusiasmus die D-Reihe. 1965 wurde dieser zuverlässige Hauber vom Typ D20M an die Schweizer Armee ausgeliefert. Das hauseigene Saurer-Getriebe mit acht Gängen plus Vorlegegetriebe mit Geländeuntersetzung war vollsynchronisiert, damals eine echte Seltenheit im Nutzfahrzeugbau. Unser 2004 fotografierter Militärlastwagen diente über 30 Jahre lang bei den eidgenössischen Streitkräften.

Modell:	Saurer 2DM
Baujahr:	1966
PS/kW:	220 PS/162 kW
Hubraum ccm:	10 308
Motortyp:	R/6 Zylinder

Saurer 5D

Die Baureihe D umfasste fünf verschiedene Baugruppen, die von 1955 bis 1983 folgende Bereiche abdeckten: 5DU-Unterflurlastwagen für den Überlandverkehr, 5D-Lastwagen und Kipper, wie auf diesem Bild, 2DM- und 5DM-Allradkipper für den Baustelleneinsatz, 3DUR-Reisewagen für die Post PTT und den 5DUP(A) als Stadtomnibus. Die Motorleistung reichte von 160 bis 210 PS. Statt der bewährten werkseigenen Saurer-Getriebe wurden nun aus Kostengründen ZF-Getriebe eingebaut, und auch die Saurer-Einspritzpumpen wichen den preisgünstigeren Bosch-Einspritzpumpen. 1983 kam dann doch das völlig unerwartete Ende dieser einst weltbekannten Firma in Arbon am Bodensee.

Modell:	Saurer 5D
Baujahr:	1972
PS/kW:	210 PS/154 kW
Hubraum ccm:	10 308
Motortyp:	R/6 Zylinder

Saurer D 330B 8x4

Schon 1935 entwickelten die umtriebigen Schweizer Saurer-Werke ihren ersten Frontlenker. Unser Foto zeigt einen seltenen Saurer 8x4 von 1974 aus dem Fuhrpark von Hanspeter Tschudy aus Chur, der seine Saurer-Lastwagen fast jeden Tag benutzt.

Modell:	Saurer D 330B 8x4
Baujahr:	1974
PS/kW:	220 PS/162 kW
Hubraum ccm:	10 308
Motortyp:	R/6 Zylinder

Saurer D 330B

Bislang hat jeder noch so anspruchsvolle Schwertransport der Firma Tschudy geklappt. Hier wird ein 95 Tonnen schwerer Transformator über den selbst von Touristen mit Respekt beäugten Julierpass geschleppt. Das Gesamtgewicht beträgt 220 Tonnen. Vorne ziehen der Saurer D 330B 6x4 mit Allradantrieb und der Titan-Iveco, der weiter unten beschrieben wird. Das Stoßfahrzeug ist ein Berna D 330N 4x4.

Modell:	Saurer D 330B
Baujahr:	1976
PS/kW:	330 PS/244 kW
Hubraum ccm:	11 575
Motortyp:	R/6 Zylinder

Scania – Schwedenqualität setzt sich durch

Zwischen 1960 und 1980 erneuerte Scania-Vabis seine Modellreihen grundlegend. Statt der langen Hauber wurden nun sukzessive Frontlenker eingeführt, die weit mehr Komfort boten als bislang. Alle Instrumente wurden um den Fahrer herum platziert. Servolenkung war 1967 noch keinesfalls Standard, Scania war einer der Wegbereiter für diese fabelhafte Lenkhilfe. Nicht zuletzt verschrieb sich Scania der Turbolader-technik, 1969 galten 350 PS bei 14 Litern Hubraum als exorbitant hohe Leistung. Als nun die Scania-Fernverkehrszüge auch mit komfortablen Schlafkabinen und Klimaanlage angeboten wurden, wurde jedem Experten klar: Scania war auf dem besten Weg zur Spitze.

Scammell Highwayman

Wegen ihrer kräftigen Zugmaschinen und Schwertransporter war die britische Firma Scammell seit den 20er Jahren eine feste Größe auf der Insel. Scammell rüstete die britischen Streitkräfte mit Lastwagen und Transportern aus und adaptierte einige Modelle dann in weniger kriegerischen Zeiten als zivile Versionen wie diese Highwayman-Zugmaschine von 1962.

Modell:	Scammell Highwayman
Baujahr:	1962
PS/kW:	120 PS/88 kW
Hubraum ccm:	8460
Motortyp:	R/6 Zylinder

Scania-Vabis Bus

In den 60er Jahren expandierte Scania-Vabis auf den Exportmärkten, wie hier in Griechenland, wo eine größere Anzahl über 40 Jahre alter Busse immer noch im Einsatz ist. Scania-Vabis arbeitete im Bussegment damals eng mit Leyland zusammen.

Modell:	Scania-Vabis Bus
Baujahr:	1962
PS/kW:	165 PS/121 kW
Hubraum ccm:	10 250
Motortyp:	R/6 Zylinder

Scania-Vabis LT76

Einen selten schönen Anblick vermittelt dieser perfekt restaurierte LT76. Die Grundversion der Baureihe LT75 bis LT111 wurde schon 1958 angelegt und bis 1980 ausgeliefert. Mit einem zulässigen Gesamtgewicht von 12,6 bis 22 Tonnen standen zuerst 165 PS ohne Turbolader zur Verfügung, ab 1961 wurden dann 205 PS mit Turbolader mobilisiert. Am Ende der Laufzeit standen 305 PS mit dem gleichen Motorblock zur Verfügung.

Modell:	Scania-Vabis LT76
Baujahr:	1970
PS/kW:	205 PS/151 kW
Hubraum ccm:	10 200
Motortyp:	R/6 Zylinder

Scania LT111

Mit dem robusten Scania LT111 gelang dem schwedischen Konzern der verdiente Durchbruch sowohl auf dem europäischen Markt als auch bei zahlreichen Auslandsmärkten in Übersee. Konsequent setzten die Schweden auf die Turbolader-Technik, die sie schon in den 50er Jahren maßgebend mit Sauber-Know-how entwickelt hatten. Über 30 000 Scania LT111 wurden von 1974 bis 1982 ausgeliefert.

Modell:	Scania LT111
Baujahr:	1979
PS/kW:	305 PS/224 kW
Hubraum ccm:	10 200
Motortyp:	R/6 Zylinder T

Scania LT110

In den nordafrikanischen Ländern sind noch viele über 30 Jahre alte Scania LT110-Hauber im Einsatz, wie dieser gelbe Tanklastwagen bei Luxor/Ägypten.

Modell:	Scania LT110
Baujahr:	1976
PS/kW:	260 PS/191 kW
Hubraum ccm:	10 200
Motortyp:	R/6 Zylinder

Skoda 1203

Zum osteuropäischen Gegenstück des VW-Bus avancierte dieser bewährte Skoda 1203, der von 1961 bis 1981 nahezu unverändert vom Fließband rollte. Nach dem bekannten Baukastensystem wurde der wassergekühlte Skoda Octavia PKW-Motor als Antriebsquelle verwendet. Etwa 131 000 Wagen fanden ihren Käufer als Transporter, Bus oder Ambulanzfahrzeug. Ein wesentlich modernerer Nachfolger mit stärkerem Motor kam über das Stadium des Prototyps leider nicht hinaus.

Modell:	Skoda 1203
Baujahr:	1980
PS/kW:	47 PS/35 kW
Hubraum ccm:	1221
Motortyp:	R/4 Zylinder

Steyr 586

Mit frischem Elan brachten die österreichischen Steyr-Werke 1946 ihren ersten Nachkriegslastwagen auf den Markt. 20 Jahre später blickte man auf über 34 000 ausgelieferte Nutzfahrzeuge zurück. Unser Foto zeigt das letzte Hauber-Modell von 1965, das bis 1977 aus der Montagehalle der ehemaligen Saurer-Produktionsanlage in Simmering bei Wien rollte.

Modell:	Steyr 586
Baujahr:	1965
PS/kW:	90 PS/66 kW
Hubraum ccm:	9800
Motortyp:	R/6 Zylinder

Steyr – Tradition als Bremsklotz?

Seit den 20er Jahren ist Steyr im Fahrzeuggeschäft aktiv. 1922 entstand der erste Lastwagen mit Schweizer Hilfe. Nachdem 1942 die Produktion der Personenwagen eingestellt wurde, konzentrierte sich Steyr auf Lastwagen und Busse, die mit zu den besten Fahrzeugen zählten, die in Europa zwischen Kriegsende und 1980 entwickelt wurden. An der Qualität mangelte es nie, aber am „schwedischen Marketing", wie es Volvo und Scania bis heute praktizieren.

Steyr-Daimler-Puch 712

Nach den in fast 20 000 Exemplaren gefertigten Haflingern stiegen die Österreicher auf ein wesentlich größeres Modell um, den 710/712 Pinzgauer. 1969 liefen die ersten Pinzgauer 710 K vom Montageband, dann folgte dieser 712 mit der zweiten Hinterachse und nochmals verbesserter Nutzlast. Den Antrieb besorgte wieder Haflinger-typisch ein luftgekühlter Vierzylinder-Heckmotor, der in Boxerform für zusätzliche Traktion an den Hinterachsen sorgte. Die späteren Pinzgauer wurden mit wassergekühlten Sechszylinder-Dieselmotoren ausgeliefert. Für den allradbetriebenen Pinzgauer war diese Treppe auf dem Daimler-Benz-Testgelände eine leichte Übung vor den Fotografen.

Modell:	Steyr-Daimler-Puch 712
Baujahr:	1971
PS/kW:	87 PS/64 kW
Hubraum ccm:	2480
Motortyp:	4 Zylinder Boxer

Steyr 1291.280

Steyr-Lastwagen wurden jahrzehntelang mit den schweizerischen Saurer-Motoren ausgerüstet. Nach dem bitteren Ende der Kollegen in der Schweiz im Jahr 1982 musste sich Steyr nach einem neuen Partner umsehen. Heute gehört Steyr zum MAN-Konzern. Das Foto zeigt einen Steyr 91-Sattelschlepper 1979 im Senegal.

Modell:	Steyr 1291.280
Baujahr:	1979
PS/kW:	280 PS/206 kW
Hubraum ccm:	11 971
Motortyp:	V6 Zylinder

TAM 110 T10

Lastwagen genießen auf dem Balkan die treue Zuneigung ihrer Besitzer. Meist notgedrungen, denn das Geld ist knapp nach den kriegerischen Auseinandersetzungen der vergangenen 15 Jahre und dem schleppenden Wiederaufbau im ehemaligen Jugoslawien. Dieser TAM 110 wurde 1962 ausgeliefert und fährt heute noch. Auf lange Sicht sind die luftgekühlten KHD-Motoren eine preiswerte Investition. Das deutsche Pendant war der Magirus-Deutz Merkur.

Modell:	TAM 110 T10
Baujahr:	1962
PS/kW:	85 PS/63 kW
Hubraum ccm:	5322
Motortyp:	R/4 Zylinder, luftgekühlt L 514

TAM 5500 TS

Jugoslawischer TAM 5500, ein Trocken-Tanklöschwagen von 1967. Das Lizenzfahrzeug von Magirus-Deutz wurde mit heimischem Zubehör komplettiert. Fast zehn Jahre lang wurde dieser vom Magirus-Deutz Merkur abgewandelte Typ im einstigen Jugoslawien gebaut.

Modell:	TAM 5500 TS
Baujahr:	1967
PS/kW:	120 PS/88 kW
Hubraum ccm:	7412
Motortyp:	V6 Zylinder, luftgekühlt KHD F6 6L 613

TAM 60

Bei Tovarna Automobilova in Motojev/Maribor, kurz TAM genannt, wurden in den 60er Jahren nicht nur die luftgekühlten KHD-Motoren in Lizenz gebaut. Zeitweise kamen auch wassergekühlte britische Perkins-Motoren zum Einbau, wie bei diesem TAM 60-Transporter.

Modell:	TAM 60
Baujahr:	1969
PS/kW:	60 PS/44 kW
Hubraum ccm:	4280
Motortyp:	R/4 Zylinder

TAM 190 T15

Im Frühjahr 1957 wurden die Verträge für eine Lizenzproduktion von Magirus-Deutz-Nutzfahrzeugen mit der jugoslawischen Firma Tovarna Automobilow Maribor unterzeichnet. TAM beliefert fast alle Staaten des Balkans mit den robusten Magirus-Deutz-Lastern, die sich in Details allerdings vom Original oft deutlich unterscheiden.

Modell:	TAM 190 T15
Baujahr:	1970
PS/kW:	190 PS/140 kW
Hubraum ccm:	11 633
Motortyp:	R/6 Zylinder

Tatra 148

Seit 1919 werden Tatra-Nutzfahrzeuge mit dem Logo Tatra gebaut. Bis heute sind schwere Baufahrzeuge und allradbetriebene Militärlastwagen eine Spezialität der tschechischen Ingenieure. Nicht zuletzt sorgten die luftgekühlten V8-Dieselmotoren bis Mitte der 80er Jahre für lange Laufzeiten unter schwierigen Bedingungen, wie in diesem Steinbruch in Kroatien.

Modell:	Tatra 148
Baujahr:	1975
PS/kW:	212 PS/148 kW
Hubraum ccm:	12 667
Motortyp:	V8 Zylinder

Tatra 111/148

Aus dem bei allen osteuropäischen Streitkräften bewährten Tatra 111 wurde der Typ 148 entwickelt. Der Fahrer dieses Tatra konnte mir leider keine Auskunft geben, ob es sich nun um den 111 oder den 138 handelt, den er nun schon seit 18 Jahren im ehemaligen Jugoslawien fährt. Auf dem Balkan spielen solche Fragen eine absolut nebensächliche Rolle, Hauptsache der Laster rollt.

Terex Titan 33-19

Dieser gigantische Muldenkipper sprengte 1974 sämtliche Grenzen herkömmlicher Muldenkipper, war er doch 25 Jahre lang weltweit der Größte aller Zeiten. Beladen wog der nur in zwei Exemplaren gebaute Titan 554 Tonnen. Für den dieselelektrischen Antrieb sorgte ein 3300 PS starker EMD-Zweitakt-Lokomotiven-Motor mit 169 Litern Hubraum. Der Treibstofftank fasste 5900 Liter Sprit. Die zehn Reifen von Goodyear waren jeweils 3,70 m hoch. Erst 1990 brachten Liebherr/Cat einen noch größeren Muldenkipper auf den Markt.

Modell:	Terex Titan 33-19
Baujahr:	1974
PS/kW:	3300 PS/2444 kW
Hubraum ccm:	169 000
Motortyp:	V16 Zylinder

Thornycroft Nubian

Über 20 000 Militärlastwagen lieferte Thornycroft im Zweiten Weltkrieg an die britischen Streitkräfte. Das Bild zeigt den kleinsten Thornycroft Nubian, der ebenfalls mit einem Rolls Royce- oder auch Rover-Motor in den 60er Jahren bestückt wurde. Zwischen dem Nubian und dem Antar gab es noch den Big Ben als Militärfahrzeug und für die zivile Nutzung.

Modell:	Thornycroft Nubian
Baujahr:	1964
PS/kW:	160 PS/118 kW
Hubraum ccm:	9800
Motortyp:	R/6 Zylinder

Volvo – Zäh wie ein Wikinger

Die Früchte der jahrelangen Entwicklungsarbeit fuhr Volvo ab 1965 ein. Volvos neue Turboladermotoren, die seit 1954 geliefert wurden, übertrafen die Erwartungen seiner kritischen Kunden bei weitem. Aus dem relativ unbedeutenden Nischen-Hersteller entstand ein finanzkräftiger Multikonzern, der seine etwas „angestaubten" Modelle in einem Acht-Punkte-Programm grundlegend erneuerte. Die Mühe lohnte sich. Zwischen 1977 und 1983 verkaufte Volvo von seinem besonders erfolgreichen Typ F12 sensationelle 139 158 Stück, und dies war erst der Anfang.

Thornycroft Antar C6T

Die Lastwagenstory von Thornycroft reicht bis 1896 zurück. Damals baute man noch Dampflastwagen, die besonders in England bis in die 20er Jahre hinein hartnäckig verteidigt wurden. In diesem grünen Thornycroft Antar Panzertransporter ist ein Rolls Royce-Motor mit Kompressor eingebaut. Thornycroft wurde 1960 von der britischen ACE-Gruppe geschluckt, und 1967 verschwand dieser einst so bedeutende Name aus dem Handelsregister.

Modell:	Thornycroft Antar C6T
Baujahr:	1964
PS/kW:	333 PS/245 kW
Hubraum ccm:	16 200
Motortyp:	V8 Zylinder R&R

Vanaja 690

Finnische Lastwagen kennt man hierzulande meist nur von den Truck-Rennen auf dem Nürburgring. Diesen finnischen Vanaja 690 Holztransporter fotografierte ich 1961 an der russischen Grenze bei Murmansk. Vanaja wurde 1967 von Oy Suomen Autoteollisuus, besser bekannt als Sisu, übernommen. Sisu wiederum ist heute mit Renault als Vertriebspartner für Europa freundschaftlich verbunden, aber weiterhin ein eigenständiges Unternehmen.

Modell:	Vanaja 690
Baujahr:	1961
PS/kW:	190 PS/140 kW
Hubraum ccm:	11 100
Motortyp:	R/6 Zylinder ACE-Diesel

Vidal Tempo Matador-E Pritschenwagen

Der Tempo Matador wurde zwischen 1963 und 1967 in über 12 000 Exemplaren hergestellt. 1965 übernahmen die Rheinstahl-Werke Vidal und verkauften deren Konstruktionen dann als Hanomag-Transporter. Der abgebildete Pritschenwagen mit Hochplane ist ein echter Tempo von Vidal aus der Baureihe von 1964. Die Nutzlast betrug 1600 kg und überstieg deutlich die Nutzlast der Dreiräder aus den vergangenen Wirtschaftswunderjahren. Der Frontantrieb sorgte für gute Fahrleistung mit einer Höchstgeschwindigkeit von beachtlichen 100 km/h.

Modell:	Vidal Tempo Madator-E Pritschenwagen
Baujahr:	1964
PS/kW:	54 PS/40 kW
Hubraum ccm:	1622
Motortyp:	R/4 Zylinder Austin A60

Modell:	Volvo L 3314 Lappländer
Baujahr:	1965
PS/kW:	68 PS/50 kW
Hubraum ccm:	1985
Motortyp:	R/4 Zylinder, Benzin

Volvo L3314 Lappländer

Die Sommer sind kurz in Lappland und die Winter lang. Entsprechend anspruchsvoll sind die Fahrbedingungen im schweren Gelände. Der Chefkonstrukteur von Volvo, Mans Hartelius, entwickelte diesen kleinen allradbetriebenen Militärtransporter Ende der 50er Jahre aus einem verkürzten Leiterrahmen der Lastwagenproduktion und PKW-Teilen aus der Volvo-Amazon-Baureihe. Der Lappländer bietet acht voll ausgerüsteten Soldaten genügend Platz, obwohl der B18-Vierzylinder-Benzinmotor mittig eingebaut ist. Mit zahlreichen Sonderaufbauten wurden die schwedischen und norwegischen Streitkräfte für dieses optimal geländegängige Fahrzeug bis 1970 versorgt.

Volvo F88

Einen durchschlagenden Erfolg erzielte Volvo mit dem Typ F88. Zwischen 1965 und 1977 wurden von diesem Frontlenker 40 215 Stück verkauft, wovon viele heute noch weltweit unterwegs sind. Unser Foto entstand im Sommer 2004 in Norwegen. Die Motorleistung betrug zwischen 166 und 200 PS für den Saugdiesel, und 260 bis 290 PS für die Turboversion.

Modell:	Volvo F88
Baujahr:	1965
PS/kW:	200 PS/148 kW
Hubraum ccm:	9600
Motortyp:	R/6 Zylinder

Volvo N88

Volvo erschloss sich mit den klassischen Haubern nicht zuletzt die Märkte in Afrika und Südamerika. Auch in den arabischen Staaten trifft man heute noch den robusten N88 auf Baustellen oder als Fernlaster mit ein bis zwei völlig überladenen Hängern an. Der 200 PS-Motor ist ein konventioneller Saugdiesel.

Modell:	Volvo N88
Baujahr:	1970
PS/kW:	200 PS/148 kW
Hubraum ccm:	9600
Motortyp:	R/6 Zylinder

Volvo F89

Der stärkste Volvo in der Typenreihe war der 1970 eingeführte Volvo F89 mit bis zu 320 PS. Dass es diesem Kraftbrocken nicht an Zuverlässigkeit mangelt, demonstriert dieses Foto, das im Sommer 2004 in Norwegen aufgenommen wurde. „My truck runs perfect, all day, all night", ein schönes Kompliment von seinem Besitzer für einen 35 Jahre alten Laster. Der F89 war der erste Volvo, der ausschließlich mit Turboladermotor verkauft wurde.

Modell:	Volvo F89
Baujahr:	1970
PS/kW:	320 PS/237 kW
Hubraum ccm:	12 000 ccm
Motortyp:	R/6 Zylinder, Turbo

Volvo N88

In den reinen Produktionszahlen konnte der Volvo N88-Hauber dem so erfolgreichen Frontlenker F88 nicht das Wasser reichen. Zwischen 1965 und 1973 wurden 20 142 Laster vom Typ N88 verkauft. Für den groben Baustellenbetrieb oder als schwere Zugmaschine stand der klassische Hauber allerdings sehr gut da. Die Zugmaschine konnte mit einem Drehmomentwandler ausgerüstet werden, der einen ruckfreien Betrieb mit Last ermöglichte.

Modell:	Volvo N88
Baujahr:	1973
PS/kW:	260 PS/193 kW
Hubraum ccm:	9600
Motortyp:	R/6 Zylinder, Turbo

Volvo F10

Die Baureihe F88/89 wurde 1977 ausgemustert und eine neue Generation von schweren Trucks ins Leben gerufen. Der neue Volvo F10 erhielt ein völlig neues, komfortables Fahrerhaus, das gemeinsam von DAF, Magirus-Deutz und Saviem entwickelt und gebaut wurde. Selbst eine Airconditionanlage konnte nun bestellt werden. Von 1977 bis 1983 wurden 61 245 Trucks von dieser erfolgreichen Baureihe verkauft.

Modell:	Volvo F10
Baujahr:	1977
PS/kW:	260 PS/193 kW
Hubraum ccm:	9600
Motortyp:	R/6 Zylinder, Turbo

Volvo F10

Vor knapp 30 Jahren war dieser Volvo F10 einer der modernsten Trucks. 61 245 Fahrzeuge wurden zwischen 1977 und 1983 ausgeliefert. Besondere Merkmale waren nicht nur das für damalige Zeiten moderne Fahrerhaus, sondern auch die verstärkten Getriebe aus der Baureihe F88 und F89. Die Sechszylindermotoren mit Turbolader gaben zwischen 250 und 300 PS ab bei einem Gesamtgewicht von 25 Tonnen.

Modell:	Volvo F10
Baujahr:	1977
PS/kW:	250 PS/185 kW
Hubraum ccm:	9600
Motortyp:	R/6 Zylinder, Turbo

Volvo F12

Der Vergleich zum gelben Abschleppwagen vom Typ 89 zeigt deutlich, dass dieser rote Volvo F12 von 1980 einer ganz anderen, modernen Generation angehört. Der F12 entwickelte sich zum beliebtesten Modell mit einem Produktionsrekord von 139 158 Exemplaren innerhalb von nur sechs Jahren. Die Motorleistung lag zwischen 330 PS und 385 PS bei nun zwölf Litern Hubraum.

Volvo C303

Der Nachfolger des Lappländers ist der deutlich größere Volvo C303, der hier in Kenia auf Testfahrt unterwegs ist. Wieder war die schwedische Armee der Auftraggeber für diese Baureihe, die von 1974 bis 1979 vom Band lief. Jetzt findet ein 125 PS starker Volvo-Sechszylindermotor hinter den Fahrersitzen seinen Platz. Der Motor ist quer eingebaut. Antrieb: Heckantrieb mit zuschaltbarem Frontantrieb, Verteilergetriebe mit Untersetzung – alles beste Voraussetzungen für optimale Geländegängigkeit. Über 8500 Volvo C 303 wurden an die Streitkräfte und private Hilfsorganisationen verkauft.

Modell:	Volvo C303
Baujahr:	1974
PS/kW:	125 PS/92 kW
Hubraum ccm:	2978
Motortyp:	R/6 Zylinder, Benzin

Modell:	Volvo F12
Baujahr:	1980
PS/kW:	385 PS/285 PS
Hubraum ccm:	12 000
Motortyp:	R/6 Zylinder, Turbo

VW – Der Millionen-Bestseller startet durch

Kein anderer Transporter verkaufte sich zwischen 1960 und 1980 weltweit besser als der VW Bully. Schon die zweite Generation brachte es bis 1979 auf fast drei Millionen Exemplare, obwohl die Verkaufspreise damals so manchem Käufer die Röte ins Gesicht trieben. Zwischen 1968 und 1980 verdoppelte sich fast der Preis schon beim billigsten Grundmodell mit 47 bzw. 50 PS. Mit dem neuen, größeren VW LT hingen die Trauben deutlich höher, denn auf diesem Terrain agieren die gewieften Nutzfahrzeughersteller, und entsprechend hart sind die Verkaufspraktiken.

VW Bus Typ1 Radarwagen

Die Geheimwaffe Verkehrsradar wird jetzt auch von der Bundeswehr zum Einsatz gebracht, meldete die Nachrichtenagentur Keystone im Oktober 1964. Ein vom Wehrbereichskommando III in Düsseldorf beschaffter Radarwagen soll in Garnisonen, auf Übungsplätzen und deren Umgebung Jagd auf Temposünder in Bundeswehrfahrzeugen machen. Für die Militärfahrzeuge mit dem Y-Kennzeichen gelten niedrigere Höchstgeschwindigkeitsbegrenzungen als allgemein vorgeschrieben. Zivile Temposünder, die zufällig bei Messungen ertappt werden, haben von der militärischen Polizei-Konkurrenz jedoch nichts zu befürchten. Ende Zitat.

Modell:	VW Bus Typ 1 Radarwagen
Baujahr:	1964
PS/kW:	42 PS/31 kW
Hubraum ccm:	1493
Motortyp:	4 Zylinder Boxer

VW Typ 1 Mexiko Spezial

Liebe Truckergemeinde, diese heiße Kiste wollte ich kaufen. „Nur kein Neid, mein VW Bully ist absolut unverkäuflich", erklärte mir Pepe Rodriguez aus Ensenada/Mexiko. „Ein volles Jahr harte Arbeit steckt hinter diesem Kunstwerk, und die Mädchen bekomme ich gratis dazu." Also Pech für mich auf der ganzen Linie.

Modell:	VW Typ 1 Mexiko Spezial
Baujahr:	1967
PS/kW:	44 PS/32 kW
Hubraum ccm:	1493
Motortyp:	4 Zylinder Boxer

Modell:	VW-Baja Spezial
Baujahr:	1969
PS/kW:	70 PS/51 kW
Hubraum ccm:	1480
Motortyp:	4 Zylinder Boxer

VW-Baja Spezial

Im Land der unbegrenzten Möglichkeiten entwickelte sich in den 60er Jahren eine Generation von technisch begabten Tüftlern, die „Unmögliches" auf die Räder stellte, wie diesen VW-Transporter. Man möge sich die Übertragung von Gas-, Brems- und Kupplungspedal zum Meter weit entfernten Heckmotor bildlich vorstellen. Als Antrieb dient ein getunter VW-Boxermotor.

VW LT 28

Ab 1975 legte VW eine weitere Baureihe aufs Band, die sich grundlegend von den Eintonnern mit Heckmotor unterschied. Jetzt arbeitete ein wassergekühlter Sechszylindermotor von VW zwischen den beiden Vordersitzen, nachdem man bei Produktionsbeginn noch auf einen englischen Perkins-Vierzylinder gesetzt hatte.

Modell:	VW LT 28
Baujahr:	1979
PS/kW:	75 PS/55 kW
Hubraum ccm:	2384
Motortyp:	R/6 Zylinder

Ward LaFrance Ambassador

Ward LaFrance wurde 1918 von einem Mitglied der großen LaFrance-Familie gegründet. Vergleicht man die runden Formen der American LaFrance-Fahrzeuge mit den geradlinigen Ward La-France-Fahrzeugen, dann spürt man schon die gewisse Rivalität unter den Konstrukteuren der beiden Firmen.

Modell:	Ward LaFrance Ambassador
Baujahr:	1970
PS/kW:	335 PS/246 kW
Hubraum ccm:	13 980
Motortyp:	R/6 Zylinder

Walter Firecoach

Schon 1910 rollten die ersten Walter-Trucks aus der Werkstatt auf Long Island/New York. In den 30er Jahren erlangten die schweren Baustellentrucks einige Berühmtheit durch ihre riesigen Motorhauben, die weit vor der Vorderachse positioniert waren. Das Foto zeigt einen seltenen Walter Firecoach-Tanklöschwagen von 1975.

Modell:	Walter Firecoach
Baujahr:	1975
PS/kW:	240 PS/176 kW
Hubraum ccm:	12 400
Motortyp:	R/6 Zylinder

Western Star Road Boss

Die harten Kanten der Western Trucks sind auch heute noch eine imposante Erscheinung, obwohl dieser Road Boss nun schon über 15 Jahre alt ist. Das Fahrerhaus besteht aus verzinktem Stahlblech und ist verschweißt.

Modell:	Western Star Road Boss
Baujahr:	1980
PS/kW:	420 PS/309 kW
Hubraum ccm:	13 980
Motortyp:	V8 Zylinder

Western Star Construktor

Die stärksten konventionellen Baustellentrucks Amerikas wurden von Western Star in den 70er Jahren gebaut. Die Konkurrenz kam aus dem eigenen Haus. Autocar gehörte damals noch zum White-Konzern, der später von Volvo übernommen wurde.

Modell:	Western Star Construktor
Baujahr:	1976
PS/kW:	490 PS/360
Hubraum ccm:	16 880
Motortyp:	V10 Zylinder

White – Zu hoch gepokert?

Als White 1951 Sterling schluckte, schien Amerikas Trucker-Welt noch in Ordnung. Als White dann einen Zusammenschluss mit Freightliner verkündete, rumorte es gewaltig in der Branche. Nun übernahm White auch noch Diamond T und Diamond Reo, die damals noch eigenständige Hersteller waren. Dem nicht genug, wurden Autocar und Western Star dem White Konzern einverleibt. Dies alles war zuviel des „Guten", und White musste den Gang zum Konkursrichter antreten. Volvo überlegte nicht lang und übernahm 1981 das ganze Paket zu einem nur zweistelligen Millionenbetrag.

White Road Commander

Wer 1980 schnell von A nach B gelangen wollte, benutzte den Highway. Heute ist die Verkehrsdichte im Einzugsbereich der Großstädte eine rechte Plage. Unser Foto wurde bei Miami aufgenommen. Der White Road Commander war das letzte eigenständige Modell von White, bevor Volvo das Ruder übernahm.

Modell:	White Road Commander
Baujahr:	1980
PS/kW:	260 PS/191 kW
Hubraum ccm:	12 890
Motortyp:	R/6 Zylinder

White Freightliner Puller

Ganz typisch für den reichlich vorhandenen Spieltrieb der Amerikaner ist dieser getunte White Freightliner von 1976. Der Oldie wurde zum Truck Puller umgebaut und erfreut nun die Landbevölkerung mit seiner brachialen Kraft von 750 PS, die mittels zweier Turbolader und Nitromethanol-Einspritzung ermöglicht wird.

Modell:	White Freightliner Puller
Baujahr:	1976
PS/kW:	750 PS/551 kW
Hubraum ccm:	14 800
Motortyp:	R/6 Zylinder

Young Pumper

Seit 1970 fertigt die Firma Young in Lancaster bei New York hochwertige Feuerwehrfahrzeuge auf Bestellung. Das Foto wurde an der Ostküste der USA im März 2003 aufgenommen, es zeigt einen professionell gepflegten Young Pumper von 1979. Die Löschleistung beträgt 4800 Liter pro Minute bei 8 bar.

Modell:	Young Pumper
Baujahr:	1979
PS/kW:	290 PS/213 kW
Hubraum ccm:	12 800
Motortyp:	R/6 Zylinder, Diesel

1981–1995
Der Laster wird zum Kultobjekt

Der Laster wird zum Kultobjekt

Etwas verrückt waren die Cowboys der Landstraße schon immer. Den wahren Knaller lieferten die Ami-Trucker Anfang der 80er Jahre: Show time für den geliebten Truck. Statt ödem Speed Limit heiße Truck-Rennen Mann gegen Mann mit 180 Sachen. Aus 350 PS wurden schnell 1000 PS. Die Rennstrecke wird auch in Europa zum viel beachteten Testlabor.

Zwischen 1981 und 1995 erlebt die Branche einen erstaunlichen Wandel in der Öffentlichkeit. Mit dem Hollywood-Spektakel „Convoy" mutieren pflichtbewusste Fernfahrer zu wahren Helden auf dem harten Bock. In den USA wird kaum ein Kenworth oder Peterbilt mehr ohne 100 Kilo Chrom und entsprechend wilder Designer-Bemalung verkauft. Zusätzlichen Schub erfährt die optische wie PS-mäßige Kraftmeierei durch clevere Veranstalter, die mit frisierten Trucks publikumsträchtige Kurz- und Langstreckenrennen organisieren.

Die Welle der Begeisterung schwappt 1982 nach Europa über. Beim ersten Truck-Rennen im englischen Silverstone jubeln 1982 über 100 000 Zuschauer den Fahrern zu – ein Riesenerfolg für alle Beteiligten. 1986 starten 60 Fahrer beim ersten Truck Grand Prix auf dem Nürburgring, und die Rennen sind seitdem meist ausverkauft. Wohl niemand kann sich der Faszination dieser tollen Atmosphäre entziehen.

Nicht zuletzt stimmt der Slogan: Die Wüste lebt. Die einst als Spaßveranstaltung für vermögende Hobby-Rennfahrer gestartete Rallye Paris-Dakar entpuppt sich Mitte der 80er Jahre als knallhartes Offroad-Rennen, bei dem getunte Service-Trucks in atemberaubendem Tempo durch die Sahara brettern. Die Rallye Paris-Dakar entwickelt sich vor einem Millionenpublikum zum Fernseh-Highlight. Für die Automobilwerke bedeuten die sportlich hochkarätigen Veranstaltungen die ideale Kombination von preiswerter Werbung und neuen Erkenntnissen in der Weiterentwicklung für noch leistungsfähigere Motoren in der Serienproduktion. Mercedes-Benz und MAN wetzen die Messer und stei-

gen bis ins Jahr 2000 voll ins Renngeschäft ein. DAF, Volvo, Renault und Scania unterstützen semiprofessionelle Teams mit Material und technischem Know-how, ZF liefert standfeste automatische Getriebe, die heute in jedem besseren Fernlaster eingebaut sind.

Betrachten wir die Serientrucks. Noch mehr Leistung unter der Haube war auch hier gefragt. Die Elektronik im Motormanagement macht es möglich. 1985 läutet Mercedes-Benz den werbeträchtigen Wettbewerb mit einem 440 PS starken Achtzylinder ein. MAN hält mit 460 PS und zehn Zylindern dagegen.

Scania lässt sich nicht lumpen und präsentiert 470 PS aus seinem berühmten V8-EDC-Motor. Eine echte Überraschung gelingt Volvo 1988 mit seinem neu entwickelten Reihen-Sechszylindermotor, der mit 465 PS fast das Potenzial seines Erzrivalen Scania erreicht. Mit der nun vollständigen Übernahme von Mack ist Renault 1990 der absolut Führende in Sachen Fernverkehrszüge. Renaults

brandneuer Magnum AE leistet mit seinem amerikanischen Mack-Antrieb satte 500 PS. Noch revolutionärer ist das Fahrerhaus des Magnum. Durch die vollständige Trennung von Chassis und Kabine wird ein Fahrkomfort erreicht, der die ganze Fachwelt bis heute begeistert und bald zahlreiche Nachahmer findet.

Nicht zuletzt engagieren sich die amerikanischen Motorenhersteller Cummins und Caterpillar immer mehr auf dem europäischen Markt. Nach der erfolgreichen Liaison Mack-Renault auf den Geschmack gekommen, rüsten sie Mitte der 90er Jahre nun auch kleinere Hersteller wie DAF, Foden oder Sisu mit 500 PS starken, Diesel sparenden EDC-Motoren aus. Das Wettrennen ist gestartet, denn das Transportgewerbe boomt wie nie zuvor.

AMC General

In Amerika kennt jedes Kind den „Hummer" der American Motors Cooperation spätestens seitdem bekannt ist, dass Arnold Schwarzenegger eine kleine Armada davon besitzt. Ganz ohne Zweifel ist der Hummer ein Multitalent für militärische Aufgaben und zivile Bedürfnisse. So wird der Hummer als Transportfahrzeug für Raketenwerfer zur Panzerbekämpfung eingesetzt, oder als Basis für Flugabwehrraketen. Die rollende Funkbude wird im Bild gezeigt. General Motors liefert bis zu 190 PS starke, aufgeladene Diesel- und Benzinmotoren mit mindestens sechs Litern Hubraum. Ein Viergang-Automatikgetriebe von GM leitet das brachiale Drehmoment auf die beiden Achsen weiter. Zusätzliche manuell schaltbare Differentialsperren und ein Untersetzungsgetriebe runden das Bild dieses kompromisslosen Offroaders ab.

Modell:	AMC General
Baujahr:	1995
PS/kW:	170 PS/125 kW
Hubraum ccm:	6 500
Motortyp:	V8 Zylinder

Autocar-Dragster

Seit 1907 liefert Autocar Trucks für besonders anspruchsvolle Einsätze, wie den Transport von Pipelinerohren in unwegsamem Gelände. Dieser rote Autocar-Dragster aus Mexiko stößt beim Start kurzfristig eine Ladung unverbrannten Treibstoffs aus, die nicht mehr akzeptabel ist. Der Fahrer bekam für die weiteren Rennen Startverbot.

Modell:	Autocar-Dragster
Baujahr:	1986-2000
PS/kW:	1000 PS/741 kW
Hubraum ccm:	14 000
Motortyp:	R/6 Zylinder

Bedford TL

Schon viele Jahre liegt es zurück, dass die Renntransporter von Mc Laren noch mit Bedford-Trucks zu den Rennen um die Formel 1-Weltmeisterschaft fuhren. Dieser weiße Bedford der Serie TL wurde 1980 vorgestellt. Den Niedergang der berühmten Firma konnte er nicht mehr aufhalten, dazu waren die Absatzchancen für schwere Trucks auf der Insel zu gering.

Modell:	Bedford TL
Baujahr:	1985
PS/kW:	380 PS/279 kW
Hubraum ccm:	14 800
Motortyp:	R/6 Zylinder

Bedford RMA

Auf den Straßen der ehemaligen Kolonien des British Empire verkehren immer noch gut erhaltene Bedford-Lastwagen aus den 80er und 90er Jahren. Bedford hielt viel zu lange an der Zweitakt-Dieselmotorentechnik fest. Erst mit Einführung der TM- und RMA-Reihe ging es mit modernen Viertakt-Dieselmotoren von Detroit Diesel und aus dem eigenem Haus wieder langsam aufwärts.

Modell:	Bedford RMA
Baujahr:	1985
PS/kW:	160 PS/118 kW
Hubraum ccm:	5400
Motortyp:	R/6 Zylinder, Diesel

Chevrolet – Stark in der leichten Klasse

Als größter Automobilhersteller der Welt war General Motors in den 80er und 90er Jahren immer in der Lage, eine überwältigende Modell-Palette auf den Markt zu werfen. Pickup-Trucks verkauften sich ausgezeichnet, bei den leichten und mittelschweren Verteiler-Trucks lief das Geschäft schleppender.

Chevrolet Astro

Ein gepflegter Truck erweckt nicht nur in den USA Vertrauen zur Firma. Dieser Chevrolet Astro von 1983 ist ein Begleitfahrzeug für Dragster-Rennen. Die bestens eingeführte Astro-Serie von GM erwies sich bei den mittelschweren Trucks der Klasse 6 und 7 als Verkaufshit über fast zwei Jahrzehnte. Ein neuer Detroit Diesel-Motor fand hier Verwendung.

Modell:	Chevrolet Astro
Baujahr:	1983
PS/kW:	365 PS/268 kW
Hubraum ccm:	12 890
Motortyp:	R/6 Zylinder

Chevrolet Baja Racer

Das härteste Offroad-Rennen Amerikas ist das „Baja 1000". Die Strecke führt von Ensenada/Mexiko nach La Paz. Wer hier gewinnt, kann sich beste Marktchancen für seine Pickup-Trucks ausrechnen. 1985 reichten noch 350 PS für den Sieg, heute müssen es schon 650 PS sein.

Modell:	Chevrolet Baja Racer
Baujahr:	1985
PS/kW:	350 PS/257 kW
Hubraum ccm:	5600
Motortyp:	V8 Zylinder B

Chevrolet Trac

Camping de luxe ist in den USA nach wie vor eine beliebte Form der Urlaubsgestaltung. Für die schweren Hänger ist ein durchzugsstarker, leichter Truck mit Auflieger besser geeignet als ein schwerer Geländewagen.

Modell:	Chevrolet Trac
Baujahr:	1990
PS/kW:	250 PS/184 kW
Hubraum ccm:	6800
Motortyp:	R/6 Zylinder, Diesel

Chevrolet Puller

Amerikanische Motorsport-Fans sind manchmal etwas grober gestrickt als die deutschen Kollegen. Optisch soll die Form noch dem Original entsprechen, aber unter der Motorhaube ist die Hölle los. Dieser Chevy bringt mit Hilfe eines Kompressors locker 600 PS auf die malträtierte Hinterachse.

Modell:	Chevrolet Puller
Baujahr:	1991
PS/kW:	600 PS/441 kW
Hubraum ccm:	6400
Motortyp:	V8 Zylinder

Chevrolet 3500 Truck

Die leichteren Truck-Modelle von GMC werden in einigen südamerikanischen Ländern als Chevrolet angeboten, weil dieser Markenname dort besser bekannt ist. Werttransporte sind in Venezuela ein heißer Job, denn die Kriminalität ist hoch. Vielleicht hilft die üppige Panzerung und ein PS-starker Achtzylindermotor im Ernstfall.

Modell:	Chevrolet 3500 Truck
Baujahr:	1994
PS/kW:	304 PS/223 kW
Hubraum ccm:	5980
Motortyp:	V8 Zylinder B

Crown Firecoach HTB

Seit 1914 stellt Crown Lastwagen her. Der erste Feuerlöschwagen zementierte das hohe Ansehen der traditionsreichen Firma. Dieser Crown Firecoach HTB von 1985 steht neuzeitlicher aussehenden Fahrzeugen in nichts nach, er wurde ständig modernisiert: maximale Rettungshöhe 32 Meter bei zwölf Metern Ausladung computergesteuert, Teleskop-Arm mit Lastöse für Abbergemaßnahmen bis 3500 Kilo Last. Eingebaut ist ein Cummins-Dieselmotor.

Modell:	Crown Firecoach HTB
Baujahr:	1985-2003
PS/kW:	279 PS/205 kW
Hubraum ccm:	12 800
Motortyp:	R/6 Zylinder

DAF – Die Holländer starten durch

In den 80er und 90er Jahren ging es bei DAF zeitweise drunter und drüber. Einerseits benötigte man einen starken Partner, den man weder im amerikanischen Kollegen International Harvester noch bei British Leyland fand. Andererseits hatten die Holländer sowohl für neue Motoren wie auch im Kabinendesign Ideen auf Lager, die ihrer Zeit weit voraus waren. Der amerikanische Paccar-Konzern mit seinen Gewinn bringenden Kenworth- und Peterbilt-Typen erkannte diese Chancen und übernahm die holländische Firma 1991.

DAF 3300

Mit schwerer Last über die steilen Bergstraßen Neuseelands. Die holländische Firma wurde 1972 teilweise von International Harvester übernommen, dann trennten sich die beiden Partner wieder, und der holländische Staat sprang mit einer größeren Finanzspritze in die Bresche. In dieser schwierigen Lage entstand der fortschrittliche DAF 3300 Turbo/Intercooler, der sich über viele Jahre bestens bewährte.

Modell:	DAF 3300
Baujahr:	1984
PS/kW:	320 PS/235 kW
Hubraum ccm:	11 600
Motortyp:	R/6 Zylinder TI

DAF 3300 Paris-Dakar

In den 80er Jahren setzten alle wichtigen Hersteller noch relativ seriennahe Trucks als Service- und Rennfahrzeuge bei der Rallye Paris-Dakar ein. Heute kämpfen reinrassige Renntrucks, wie die russischen Kamaz oder die tschechischen Tatra, um die Gesamtwertung in den verschiedenen Truck-Klassen. Der leicht getunte DAF 3300 Allradler bewährte sich bestens bei diesem harten Langstreckenrennen.

Modell:	DAF 3300 Paris-Dakar
Baujahr:	1985
PS/kW:	350 PS/257 kW
Hubraum ccm:	11 600
Motortyp:	F/6 Zylinder

DAF Twin Turbo

Ein sensationeller Renntruck aus Holland. Mit zwei Motoren ausgerüstet, setzte der holländische Offroad-Spezialist Jan de Roy diesen scharfen Renntruck bei der Rallye Paris-Dakar 1986 ein. Nach einem schweren Unfall kam das abrupte Ende in der Sahara für das mit großen Hoffnungen gestartete Team.

Modell:	DAF Twin Turbo
Baujahr:	1985
PS/kW:	900 PS/667 kW
Hubraum ccm:	2 x 10 800
Motortyp:	2 x R/6 Zylinder

DAF Super Race Truck

Modell:	DAF Super Race Truck
Baujahr:	1995–1999
PS/kW:	1250 PS/926 kW
Hubraum ccm:	12 000
Motortyp:	R/6 Zylinder

Seit 1994 fahren die werksunterstützten Super Race Trucks um die Europameisterschaft. Erlaubt ist fast alles, was gut und teuer ist und zu mehr Leistung verhilft. Aus 12 Liter Hubraum holen die besten Tuner bis zu 1400 PS heraus. Das extrem tiefer gelegte Spezialchassis sorgt für unglaublich hohe Kurvengeschwindigkeiten in Verbindung mit den spritzwassergekühlten Scheibenbremsen. Die beiden Wassertanks erkennt man im Heck. Nicht zuletzt verändert der Fahrer die Bremskraftverteilung zwischen der Vorder- und Hinterachse während des Rennens je nach Streckenbeschaffenheit und Abnutzung der Reifen.

DAF 3800 Ati

Der ständige Wettlauf um geringeren Verbrauch, weniger Abgase und gleichzeitig mehr Leistung plus Fahrkomfort zwang alle Hersteller Mitte der 80er Jahre zu hohen Investitionen im Motorenbereich. Die Abgas-Turboladertechnik wurde von DAF folgerichtig perfektioniert.

Modell:	DAF 3800 Ati
Baujahr:	1989
PS/kW:	364 PS/268 kW
Hubraum ccm:	11 600
Motortyp:	R/6 Zylinder

DAF 95.310 Space Cab

Drei verschieden hohe und geräumige Fahrerhauskabinen standen schon bei der erfolgreichen Baureihe DAF 95 von 1992 zur Wahl. Unser Foto zeigt das mittelhohe Dach. Das normal hohe Dach wurde fast nur noch bei Baulastern und ähnlichen Fahrzeugen für den Tagesverkehr bestellt.

Modell:	DAF 95.310 Space Cab
Baujahr:	1992
PS/kW:	310 PS/228 kW
Hubraum ccm:	11 600
Motortyp:	R/6 Zylinder

DAF FT 95.500 Super Space Cab

Für lange Fernfahrten ist ein komfortables Fahrerhaus unabdingbar, dies erkannte DAF schon 1994 und reagierte mit der Entwicklung der Super Space-Kabine. Selbst über dem Motortunnel standen hochgewachsenen Fahrern noch zwei Meter Raum unter dem Dach zur Verfügung. Tiefer unten brummte ein 507 PS starker Cummins-Motor. Diese innovative Bauserie brachte DAF in die Gewinnzone zurück.

Modell:	DAF FT 95.500 Super Space Cab
Baujahr:	1994
PS/kW:	507 PS/273 kW
Hubraum ccm:	14 100
Motortyp:	R/6 Zylinder

Daihatsu Delta 1

1961 wurde das erste Daihatsu-Dreirad vorgestellt, dem bald darauf ein vierrädriges Pendant folgte. Seit 1966 gehört die Firma zum Toyota-Konzern. Für seine praktischen Kleinwagen ist Daihatsu auch bei uns bekannt. In den asiatischen Ländern spielen die leichten und mittelschweren Lastwagen von Daihatsu eine wichtige Rolle. Besonders beliebt sind die robusten Kleintransporter beim Handwerk und in der Landwirtschaft, wie hier auf Bali.

Daihatsu Delta Spezial

Das Fahrerhaus stammt von Isuzu, die Mechanik von Daihatsu und das Chassis von Ford. Eine typisch afrikanische Spezialkonstruktion für den schweren Offroad-Einsatz in Namibia.

Modell:	Daihatsu Delta Spezial
Baujahr:	1990
PS/kW:	178 PS/131 kW
Hubraum ccm:	3980
Motortyp:	R/6 Zylinder

Modell:	Daihatsu Delta 1
Baujahr:	1995
PS/kW:	70 PS/51 kW
Hubraum ccm:	2400
Motortyp:	R/4 Zylinder

Dodge Green Monster

Art Arfons war lange Jahre der absolute Weltrekordhalter auf dem Salzsee von Bonneville. In den 80er Jahren setzte er diesen 8000 PS starken Dodge-Boliden bei den populären Events der Traktor Puller ein. Zehn Meter hohe Flammen schießen mit ohrenbetäubendem Lärm aus der mit einem Afterburner bestückten Gasturbine von Pratt & Whitney.

Modell:	Dodge Green Monster
Baujahr:	1982
PS/kW:	8000 PS/5882 kW
Hubraum ccm:	entfällt
Motortyp:	Gasturbine

Dodge Monster Truck

Wenn es den Kalifornier in die Ferne zieht, dann fährt er in die Baja California/Mexiko. Dort lebt er seinen Traum von Unabhängigkeit und fühlt sich frei rigider Gesetze, die in den USA längst zum Alltag gehören. Hier wurden die ersten Monster Trucks entwickelt, die nicht in den Sand einsinken oder in jedem Steinhaufen die Ölwanne gefährden. Hier ein typischer Baja California Monster Truck aus der Gründerzeit.

Dodge Pickup

Von der Konkurrenz hoben sich die leichten Dodge-Trucks schon immer ab. Meist brummelten in den 80er Jahren stärkere V8-Motoren unter der Haube als bei Chevrolet und Ford, die Sechszylinder als Standard anboten. Dieser getunte Dodge Pickup ist mit der berühmten Ram Air-Maschine ausgerüstet, die bei Stockcar-Rennen für Furore sorgte.

Modell:	Dodge Pickup
Baujahr:	1985
PS/kW:	410 PS/301 kW
Hubraum ccm:	7 400
Motortyp:	V8 Zylinder, Benzin

Modell:	Dodge Monster Truck
Baujahr:	1988
PS/kW:	360 PS/265 kW
Hubraum ccm:	5 700
Motortyp:	V8 Zylinder

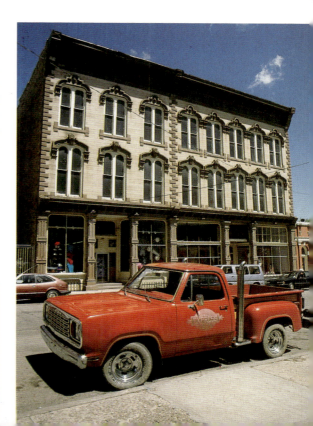

Dodge Short Track Racer

Nur noch die Silhouette der Karosserie muss mit dem Original der Serie übereinstimmen. Dieser Wagen fuhr als flinker Lieferwagen einst für einen Bäcker die Brötchen aus. Das verbindet die Rennfans mit der Trucker-Szene, denn für Action ist bei über 900 PS an der Hinterachse immer gesorgt.

Modell:	Dodge Short Track Racer
Baujahr:	1990
PS/kW:	950 PS/703 kW
Hubraum ccm:	12 800
Motortyp:	R/6 Zylinder CAT

Dodge-Deutz Ctocar

Die türkischen Dodge-Werke fertigen seit 1964 recht eigenständige Lastwagen und Kleinbusse für den heimischen Markt und viele arabische Staaten. Hier sind die zuverlässigen KHD-Motoren die richtige Antriebsquelle für diesen Kleinbus, der in Istanbul seit den 90er Jahren im Liniendienst verkehrt.

Modell:	Dodge-Deutz Ctocar
Baujahr:	1991
PS/kW:	110 PS/81 kW
Hubraum ccm:	3600
Motortyp:	R/4 Zylinder

ERF TX

Oft sind Absatzprobleme hausgemacht. Bei der in Stückzahlen bescheidenen britischen Schwerlastwagenproduktion von ERF, Bedford und Foden wurden jahrzehntelang englische Gardner-Dieselmotoren eingebaut, für die auf dem europäischen Festland nur ganz wenige Servicebetriebe eingerichtet waren. Dieser ERF TX ist mit einem von Rolls Royce konstruierten Zwölflitermotor ausgerüstet. Perkins übernahm die Serienfertigung und verkaufte ihn als Perkins Eagle TX. 1981 übernahm der amerikanische Paccar-Konzern Foden und modernisierte die Produktion in den folgenden Jahren grundlegend. Seit 1988 werden DAF-Kabinen für die neue Foden Alpha-Reihe verwendet.

Modell:	ERF TX
Baujahr:	1988
PS/kW:	360 PS/265 kW
Hubraum ccm:	12 000
Motortyp:	R/6 Zylinder

Faun – Die Marschrichtung ändert sich

Mit seinen überschweren Straßenzugmaschinen, Muldenkippern, Feuerlöschwagen und Autokranen stellte Faun eine Institution in Deutschland dar. Nach dem Tod des Firmenchefs Karl Heinz Schmidt 1979 wurde Faun in eine Aktiengesellschaft umgewandelt. Es folgte ein Zwischenspiel mit dem Baumaschinenkonzern Ohrenstein & Koppel, danach übernahm der japanische Spezialist für Kranwagen Tadano die Mehrheit bei Faun. Heute steht Tadano-Faun mit neuen Produkten wieder bestens da.

Faun HZ 40.45/45 Goldhofer 8x8

In den Vereinigten Emiraten sind die Faun-Schwerlastwagen auch heute noch fast jeden Tag im Einsatz, obwohl nicht nur dieser Truck schon 23 Jahre auf dem Buckel hat. Hier handelt es sich um einen so genannten Ölfeldauflieger von Goldhofer, mit dem schwere Bohrgestänge transportiert werden.

Modell:	Faun HZ 40.45/45 Goldhofer
Baujahr:	1982
PS/kW:	450 PS/333 kW
Hubraum ccm:	19 144
Motortyp:	V12 Zylinder, KHD

Faun HZ 40.45/45 6x6

Vorne ziehen drei Faun-Zugmaschinen mit jeweils 480 PS. Das Foto zeigt leider nicht den hinteren Teil von diesem Schwertransport, wo noch einmal zwei Fauns an der Arbeit sind. Bei diesem Faun durften die Käufer zwischen einem luftgekühlten Deutz-Zwölfzylindermotor und einem wassergekühlten Sechszylinder-Cummins-Triebwerk mit 530 PS bei 18 900 ccm wählen.

Faun Gigant

Die offizielle Bezeichnung lautet Faun HZ 70/80/50 W 8x8. Kurz gesagt, dieser Faun Gigant war die stärkste Zugmaschine, die 1987 auf deutschen Straßen fuhr. Mangels adäquater deutscher Motoren wurde beim Faun Gigant ein Zweitakt-Dieselmotor von General Motors eingebaut, der auch in amerikanischen Dieseltriebwagen verwendet wird.

Modell:	Faun Gigant
Baujahr:	1987
PS/kW:	812 PS/601 kW
Hubraum ccm:	18 630
Motortyp:	V16 Zylinder GM

Modell:	Faun HZ 40.45/45 6x6
Baujahr:	1986
PS/kW:	480 PS/356 kW
Hubraum ccm:	19 144
Motortyp:	V12 Zylinder

Faun Koloss S BF 12

Die Deutsche Bahn war schon immer ein wichtiger Kunde für die Faun-Werke. Dieser Koloss S wurde ganz speziell für die Bahn gebaut, die damit Lokomotiven und Transformatoren schleppen lässt. Das Gewicht der Zugmaschine beträgt 14 100 kg. Wahrlich ein dicker Brocken, der von einem modernen luftgekühlten Deutz-V12-Motor angetrieben wird.

Modell:	Faun Koloss S BF 12
Baujahr:	1987
PS/kW:	525 PS/389 kW
Hubraum ccm:	12 000
Motortyp:	V12 Zylinder

Fiat Transporter

Ganz nach italienischer Art der 80er Jahre war dieser grüne Fiat-Transporter der Eintonner-Klasse. Der Ausbau zum kompakten Wohnmobil geriet zur kniffligen Aufgabe. Das Nachfolgemodell wurde dann der überaus erfolgreiche Fiat Ducato.

Modell:	Fiat Transporter
Baujahr:	1987
PS/kW:	62 PS/45 kW
Hubraum ccm:	1970
Motortyp:	R/4 Zylinder B

Fiat Ducato 2,3

Nur wenige Experten glaubten an den Erfolg des Fiat Ducato. Tatsächlich ließ sich der Fronttriebler mit und ohne Beladung deutlich sicherer beherrschen als die meisten heckbetriebenen Transporter. Dieses personenwagenähnliche Fahrvergnügen begeisterte auch die Campingfreunde immer mehr, und so wurde ein Großteil der Fahrgestelle an Wohnmobilhersteller verkauft.

Modell:	Fiat Ducato 2,3
Baujahr:	1990
PS/kW:	115 PS/82 kW
Hubraum ccm:	2287
Motortyp:	R/4 Zylinder

Ford – Expansion ist angesagt

Unglaublich aber wahr: Anfang der 80er Jahre konnte Ford über 1000 verschiedene Truck-Typen in seinem gigantischen Verkaufsprogramm zeigen. Von einer halben Tonne bis 62 Tonnen Nutzlast wurde alles produziert, was der Markt verlangte.

Ford Transit FT 100

Preiswert, praktisch, gut. So etwa beschreiben viele Transitfahrer die inneren Werte des Ford Transit Kombi von 1984. Auf unserem Foto wartet ein 20 Jahre alter Transit in der Hafenstadt von Bergen/Norwegen auf Kundschaft. 1984 bekam das Modell FT 100 einen neuen Direkteinspritzer verpasst, der deutlich bessere Verbrauchswerte erzielte als sein Vorgänger.

Ford 9000 LT Dumper

Seit über 20 Jahren steht dieser Ford 9000 LT im harten Einsatz auf Großbaustellen. Weil eine kleine Anzahl der amerikanischen Trucker ihr Geschäft auf eigene Rechnung betreibt, wird das Honorar jeden Tag neu ausgehandelt. Für eine zwölfstündige Schicht werden oft nicht mehr als 500 Dollar für den Fahrer und seinen Truck bezahlt.

Modell:	Ford 9000 LT Dumper		Modell:	Ford Transit FT 100
Baujahr:	1984		Baujahr:	1984
PS/kW:	380 PS/279 kW		PS/kW:	68 PS/50 kW
Hubraum ccm:	13 860		Hubraum ccm:	2496
Motortyp:	R6/Zylinder		Motortyp:	R/4 Zylinder

Ford B Bus

Ford bediente auch den Massenmarkt mit preisgünstigen Schulbussen. Mit dabei war die Busreihe B, die als Schulbus zu nationalen Ehren kam und heute noch in der „Zweitverwertung" als Stadtbus ihren Zweck erfüllt. Das Foto wurde in Quito/Ecuador 2003 aufgenommen.

Modell:	Ford B Bus
Baujahr:	1984
PS/kW:	160 PS/119 kW
Hubraum ccm:	7600
Motortyp:	V6 Zylinder

Ford CL 9000 Space Liner

Wesentliches Merkmal der CL 9000-Baureihe war 1978 das luftgefederte Fahrerhaus mit ebenem Boden. Was damals als eine spürbare Verbesserung des Komforts für den Fahrer galt, ist heute bei allen modernen Fernlastzügen Standard. Bei diesem Renntransporter von 1984 fällt die Schlafkabine besonders großzügig aus, weil die beiden Mechaniker während der laufenden Rennsaison darin wohnen. Das Gesamtgewicht betrug bei den Ford CL 9000 bis zu 62 Tonnen.

Modell:	Ford CL 9000 Space Liner
Baujahr:	1984
PS/kW:	560 PS/412 kW
Hubraum ccm:	15 900
Motortyp:	V10 Zylinder

Ford Cargo 0808

Die europäische Ford Cargo-Serie wird seit den 80er Jahren in ganz Europa und „dem Rest der Welt" mit Erfolg verkauft. Unser Foto zeigt einen norwegischen Ford Cargo aus der englischen Produktion mit einem relativ kleinen Vierzylinder-Dieselmotor von Ford.

Modell:	Ford Cargo 0808
Baujahr:	1984
PS/kW:	80 PS/59 kW
Hubraum ccm:	4149
Motortyp:	R/4 Zylinder

Ford-Jet Racer

Mitte der 80er Jahre musterte die Navy der USA einige hundert ältere Gasturbinentriebwerke ihrer Jagdbomber aus. Mit wenig Geld, aber viel Mut und Enthusiasmus entstanden dann die abenteuerlichsten Rekordwagen im Do-it-yourself-Verfahren. Tommy Watts ließ es mit seinem australischen Ford-Jet Racer so richtig krachen. Bei über 360 km/h sprang ihm ein Zuschauer über die Fahrbahn, Tommy wich aus – das war sein Ende.

Modell:	Ford-Jet Racer
Baujahr:	1985
PS/kW:	18 000 PS/13 235 kW
Hubraum ccm:	entfällt
Motortyp:	Gasturbine mit Afterburner

Ford-Dean Moon

Der Kalifornier Dean Moon ließ sich 1986 einen tollen Rekordwagen bauen, der mit einem 24-Zylinder-Allison-Flugzeugmotor ausgerüstet war. Das Fahrzeug erkennt man auf der Ladepritsche. Als Transportfahrzeug setzte er einen getunten Ford-Transporter ein, mit dem er den Weltrekord für leichte Serientrucks brechen wollte. Bei einem Reifenschaden mit über 230 km/h hatte Dean Glück im Unglück. Er blieb unverletzt, aber der Transporter war Schrott.

Modell:	Ford-Dean Moon
Baujahr:	1986
PS/kW:	450/333 kW
Hubraum ccm:	6 400
Motortyp:	V8 Benziner

Ford L-9000

In den 80er Jahren erließ die amerikanische Regierung eine Fülle neuer Gesetze, um die Verkehrssicherheit bei Trucks zu erhöhen. Ford reagierte sofort und rüstete seine Trucks nun mit schlauchlosen Niederquerschnitts-Reifen und einer Servolenkung aus. Das Bild zeigt einen Sattelschlepper der Baureihe L-9000 mit Kurzhauberschnauze, der bereits mit diesen Verbesserungen ausgestattet ist.

Modell:	Ford L-9000
Baujahr:	1986
PS/kW:	305 PS/224 kW
Hubraum ccm:	14 605
Motortyp:	V8 Zylinder

Ford Bronco Spezial

Halb Lastwagen, halb klassischer Geländewagen – mit dem Ford Bronco landete Ford in den 80er Jahren einen echten Knaller. Seine hervorragenden Eigenschaften als schwerer Geländewagen und Pickup prädestinierten ihn für den schweren Offroad-Einsatz mit großem Gepäck.

Modell:	Ford Bronco Spezial
Baujahr:	1986
PS/kW:	360 PS/265 kW
Hubraum ccm:	6400
Motortyp:	V8 Zylinder, Benzin

Ford Transit FT 100 Reimo

1986 brachte Ford seinen sowohl formal wie auch technisch gesehen modernisierten Ford Transit auf den Markt. Im Gegensatz zu seinem Vorgänger mit Starrachsen wurde nun eine deutlich komfortablere Einzelradaufhängung mit Federbeinen eingebaut. Der neue Ford Transit entwickelte sich zu einem Bestseller in ganz Europa.

Modell:	Ford Transit FT 100 Reimo
Baujahr:	1988
PS/kW:	78 PS/57 kW
Hubraum ccm:	1993
Motortyp:	R/4 Zylinder B

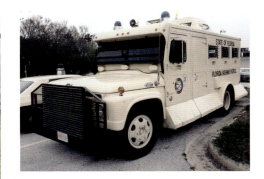

Ford LTL Dumper

Schwere Baustellenlastwagen brauchen keine windschlüpfrigen Formen? Dieser Ford Dumper von 1990 markiert das Ende des eckigen Truck-Designs, zum letzten Mal gab es hier noch markante Ecken und Kanten. Die nachfolgenden Modelle wurden alle runder gestylt, und so konnte der Spritverbrauch um rund acht Prozent gesenkt werden.

Modell:	Ford LTL Dumper
Baujahr:	1990
PS/kW	400 PS/294 kW
Hubraum ccm:	14 880
Motortyp:	V8 Zylinder

Ford Railcar

Von der Straße auf die Schiene. Schon das erste Ford T-Modell hatte die Spurbreite der amerikanischen Eisenbahnen und wurde dort reichlich als Transportwagen eingesetzt. Mit diesem neuen Ford Railcar werden Inspektionen und Ausbesserungsarbeiten am Schienennetz der privaten Burlington Bahngesellschaft durchgeführt.

Modell:	Ford Railcar
Baujahr:	1990
PS/kW:	150 PS/110 kW
Hubraum ccm:	3690
Motortyp:	V6 Zylinder, Benzin

Ford F 600 Police

Einen düsteren Eindruck vermittelt dieser Einsatzwagen der Polizei im Staate Florida. Mit dem Rammgitter werden „gestrandete" Wagen von der Fahrbahn geschoben. Dunkel getönte Sichtblenden an den Fenstern dienen als Sichtschutz bei Vernehmungen und als Kugelfang. Der Wagen gehört der Highway Patrol von Miami.

Modell:	Ford F 600 Police
Baujahr:	1990
PS/kW:	240 PS/176 kW
Hubraum ccm:	10 890
Motortyp:	R/6 Zylinder

Ford Desert Cruiser

Die meisten australischen Offroader gehören in die Kategorie „harte Schrauber". Wer im echten Outback eine nette Spielwiese erwartet, wird scheitern. Dieser Ford Desert Cruiser ist eine Spezialkonstruktion mit bewährter Ford-Allradtechnik. Die australischen Ford-Werke sind Marktführer bei den schweren Offroad-Fahrzeugen der leichten Nutzfahrzeug-Klasse.

Modell:	Ford Desert Cruiser
Baujahr:	1990
PS/kW:	160 PS/118 kW
Hubraum ccm:	4500
Motortyp:	R/6 Zylinder

Ford-Cargo Race Truck

Der Brite Chris Tucker ließ es sich nicht nehmen, den bulligen Ford Cargo 1990 zum Rennfahrzeug umzubauen. Ein schwieriges Unterfangen, denn hier traf er auf den wesentlich leichteren Mercedes 1450-S von Steve Parris, den Scania T-143 oder den Phoenix-MAN von Gerd Körber und viele andere Teilnehmer, die alle den Sieg in der größten Truck Klasse C nach Hause fahren wollten.

Modell:	Ford-Cargo Race Truck
Baujahr:	1990
PS/kW:	780 PS/578 kW
Hubraum ccm:	14800
Motortyp:	V8 Zylinder

Ford F370

Für amerikanische Landwirte gehört der robuste Ford F zum Inventar ihres Betriebes. Ford baut seit Mitte der 80er Jahre neben eigenen Benzin- und Dieselmotoren auch sparsame Cummins- und Caterpillar-Sechszylinder-Dieselmotoren ein. Dennoch sind die meisten leichten und mittelschweren Ford-Lastwagen mit den hauseigenen Motoren ausgerüstet.

Modell:	Ford F370
Baujahr:	1990
PS/kW:	220 PS/162 kW
Hubraum ccm:	5890
Motortyp:	R/6 Zylinder B

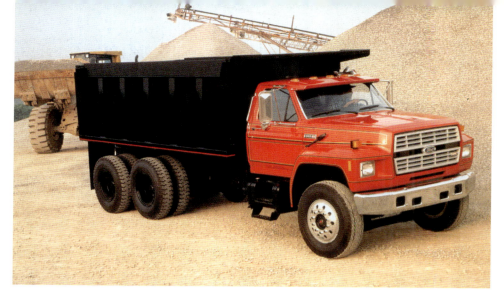

Ford F8000

Bei mittelständischen Unternehmen genießt Ford/USA schon immer den besten Ruf als traditioneller amerikanischer Hersteller. „Kaufe amerikanische Waren" ist hier mehr als nur ein griffiger Slogan. Unser Foto zeigt den bewährten Ford F8000 als typischen Kurzhauber der 80er Jahre.

Modell:	Ford F8000
Baujahr:	1989
PS/kW:	290 PS/213 kW
Hubraum ccm:	7800
Motortyp:	R/6 Zylinder D

Ford L Heavy Duty

Modellkonstanz auf amerikanische Art. Mit nur relativ geringen stilistischen Änderungen bot Ford /USA seine mittlere Baureihe von 1970 bis Mitte der 80er Jahre an. Die Rechnung ging auf. Ford erhöhte seine Marktanteile im eigenen Land kontinuierlich und baute seine Montagewerke in Südamerika profitabel aus.

Modell:	Ford L Heavy Duty
Baujahr:	1984
PS/kW:	260 PS/191 kW
Hubraum ccm:	8400
Motortyp:	R/6 Zylinder D

Ford Snowcar

Um clevere Ideen sind die Amerikaner stets bemüht. Der Raupenantrieb kann im Sommer komplett abmontiert werden, dann ist dieser Wagen ein straßentauglicher Van. Im Winter erfolgt die Lenkung über die ski-ähnlichen Laufflächen. Dieses originelle Fahrzeug wird im Yosemite Nationalpark für Inspektionsfahrten gebraucht.

Modell:	Ford Snowcar
Baujahr:	1991
PS/kW:	170 PS/125 kW
Hubraum ccm:	4180
Motortyp:	V6 Zylinder, Benzin

Freightliner-Südafrika

In Australien, Südamerika und Südafrika wurden schon während der 70er Jahre Freightliner-Trucks montiert. Ein verstärkter Leiterrahmen mit Längsträgern aus Stahl und verstärkten Blattfedern mit Hydraulikdämpfung sorgen für die nötige Langlebigkeit. Das Foto zeigt einen Freightliner nach der südafrikanischen Bauart, fotografiert 2003 in Botswana.

Modell:	Freightliner-Südafrika
Baujahr:	1982
PS/kW:	320 PS/235 kW
Hubraum ccm:	14 800
Motortyp:	R/6 Zylinder

Freightliner-Dragster

Mit über 230 km/h rauscht dieser Oldie mit dem starken „Herzen" nach 402 Metern über die Ziellinie. Dafür sorgen zwei voluminöse Turbolader von Garrett und die Nitromethanoleinspritzung, die bei amerikanischen Beschleunigungsrennen erlaubt sind. Ein Hubraumlimit gibt es auch nicht, deshalb werden die Motoren aufgebohrt und mit größeren Rennkolben bestückt.

Modell:	Freightliner-Dragster
Baujahr:	1982-2000
PS/kW:	2100 PS/1555 kW
Hubraum ccm:	16 800
Motortyp:	R/6 Zylinder Cummins

FREIGHTLINER

Freightliner FLD 120 SD

In einem beispiellosen Kraftakt erneuerte die Daimler AG die komplette, teils hoffnungslos überalterte Modellpalette von Freightliner in den 80er Jahren. Die Rechnung ging auf. Freightliner ist heute der größte Truckproduzent in den USA. Mit dem FLD von 1984 entstand ein moderner Hauber mit klaren Formen, der weniger Sprit benötigt als die alten Westcoaster.

Modell:	Freightliner FLD 120 SD
Baujahr:	1984
PS/kW:	360 PS/265 kW
Hubraum ccm:	14 600
Motortyp:	V8 Zylinder

Freightliner Penske

Roger Penske ist der wohl bekannteste Rennstallbesitzer Amerikas. Weniger bekannt ist, dass Mr. Penske die Truck Division von Hertz gehört, und er zudem lange Zeit Mehrheitseigner von Detroit Diesel war. Die Penske-Renntransporter sind deshalb keine Trucks von der Stange, sondern Spezialausführungen mit mehr Power und mehr Komfort.

Modell:	Freightliner Penske
Baujahr:	1985
PS/kW:	400 PS/294 kW
Hubraum ccm:	16 890
Motortyp:	V8 Zylinder DD

Freightliner FLD 125

Kampf gegen den Fahrtwind: Der Vergleich zu den neuen Freightliner-Linien zeigt, dass hier beim Typ FLD von 1985 die Stoßstange und die kantige Motorhaube noch starke Verwirbelungen verursacht. Die Stirnfläche der neuen Freightliner Class 8-Lastwagen von 1995 konnte um 27 Prozent gegenüber diesem älteren Truck reduziert werden.

Modell:	Freightliner FLD 125
Baujahr:	1985
PS/kW:	420 PS/309 kW
Hubraum ccm:	14 800
Motortyp:	V8 Zylinder

Freightliner 130C

Befreit von unnötigem Luftwiderstand und Gewicht marschiert ein moderner Truck mit weniger PS genau so gut über den Highway wie sein stärkerer Bruder, der ein halbe Tonne Chrom mit sich herumschleppt. Das Bild zeigt den Class 7/8 Freightliner 130C von 1985.

Modell:	Freightliner 130C
Baujahr:	1985
PS/kW:	300 PS/220 kW
Hubraum ccm:	12 800
Motortyp:	R/6 Zylinder

Freightliner Fruehauf FEV 2000

Ein aerodynamisch perfekter Truck? Nach den Vorstellungen des Aufbauspezialisten Fruehauf sollten moderne Trucks im Jahr 2000 etwa so aussehen. Bei Vergleichsfahrten stellte sich ein signifikanter Spareffekt im Verbrauch heraus, aber die Serienproduktion blieb leider in den Startlöchern hängen und wurde nie verwirklicht.

Modell:	Freightliner Fruehauf FEV 2000
Baujahr:	1990
PS/kW:	350 PS/257 kW
Hubraum ccm:	12 800
Motortyp:	R/6 Zylinder

Freightliner FLD 120 Super

Das Foto zeigt die neue Linie der schweren Freightliner Class 8-Trucks. Die windschlüpfige Form entstand nach wochenlangen Versuchen im neu geschaffenen Windkanal der Firma. Nicht zuletzt sorgt die luftgefederte Kabine für deutlich weniger Vibrationen und ein ermüdungsfreieres Fahren in Verbindung mit der Airconditionanlage, die heute zur Standardausrüstung gehört.

Modell:	Freightliner FLD 120 Super
Baujahr:	1995
PS/kW:	480 PS/353 kW
Hubraum ccm:	14 980
Motortyp:	V8 Zylinder

Ginaf F 160 4x4

Der holländische Spezialist für allradbetriebene Lastwagen stellt sich seit 1967 ganz auf die Wünsche der Kundschaft ein und entwickelt dann das passende Fahrzeug mit Großserienteilen von DAF und Iveco. So besitzt dieser „hochbeinige" Laster von 1990 Allradantrieb.

Modell:	Ginaf F 160 4x4
Baujahr:	1990
PS/kW:	160 PS/118 kW
Hubraum ccm:	5900
Motortyp:	R/6 Zylinder

Gama Goat M 561 6x6

Eine raffinierte Konstruktion ist dieser englische Gama Goat. Nicht nur die beiden vorderen Wagenachsen sind angetrieben, auch der Hänger schiebt mit.

Modell:	Gama Goat M 561 6x6
Baujahr:	1990
PS/kW:	102 PS/75 kW
Hubraum ccm:	3280
Motortyp:	R/6 Zylinder

Ginaf F 351 8x8

Für seine robusten Kipper ist der holländische Hersteller Ginaf bestens bekannt. Ginaf verwendet meist die Antriebseinheiten von DAF, und seit kurzem auch von Iveco. Unser Bild zeigt einen allradbetriebenen Ginaf F 351 mit einem DAF-Fahrerhaus.

Modell:	Ginaf F 351 8x8
Baujahr:	1990
PS/kW:	351 PS/258 kW
Hubraum ccm:	12 600
Motortyp:	R/6 Zylinder

Ginaf F 276 DHT 6x6

Ginaf stellt nicht nur die Aufbauten selbst her, auch der Leiterrahmen und die wichtigsten Teile für den Antrieb sind Eigenkonstruktionen. Lediglich der Motor, das Fahrerhaus und die Getriebe mit Achsen bezieht Ginaf von DAF, Cummins, ZF und Allison.

Modell:	Ginaf F 276 DHT 6x6
Baujahr:	1991
PS/kW:	276 PS/203 kW
Hubraum ccm:	9200
Motortyp:	R/6 Zylinder

GMC General Dumper

General Motors rundete seine umfangreiche Modellpalette 1978 mit dem konventionellen Hauber vom Typ General ab. In dieser Baureihe versammeln sich mittelgroße Lastwagen bis hin zu den ganz schweren Brocken mit weit über 45 000 kg Gesamtgewicht. Als Baustellenfahrzeug sind die „conventional" (Hauber) in den 80er und 90er Jahren immer noch erste Wahl im Westen der USA.

Modell:	GMC General Dumper
Baujahr:	1981
PS/kW:	380 PS/279 kW
Hubraum ccm:	14 890
Motortyp:	R/6 Zylinder

GMC General

Die beiden mächtigen Auspuffrohre und die chromglänzenden Luftfilter zeigen den Fans, dass hier ein ganz potenter Achtzylinder unter der weißen Motorhaube werkelt. Kein Wunder, der Besitzer ist Rennstallbesitzer und lässt auf dem Highway nichts anbrennen. Elf verschiedene Motoren zwischen 290 und 550 PS wurden schon 1981 in GMC-Trucks eingebaut.

Modell:	GMC General
Baujahr:	1981
PS/kW:	550 PS/404 kW
Hubraum ccm:	16 490
Motortyp:	V8 Zylinder

GMC Bonneville

Der Amerikaner Tony Fox ließ in den 80er Jahren nichts unversucht, den absoluten Geschwindigkeitsweltrekord zu brechen. Tatsächlich fuhr der aufgebockte Rocket Car keinen einzigen Meter mit eigener Kraft, denn wie so häufig bei derartigen Unternehmen war nicht genügend Geld in der Kasse. Das Transportfahrzeug ist ein getunter GMC Medium-Truck, den Tony für sein Abenteuer neu einkleiden ließ.

Modell:	GMC Bonneville
Baujahr:	1984
PS/kW:	300 PS/222 kW
Hubraum ccm:	6500
Motortyp:	V8 Zylinder, Benzin

GMC Sierra High

Mit der Sierra-Baureihe landete GMC in den 80er Jahren einen Volltreffer. Verstärkte Achsen und Getriebe sowie drehmomentstarke Achtzylindermotoren vermittelten der meist jugendlichen Kundschaft das Gefühl, einen echten Donnerbolzen zu reiten.

Modell:	GMC Sierra
Baujahr:	1988
PS/kW:	260 PS/191 kW
Hubraum ccm:	6400
Motortyp:	V8 Zylinder

GMC Brigadier

Mit der mittelschweren Baureihe Brigadier wurden Ende der 80er Jahre immer noch durstige Achtzylinder-Benzinmotoren angeboten und reichlich verkauft. Im innerstädtischen Verteilerverkehr sind heute noch Benziner in der Überzahl, obwohl sich die Spritpreise auch in den USA fast verdoppelt haben.

Modell:	GMC Brigadier
Baujahr:	1988
PS/kW:	320 PS/235 kW
Hubraum ccm:	6800
Motortyp:	V8 Zylinder B

GMC S-15

Mittelschwere Pickup-Trucks verkauften sich in den 80er Jahren an der Westküste Amerikas wie die berühmten warmen Semmeln. GMC bot eine breite Palette Benzinmotoren von 120 bis 220 PS an. Mit zusätzlichen Tuningpaketen konnte die Leistung locker auf 250 PS gesteigert werden.

Modell:	GMC S-15
Baujahr:	1988
PS/kW:	220 PS/162 kW
Hubraum ccm:	5600
Motortyp:	R/6 Zylinder

GMC Tanker

Auch bei der leichten GMC-Baureihe stehen seit 1988 acht verschieden starke Benzin- und Dieselmotoren zur Wahl. Diesel ist in Nordamerika nicht überall verfügbar und fast so teuer wie Benzin. An vielen Tankstellen kann Diesel nur an Trucks verkauft werden, weil der Einfüllrüssel auf schmale Tankstutzen gar nicht passt.

Modell:	GMC Tanker
Baujahr:	1988
PS/kW:	240 PS/176 kW
Hubraum ccm:	6890
Motortyp:	R/6 Zylinder D

GMC Top Kick

Nicht nur in Nordamerika ist die Bauserie Top Kick von GMC mit Caterpillar-Dieselmotor ein voller Erfolg. In Südamerika trifft man diese robusten Laster häufig an, weil sie einfach aufgebaut sind und von jedem einigermaßen talentierten Mechaniker gewartet werden können. Elektronisches High-tech ist dort nicht gefragt, denn die klimatischen Verhältnisse sind wesentlich anspruchsvoller als bei uns.

Modell:	GMC Top Kick
Baujahr:	1989
PS/kW:	250 PS/184 kW
Hubraum ccm:	6480
Motortyp:	R/6 Zylinder D

GMC Aero Astro

Preisexplosion an den Tankstellen: Nur wenige amerikanische Nutzfahrzeughersteller konnten es sich Ende der 80er Jahre leisten, effektive Windkanalversuche mit 1:1-Modellen zu unternehmen. Es galt, den Spritverbrauch deutlich zu senken. GMC gelang das Kunststück mit dem innovativen Aero Astro, der acht Prozent weniger Diesel konsumierte als sein klobiger Vorgänger.

Modell:	GMC Aero Astro
Baujahr:	1990
PS/kW:	320 PS/235 kW
Hubraum ccm:	7980
Motortyp:	R/6 Zylinder T

GMC General Special Edition

Auf den Namen Longhorn hört dieser wirklich einmalige Truck. Wert über eine Million Dollar. General Motors lieferte die Basis, den Rest „besorgte" ein Tuningspezialist in Texas. Das Tankvolumen soll für eine Gesamtdurchquerung des amerikanischen Kontinents reichen, erzählte uns der Fahrer.

Modell:	GMC General Special Edition
Baujahr:	1990
PS/kW:	500 PS/368 kW
Hubraum ccm:	15 480
Motortyp:	V8 Zylinder, Diesel

GMC Puller

Bärenstarke amerikanische Stock-Block-V8-Motoren gibt es bei jedem Machine Shop. Darunter verstehen die Amerikaner eine Werkstatt, die sich auf Motorrevisionen spezialisiert hat. Für 2000 Dollar bekommen die Traktor Puller-Spezies einen sanft getunten, 500 PS starken V8 mit 6,4 Litern Hubraum. Ab 700 PS wird der Spaß schon teurer, dann stehen 3500 Dollar auf der Rechnung. Mit diesem Kompressor-V8-Motor ist der blaue GMC Puller ausgerüstet.

Modell:	GMC Puller
Baujahr:	1991
PS/kW:	700 PS/515 kW
Hubraum ccm:	6400
Motortyp:	V8 Zylinder

Hino – Japans Marktführer holt auf

Bei uns in Deutschland fast unbekannt, ist Hino im gesamten Asien ein Begriff für solide Nutzfahrzeuge. Die Geschichte der Firma reicht bis zum Ersten Weltkrieg zurück. Heute agiert Hino als der größte japanische Hersteller von leichten bis schweren Trucks, aber auch von Bussen und Spezialfahrzeugen. Innerhalb Europas ist Hino nun in England und Skandinavien mit eigenen Werksvertretungen präsent. Als Mitglied des kapitalstarken Konzerns Toyota stehen Hino alle Märkte offen, die interessant erscheinen.

Herrington

Dieser bedrohlich aussehende, gepanzerte Einsatzwagen der Polizei wurde in den 90er Jahren in Südafrika eingesetzt. Die Regierung befürchtete damals landesweite Unruhen, die zum Glück für alle Beteiligten nie stattfanden. Die Basis für dieses Fahrzeug stammt von Rover.

Modell:	Herrington
Baujahr:	1995
PS/kW:	182 PS/134 kW
Hubraum ccm:	3532
Motortyp:	V8 Zylinder, Benzin

Hino SH 63

Rasant wächst das Verkehrsaufkommen in allen asiatischen Staaten. Nur in Japan und Singapur sind strenge Abgasnormen vorgeschrieben, die den unsrigen in nichts nachstehen. Dieser Hino SH 63 ist der Vorläufer der erfolgreichen Baureihe Jumbo Ranger.

Modell:	Hino SH 63
Baujahr:	1990
PS/kW:	320 PS/235 kW
Hubraum ccm:	14 800
Motortyp:	V8 Zylinder

International Fleetstar

Gepanzerte Werttransporter sind eine Spezialität von International seit den 30er Jahren. Dieser rote „Panzerschrank" gehört zur mittelschweren Baureihe International Fleetstar und wurde bis 1995 praktisch unverändert verkauft. Auch in Südamerika werden diese bulligen Werttransporter in Lizenz gebaut.

Modell:	International Fleetstar
Baujahr:	1982
PS/kW:	240 PS/176 kW
Hubraum ccm:	8950
Motortyp:	R/6 Zylinder

International – Konsolidierung auf hohem Niveau

Nach einigen sehr turbulenten Jahren steuerte International 1986 wieder in ruhigere Fahrwasser. In der schweren Klasse bediente man nicht mehr jede Marktnische und konzentrierte sich mehr auf die leichte bis mittelschwere Klasse. Unter dem Namen International und Navistar liefen nahezu baugleiche Trucks Ende der 80er Jahre vom Band.

International Transtar II

Den Anschluss verpasst? Fast zehn Jahre lang wurde die Modellreihe Transtar optisch nahezu unverändert gebaut. Unter der Motorhaube fanden allerdings immer stärkere Motoren von Cummins, Caterpillar und Detroit Diesel Verwendung, während die eigenen V8-Motoren meist verschmäht wurden.

Modell:	International Transtar II
Baujahr:	1984
PS/kW:	310 PS/228 kW
Hubraum ccm:	12 890
Motortyp:	V8 Zylinder

International Bus

Wie hier in Tijuana/Mexiko gehören die amerikanischen Busse von International in ganz Mittel- und Südamerika zum gewohnten Straßenbild. Ursprünglich als einfache Schulbusse für amerikanische Boys und Girls gebaut, werden sie nun als preiswerte Überlandbusse eingesetzt.

Modell:	International Bus
Baujahr:	1985
PS/kW:	150 PS/111 kW
Hubraum ccm:	7900
Motortyp:	V8 Zylinder

International Navistar T4300

Das Emblem an der Front zeigt den Namenswechsel von 1986. Die Truckproduktion von International wurde nun als Navistar International geführt, die Landmaschinenproduktion an Case-Tenneco verkauft. Der Großteil der Lastwagenmodelle wurde nun als Navistar oder als International angeboten. Technisch gesehen waren es fast identische Fahrzeuge.

Modell:	International Navistar T4300
Baujahr:	1986
PS/kW:	340 PS/250 kW
Hubraum ccm:	13 490
Motortyp:	R/6 Zylinder

International Eagle 9000

Die letzten konservativ gestylten „West-coaster" von International konnten sich Ende der 80er Jahre gegen die Platzhirsche von Kenworth und Peterbilt (Paccar-Konzern) nur knapp behaupten. An der Technik lag es nicht, doch den großzügigen Finanzierungsangeboten des Paccar-Konzerns konnte International fast nichts entgegenhalten, meinten die Kenner der Branche, und nahezu jeder amerikanische Truck wird schließlich finanziert.

Modell:	International Eagle 9000
Baujahr:	1990
PS/kW:	400 PS/294 kW
Hubraum ccm:	14 980
Motortyp:	V8 Zylinder

International Transtar Pro Sleeper 9800

Die Abkehr vom klassischen Truck-Design der 80er Jahre ist zu erkennen an diesem grünen Transtar 9800 von 1995. Hinter und über dem leichtgewichtigen Fahrerhaus versteckt sich eine komfortable Schlafkabine mit voller Stehhöhe.

Modell:	International Transtar Pro Sleeper 9800
Baujahr:	1995
PS/kW:	330 PS/243 kW
Hubraum ccm:	13 980
Motortyp:	R/6 Zylinder

Iveco-Magirus 320-33

Als Sattelzugmaschine wurden die „Bullen" von Iveco-Magirus weniger gut verkauft. Auf Langstrecken „nervte" das etwas schrille Geräusch der Motorkühlung. Unser Bild zeigt einen Tanklaster mit dem luftgekühlten Zehnzylinder-KHD L 413 F-Motor für einen vorderasiatischen Kunden.

Modell:	Iveco-Magirus 320-33
Baujahr:	1982
PS/kW:	320 PS/235 kW
Hubraum ccm:	15 945
Motortyp:	V10 Zylinder

Iveco – Die Luftkühlung hat ausgedient

Als Mehrheitseigner bestimmte Fiat Turin seit 1975 die weiteren Geschicke der Holding Iveco. Trotz der unbestreitbaren Vorteile der luftgekühlten KHD-Motoren in den Iveco-Magirus-Deutz-Lastwagen verdrängten wassergekühlte Turbomotoren von Fiat und KHD Anfang der 80er Jahre ihre luftgekühlten Brüder. Damit war die Basis für einen erfolgreichen Neuanfang gegeben.

Iveco-Magirus 260-25D

Über 40 Jahre alt ist dieser reich verzierte Iveco-Magirus mit dem wassergekühlten Sechszylinder-Iveco-Motor 8210.02. Für den Bau der sibirischen Pipeline wurden 1974 knapp 10 000 „Bullen" mit dem luftgekühlten KHD-Motor nach Russland geliefert – der letzte Großauftrag für dieses heute schon legendäre Fahrzeug.

Modell:	Iveco-Magirus 260-25D
Baujahr:	1984
PS/kW:	256 PS/188 kW
Hubraum ccm:	13 798
Motortyp:	R/6 Zylinder

Iveco-Magirus 260-30

Bei diesem schweren Baulastwagen standen wie beim Hauber drei verschiedene Motoren zur Wahl: zwei luftgekühlte KHD V8-Motoren mit 228 bzw. 306 PS und ein wassergekühlter Fiat-Iveco 8210.22 mit sechs Zylindern und 304 PS. Die Version mit Allradantrieb wurde bevorzugt gekauft.

Modell:	Iveco-Magirus 260-30
Baujahr:	1986
PS/kW:	304 PS/224 kW
Hubraum ccm:	13 798
Motortyp:	R/6 Zylinder

Iveco-Magirus 260-25

Zwischen 1982 und 1988 verkaufte Iveco diesen allradbetriebenen Schwerlastwagen für Bauunternehmer sehr gut. Abgesehen von Nordamerika, wo Iveco keine Niederlassung hatte, wurde dieser luftgekühlte „Bulle" besonders in den Entwicklungsländern geschätzt.

Modell:	Iveco-Magirus 260-25
Baujahr:	1986
PS/kW:	256 PS/188 kW
Hubraum ccm:	12 763
Motortyp:	V8 Zylinder KHD L413 F

Iveco Race Truck

Der Österreicher Lackner versprach sich von dem relativ leichten, aber nicht so PS-starken Iveco 1990 Chancen auf gute Platzierungen. Es blieb bei sporadischen Renneinsätzen, denn die Konkurrenz rüstete von Rennen zu Rennen technisch gesehen immer mehr auf, und da kann ein Einzelkämpfer kaum mithalten.

Modell:	Iveco Race Truck
Baujahr:	1987–1990
PS/kW:	580 PS/430 kW
Hubraum ccm:	13 000
Motortyp:	R/6 Zylinder

Iveco-Magirus 330-30

Ein hervorragend gepflegter französischer Bausteller lastwagen ist hier am Grand Ballon/Vogesen unterwegs. Als „kantiger Bulle" ging dieser Iveco-Magirus in die Geschichte der Nutzfahrzeuge ein. Sein besonderes Merkmal ist der fast 13 Liter große, luftgekühlte Deutz-Achtzylindermotor. In Verbindung mit dem Allradantrieb und Vorlegegetriebe wühlten sich diese kernigen Laster mit Bravour durch völlig verschlammte Baugruben.

Modell:	Iveco-Magirus 330-30
Baujahr:	1990
PS/kW:	306 PS/225 kW
Hubraum ccm:	12 763
Motortyp:	V8 Zylinder KHD

Iveco-Niesmann 4x4

Kein alltägliches Fahrzeug ist dieses Iveco-Wohnmobil mit zuschaltbarem Allradantrieb. Iveco besitzt eine große Erfahrung mit 4x4-Militärlastern und Transportern, die meist für den Export produziert werden. Als Basis für das Niesmann-Wohnmobil dient der Iveco-Daily mit Dreilitermotor.

Model :	Iveco-Niesmann 4x4
Baujahr:	1990
PS/kW:	165 PS/122 kW
Hubraum ccm:	3000
Motortyp:	R/4 Zylinder

Iveco 80-16 FAL

Hier wühlt sich kein muskelbepackter Macho durchs Gebüsch, sondern eine Frau namens Kristine Gebl. Ihr Beifahrer und Navigator ist Peter Schlaier. Der rote Iveco entstammt der allradbetriebenen Militär- und Baulaster-Serie, er startet in der seriennahen Klasse bis 6,5 Tonnen.

Modell:	Iveco 80-16 FAL
Baujahr:	1990
PS/kW:	188 PS/138 kW
Hubraum ccm:	6128
Motortyp:	R/6 Zylinder

Iveco Turbostar

Eine der erfolgreichsten Baureihen im Iveco-Programm war der Turbostar. Fast 20 Jahre lang wurden diese bewährten Lastwagen verkauft. Unser Foto zeigt einen Turbostar von 1990.

Modell:	Iveco Turbostar
Baujahr:	1990
PS/kW:	360 PS/267 kW
Hubraum ccm:	17 200
Motortyp:	V8 Zylinder T

Iveco-Magirus 190

Der Schriftzug Magirus fiel schon Ende der 80er Jahre bei einigen Exportmärkten wie in Österreich oder Italien unter den Tisch. Dennoch trägt die bewährte 190er-Baureihe eindeutig die technische Handschrift der Ulmer Magirus-Werke, wo der Laster auch gebaut wurde.

Modell:	Iveco-Magirus 190
Baujahr:	1990
PS/kW:	306 PS/225 kW
Hubraum ccm:	12 763
Motortyp:	V8 Zylinder KHD

Iveco-Spezial

Dieser neuseeländische Truck sieht rustikal aus, aber seine inneren Werte überzeugen. Seine Spezialität sind Trails mit abenteuerhungrigen Touristen abseits der Straßen immer am Meer entlang. Das aggressive Salzwasser setzt diesem allradbetriebenen Fahrzeug mächtig zu, wie man an den Rostspuren erkennen kann.

Modell:	Iveco-Spezial
Baujahr:	1990
PS/kW:	150 PS/110 kW
Hubraum ccm:	4800
Motortyp:	R/6 Zylinder

Iveco Euro Trakker

Jochen Bertele und Peer Leyh setzen einen modifizierten Baulaster von Iveco bei den europäischen Trial-Wettbewerben ein. Allradantrieb ist absolutes Muss im schweren Gelände. Zwei luftgekühlte KHD-Achtzylinder und ein wassergekühlter Iveco-Sechszylinder-Motor stehen bei diesem Typ zur Wahl.

Modell:	Iveco Euro Trakker
Baujahr:	1992
PS/kW:	304 PS/224 kW
Hubraum ccm:	13 798
Motortyp:	R/6 Zylinder

Iveco-Magirus Turbostar 190-38

Mit dem Namen Turbostar ärgerte Iveco seine Mitbewerber ganz erheblich, denn letztlich setzten alle Hersteller auf die Turboladertechnik, die einen gewaltigen Fortschritt gegenüber den bisherigen Sauger-Motoren bedeutete.

Modell:	Iveco-Magirus Turbostar 190-38
Baujahr:	1993
PS/kW:	380 PS/280 kW
Hubraum ccm:	17 174
Motortyp:	V8 Zylinder 2T

Iveco-Eurotech 420

Die konsequente Weiterentwicklung der erfolgreichen Turbostar-Serie, die immerhin bis 1984 zurückreichte, wurde mit der Reihe Eurotech fortgeführt. Die Motoren wurden sparsamer bei gleicher Leistung, und nicht zuletzt deutlich leiser. Das elektronisch gesteuerte Motormanagement eroberte endgültig die Nutzfahrzeugbranche.

Modell:	Iveco-Eurotech 420
Baujahr:	1993
PS/kW:	420 PS/309 kW
Hubraum ccm:	17 174
Motortyp:	V8 Zylinder

Iveco 190-42 T

Die Baureihe T wie Turbo brachte Iveco zwischen 1984 und 1994 einen durchschlagenden Markterfolg in der schweren Fernverkehrsklasse. Wesentlich dazu bei trugen das gegenüber den Vorgängern deutlich komfortablere Fahrerhaus und leistungsfähigere, wassergekühlte Turbomotoren vom Typ Iveco 8280.22.

Modell:	Iveco 190-42 T
Baujahr:	1994
PS/kW:	420 PS/280 kW
Hubraum ccm:	17 174
Motortyp:	V8 Zylinder 2T

Kenworth – Wie ein Fels in der Brandung

In Europa glauben so manche Truck-Fans, dass die amerikanischen Kenworth-Trucks ständig dem technischen Fortschritt hinterherlaufen. Schaut man in dem Geschäftsbericht der Muttergesellschaft Paccar nach, dann zeigt sich das überragend erfolgreiche Geschäftsmodell dieser Firma. Bisher trotzte Kenworth sämtlichen Krisen in den 80er und 90er Jahren, die etliche Hersteller nicht überlebten.

Iveco-Fiat Daily

Schon an den geteilten Scheiben erkennt man die gepanzerte Ausführung des Daily. Das Erfolgsmodell von Iveco wird konsequent weiterentwickelt. In der Summe der Spezialausführungen kann kein anderer Hersteller, abgesehen von Mercedes-Benz, mithalten.

Modell:	Iveco-Fiat Daily
Baujahr:	1995
PS/kW:	128 PS/94 kW
Hubraum ccm:	2800
Motortyp:	R/4 Zylinder

Kenworth Double D Weltrekordfahrzeug

Zehn Jahre lang hielt der Amerikaner Bill Snyder mit 347,2 km/h den absoluten Geschwindigkeitsweltrekord für Trucks auf dem Großen Salzsee von Utah mit diesem uralten Kenworth, der mit zwei V10-Motoren von Detroit Diesel ausgerüstet ist. Der zweite Motor ist versteckt als Heckmotor auf der Ladepritsche montiert. Der Rekord wurde mit runderneuerten Bandag-Reifen aufgestellt. Gottvertrauen ist eben alles.

Modell:	Kenworth Double D Weltrekordfahrzeug
Baujahr:	1981
PS/kW:	2300 PS/1703 kW
Hubraum ccm:	32 000
Motortyp:	Zwei V10 Zylinder Detroit Diesel

Kenworth-Mexiko

Paccar lässt in Mexiko und Australien überschwere Kenworth-Trucks fertigen, die auf
Großbaustellen, in der Erdölförderung oder
zum Transport von Rindern gebraucht werden. Die Konstruktion dieser bis zu 650 PS
starken Hauber geht bis in die 60er Jahre
zurück.

Modell:	Kenworth-Mexiko
Baujahr:	1982
PS/kW:	600 PS/441 kW
Hubraum ccm:	17 890
Motortyp:	V12 Zylinder

Kenworth Triple D Weltrekordfahrzeug

Für den Versuch, seinen eigenen Weltrekord zu brechen, setzte Bill Snyder 1982 einen drei-
motorigen Kenworth ein. Der erste V10-Motor sitzt konventionell vorne unter der Motorhaube. Triebwerk Zwei und Drei sind aufgeladene Sechszylinder-Reihenmotoren, die in V-
Form auf der Ladefläche angeordnet sind. Das Kraftpaket erreichte kurz vor der Ziellinie mit
396,4 km/h die magische 400 km/h Zone, aber dann brach die Kardanwelle und der Traum
von einem neuen Weltrekord war vorerst ausgeträumt.

Modell:	Kenworth Triple D Weltrekordfahrezug
Baujahr:	1982-1985
PS/kW:	3100 PS/2296 kW
Hubraum ccm:	39 800
Motortyp:	Ein V10, zwei R/6 Zylinder

Kenworth Bandag Bandit

Erster Angriff auf die 250 km/h-Marke. Es gehört schon eine Menge
Mut dazu, mit runderneuerten Reifen über 240 km/h schnell zu fah-
ren. Zugelassen sind die Pneus für maximal 105 km/h. Tyrone
Malone brach sich fast das Genick, als er bei 240 km/h am linken Vor-
rad einen Reifenschaden bekam. Sein Kenworth rutschte auf der
Fahrerseite liegend mehr als 400 Meter weit über den brettharten
Salzsee. Wagen Schrott, Fahrer o.k.

Modell:	Kenworth Bandag Bandit
Baujahr:	1982
PS/kW:	1200 PS/889 kW
Hubraum ccm:	22 800
Motortyp:	V12 Zylinder

Kenworth K 100 Long Cab

Der Amerikaner Jimmy Martin fährt den
schnellsten Kenworth-Dragster und einen
ganz komfortablen K 100 Long Cab als
Renntransporter. Die Aufschrift zeigt, dass
auch hier ein Automatikgetriebe von Allison eingebaut ist.

Modell:	Kenworth K 100 Long Cab
Baujahr:	1983
PS/kW:	450 PS/331 kW
Hubraum ccm:	14 890
Motortyp:	V8 Zylinder

Kenworth K 100 Team Truck

Die meisten amerikanischen Rennteams sind jedes Jahr etwa 150 000 Kilometer auf dem Highway unterwegs. Etwas Komfort muss dafür sein. Statt der üblichen Knüppelschaltung mit bis zu 15 Gangstufen wurde in diesem Renntransporter ein Automatikgetriebe von Allison eingebaut. Das Gesamtzugewicht darf bis zu 70 Tonnen betragen.

Modell:	Kenworth K 100 Team Truck
Baujahr:	1983
PS/kW:	480 PS/353 kW
Hubraum ccm:	14 890
Motortyp:	V8 Zylinder

Kenworth K 100 PaPa Truck

Das Foto zeigt den Größenunterschied der beiden Fahrzeuge. Tyrone Malone setzte in den 80er und 90er Jahren bis zu 23 verschiedene Renntrucks bei Rekordfahrten und Dragster-Rennen ein. Auf den amerikanischen Rennstrecken wurde er wie ein Showstar gefeiert, obwohl seine Rekordversuche immer lebensgefährlich waren.

Modell:	Kenworth K 100 PaPa Truck
Baujahr:	1983
PS/kW:	600 PS/444 kW
Hubraum ccm:	16 800
Motortyp:	V8 Zylinder

Kenworth Bandit Super Boss

Kaum ein anderer Renntruck erregte in den 80er Jahren mehr die amerikanischen Truck-Fans als dieser Kenworth Bandit Super Boss von Tyrone Malone. Mit runderneuerten Bandag-Reifen raste er 350 km/h schnell über die Rekordpiste bei Bonneville am Großen Salzsee von Utah. Unter der Haube arbeitet ein aufgemotzter Allison-Flugzeugmotor aus dem Zweiten Weltkrieg, den Detroit Diesel für den Renneinsatz modifizierte.

Modell:	Kenworth Bandit Super Boss
Baujahr:	1983
PS/kW:	1600 PS/1185 kW
Hubraum ccm:	22 800
Motortyp:	V12 Zylinder

Kenworth K 100 E

Erst 1984 entschloss sich Kenworth zu einem Facelifting seiner bewährten K-Serie. Auffallend sind die nun rechteckigen Doppelscheinwerfer und das etwas aerodynamisch geformte Fahrerhaus mit aufgesetztem Spoiler und ausklappbaren Dachluken.

Modell:	Kenworth K 100 E
Baujahr:	1984
PS/kW:	340 PS/250 kW
Hubraum ccm:	13 490
Motortyp:	R/6 Zylinder

Kenworth Record Racer

Wie die meisten Teilnehmer der jährlichen Speed Week von Bonneville/USA, setzt Tom Chaney auf die Devise: Einmal in meinem Leben möchte ich der schnellste Trucker sein. Dazu reichte es nicht ganz, aber mit 256,31 km/h in diesem alten Schlachtross über den Salzsee zu jagen ist auf jeden Fall ein Abenteuer, das den oft lebensgefährlichen Einsatz lohnt.

Modell:	Kenworth Record Racer
Baujahr:	1984
PS/kW:	900 PS/666 kW
Hubraum ccm:	16 800
Motortyp:	R/6 Zylinder Cummins

Kenworth W900 Iron Side

Über 2000 zusätzliche Arbeitsstunden stecken in diesem tollen Kenworth von 1984. Als schönster Truck Amerikas wurde Bob Wilsons Iron Side 1986 ausgezeichnet. Im Gegensatz zu anderen Super Trucks wird Iron Side fast täglich als Fernlastwagen benutzt.

Modell:	Kenworth W900 Iron Side
Baujahr:	1984
PS/kW:	480 PS/353 kW
Hubraum ccm:	14 890
Motortyp:	V8 Zylinder

Kenworth W900 WS8

Die meisten Häuser an der Westküste Amerikas werden immer noch aus Holz gebaut. Entsprechend hoch ist der Bedarf an robusten Trucks, die das Material zur Weiterverarbeitung anliefern. Dieser Kenworth W900 verfügt über einen Wechselaufbau. Je nach Bedarf können eine Mulde oder Stützen für den Holztransport montiert werden.

Modell:	Kenworth W900 WS8
Baujahr:	1985
PS/kW:	330 PS/243 kW
Hubraum ccm:	13 890
Motortyp:	V8 Zylinder

Kenworth W900 B Aerodyne

„World Best Truck", mit diesem knapper Slogan wirbt Kenworth noch heute. Über 200 000 Kenworth W900-Trucks wurden zwischen 1961 und 2004 verkauft, und ein Ende ist nicht abzusehen. Der Typ Aerodyne bekam an der Wagenfront einige windschlüpfrige Edelstahlteile verpasst. Ob das beim Spritsparen hilft, bleibt ein Geheimnis.

Modell:	Kenworth W900 B Aerodyne
Baujahr:	1985
PS/kW:	240/176 kW
Hubraum ccm:	12800
Motortyp:	R/6 Zylinder

Kenworth W900 L Australia

Technische Raffinessen wie ein Automatikgetriebe oder Scheibenbremsen mit ABS sind im Outback verpönt. Was dort zählt, hat sich über Jahrzehnte bewährt. Für die meisten Truckies, so werden die Fahrer in Australien genannt, gehören ein unsynchronisiertes Getriebe und Trommelbremsen zu einem echten Road Train, wie bei diesem in allen Punkten verstärkten Kenworth W900 L mit Cummins-Motor.

Modell:	Kenworth W900 L Australia
Baujahr:	1985
PS/kW:	480 PS/356 kW
Hubraum ccm:	14 600
Motortyp:	V8 Zylinder

Kenworth-Mexiko WS 900

Die mexikanische Produktion der Kenworth W900 läuft bis heute äußerst zufriedenstellend, denn „konventionelle Hauber lassen sich leichter reparieren, sind im Fahrerhaus kühler als die Frontlenker und obendrein meist deutlich leiser", so zumindest sehen es viele mexikanische Trucker.

Modell:	Kenworth-Mexiko WS 900
Baujahr:	1986
PS/kW:	500 PS/368 kW
Hubraum ccm:	16 205
Zylinder:	V8 Zylinder

Kenworth T800 Heavy Hauler Logger

Mit der völlig neuen Baureihe T ergänzte Kenworth 1986 seinen Bestseller vom Typ W900. Für den schweren Forsteinsatz oder auf verschlammten Baustellen gilt der T800 heute als bestes Arbeitstier. Meistverlangter Motor ist der neue Cummins-Sechszylinder mit 550 PS.

Modell:	Kenworth T800 Heavy Hauler Logger
Baujahr:	1988
PS/kW:	550 PS/404 kW
Hubraum ccm:	17 600
Motortyp:	R/6 Zylinder

209

Kenworth T600

Der neue T600 war aus der Sicht konservativer Trucker geradezu ein Verrat gegenüber ihren Ansichten von einem grundsoliden amerikanischen Truck. Statt einem Monstrum aus Chrom und Stahl nun ein windschlüpfiger Schönling ohne echte Ausstrahlung? Letztlich siegte die Vernunft, denn der Kenworth T600 ist deutlich sparsamer, klar leistungsfähiger mit modernsten Motoren, und nicht zuletzt auch spürbar komfortabler für den Fahrer als seine bulligen Verwandten.

Modell:	Kenworth T600
Baujahr:	1990
PS/kW:	285 PS/209 kW
Hubraum ccm:	12 800
Motortyp:	R/6 Zylinder

Kenworth T600 A

Weil sich der Verkauf des neuen Kenworth T600 nach einer geschickt geplanten Promotiontour quer durch Amerika immer besser entwickelte, schob man den Karren mit einem neuen Werk in Renton im Staate Washington so richtig an. Hier werden im Baukastensystem sechs verschieden große Schlafkabinen gefertigt. Das Bild zeigt die kleinste Ausführung.

Modell:	Kenworth T600 A
Baujahr:	1990
PS/kW:	320 PS/235 kW
Hubraum ccm:	12 890
Motortyp:	R/6 Zylinder

Kenworth W900 B

Viele sahen das baldige Ende der prachtvollen W900-Serie schon voraus, als Kenworth 1982 den neuen W900 B vorstellte. Kaum sichtbare, aber aerodynamisch vorteilhafte Änderungen an der Karosserie sollten in Verbindung mit überarbeiteten Motoren deutlich bessere Verbrauchswerte erzielen. Das Kunststück gelang, der W900 B blieb weiterhin der Kassenschlager im Paccar-Konzern.

Modell:	Kenworth W900 B
Baujahr:	1990
PS/kW:	500 PS/368 kW
Hubraum ccm:	14 890
Motortyp:	V8 Zylinder

Kenworth Australia W900

Die australischen „Beef Trains" donnern mit drei bis vier riesigen Hängern durch das Outback. Es gilt, die schlachtreifen Rinder heil und so schnell als möglich an den Bestimmungsort zu bringen. Für diesen beinharten Job werden Mensch und Maschine bis an die Grenzen strapaziert. Kenworth-Trucks sind in Australien klar die Nummer Eins, denn sie sind in allen wesentlichen Teilen verstärkt.

Modell:	Kenworth Australia W900
Baujahr:	1990
PS/kW:	480 PS/353 kW
Hubraum ccm:	14 800
Motortyp:	V8 Zylinder

Kenworth T300 Tanker

Auch in der mittelschweren Klasse 5 ist Kenworth vertreten. In dieser Klasse drücken nun auch europäische Hersteller vermehrt auf den amerikanischen Markt.

Modell:	Kenworth T300 Tanker
Baujahr:	1995
PS/kW:	190 PS/140 kW
Hubraum ccm:	3900
Motortyp:	R/6 Zylinder

Kenworth W900 „Bonsai"

Amerikanische Auto-Freaks sind die absoluten Weltmeister, wenn es darum geht, eine wirklich außergewöhnliche Konstruktion auf die Räder zu stellen. Dieser bildschöne Abschleppwagen ist nur zwei Drittel so groß wie das Original. Der hinten sichtbare Marmon-Truck entspricht in der Größe einem ausgewachsenen Kenworth W900, dem Vorbild für den „Bonsai" W900. Sein Wert: 150 000 Dollar.

Modell:	Kenworth W 900 „Bonsai"
Baujahr:	1995
PS/kW:	160 PS/118 kW
Hubraum ccm:	4800
Motortyp:	V6 Zylinder, Diesel

Kenworth T601 A

Mit jedem Cent rechnen heute alle bekannten Spediteure nicht nur in Europa, sondern auch im Wunderland des ungezügelten Spritverbrauchs, den USA. Bei konstantem Tempolimit und wenig Steigungen rechnet sich ein größerer V8-Motor nicht gegenüber einem modernen Sechszylinder mit weniger Hubraum.

Modell:	Kenworth T601 A
Baujahr:	1995
PS/kW:	270 PS/198 kW
Hubraum ccm:	10 890
Motortyp:	R/6 Zylinder Cummins

Leyland Road Train Race Truck

Der Brite Mel Lindsay siegte 1986 mit dem Leyland RT in der Klasse A der Europameisterschaft. Damals reichten 350 PS für den Sieg. Zehn Jahre später mussten es schon 1000 PS sein, um zu gewinnen.

Modell:	Leyland RT Race Truck
Baujahr:	1985
PS/kW:	350 PS/257 kW
Hubraum ccm:	11 500
Motortyp:	R/6 Zylinder

Modell:	Leyland Road Train
Baujahr:	1980
PS/kW:	280 PS/206 kW
Hubraum ccm:	12 890
Motortyp:	R/6 Zylinder

Leyland Road Train

Es ist schon lange her, aber dieser Road Train von Leyland wurde 1980 zum Truck des Jahres gekürt. Seine in die Stoßstangen integrierten doppelten Scheinwerfer und die recht windschlüpfige Form der leichten Fahrerkabine in Verbindung mit Rolls Royce-, Perkins- und Cummins-Motoren überzeugten damals die Jury. Trotz dieser Vorschusslorbeeren blieben die Verkäufe unbefriedigend. DAF übernahm schließlich die fast zahlungsunfähige Traditionsfirma und geriet dadurch selbst in die Bredouille.

Liaz 18.23 KB

Nur wenige Tage nach Öffnung der Mauer wurde dieses Foto 1989 in der ehemaligen DDR aufgenommen. Für Liaz bedeutete das Ende der Planwirtschaft im Ostblock eine völlig neue Situation, denn nun drängten die westeuropäischen Nutzfahrzeughersteller in den eh schon angespannten Markt im Osten Europas.

Modell:	Liaz 18.23 KB
Baujahr:	1985
PS/kW:	245 PS/180 kW
Hubraum ccm:	11 940
Motortyp:	R/6 Zylinder

Liaz – Der Allradspezialist aus dem Osten Europas

Hier zu Lande kaum bekannt, sind die tschechischen Liaz-Trucks in den osteuropäischen Ländern eine Klasse für sich. Ihre Herkunft als geländegängige Militärlastwagen können sie nicht verstecken. Kurze Überhänge, kompakte Abmessungen und eine hohe Bodenfreiheit sprechen für diese robusten Fahrzeuge. Seit 1951 werden Liaz-Trucks gebaut.

Liaz 250-999 Race Truck

Seit 1951 fertigt der tschechische Hersteller Liaz moderne Trucks, die wahlweise mit eigenen oder amerikanischen Caterpillar- und Cummins-Motoren bestückt werden. Dieser Renntruck rannte 1994 mit einem Caterpillar-Motor um die Europameisterschaft. Es blieb bei guter Plätzen im Mittelfeld.

Modell:	LIAZ 250-999
Baujahr:	1993/94
PS/kW:	850 PS/630 kW
Hubraum ccm:	11 980
Motortyp:	R/6 Zylinder Cat

Liaz Paris-Dakar-Renntruck

Mit bemerkenswertem Erfolg beteiligen sich Liaz und Tatra bei internationalen Off-road-Langstreckenrennen wie der Paris-Dakar-Rallye. In der schweren Truck-Klasse gewannen die hervorragend disponierten Tschechen schon mehrfach die Gesamtwertung vor weit finanzkräftigeren Teams.

Modell:	Liaz Paris-Dakar-Renntruck
Baujahr:	1990
PS/kW:	560 PS/412 kW
Hubraum ccm:	14 800
Motortyp:	V8 Zylinder

Mack Mid Liner

Die Franzosen bestimmten, wo es lang zu gehen hatte bei Mack. An diesem roten Tanklöschwagen erkennt man deutlich den Einfluss von Renault: Ein moderner Frontlenker für die amerikanische Mittelklasse 6 und 7. Relativ leichte und sparsame Renault-Sechszylinder mit Turbolader ersetzten die schweren Mack-END-Motoren, die über 20 Jahre das Geschehen unter den Motorhauben beherrschten.

Modell:	Mack Mid Liner
Baujahr:	1984
PS/kW:	185 PS/136 kW
Hubraum ccm:	8960
Motortyp:	R/6 Zylinder

Mack Super Liner Australia

Wer ein bis zu 55 Meter langes und sechs Meter hohes Gespann durch das australische Outback fährt, muss gute Nerven besitzen, denn selten fährt man langsamer als 90 km/h. Forsches Bremsen ist bei diesem Tempo fast unmöglich, denn die Boogies (Hänger) geraten sonst aus der Spur. Oft sitzen die Fahrer bis zu 30 Stunden auf dem Bock. Das Outback hat eben seine eigenen Gesetze.

Modell:	Mack Super Liner Australia
Baujahr:	1989
PS/kW:	600 PS/444
Hubraum ccm:	16 800
Motortyp:	V12 Zylinder Diesel Cummins

Mack – Frischzellenkur für die Traditionsfirma

1987 stockt Renault seinen Anteil bei Mack auf 44 Prozent auf und übernimmt 1990 die restlichen 56 Prozent. Mit diesem Schachzug war Renault nun der dritte europäische Hersteller nach Daimler-Benz und Volvo, der als Mehrheitsaktionär die Geschicke amerikanischer Nutzfahrzeughersteller bestimmt. Für Mack bedeutet dies ein frischer Wind im leicht verstaubten Konstruktionsbüro. Mack gehört durch die Volvo-Übernahme von Renault seit 2001 zum Volvo-Konzern.

Mack Super Liner 800

Bis spät in die 90er Jahre hinein wurde die Super Liner-Baureihe verkauft. In den mittleren Baureihen bestimmte Renault als Hauptaktionär inzwischen das Programm. Die klassischen Hauber für die Westküste Amerikas waren allerdings immer noch eine fast rein amerikanische Angelegenheit. Die bis zu 600 PS starken Mack Super Liner sind heute nahezu schon Raritäten aus einer anderen Zeit.

Modell:	Mack Super Liner 800
Baujahr:	1990
PS/kW:	500 PS/368 kW
Hubraum ccm:	16 400
Motortyp:	V8 Zylinder

Mack Cruise Liner

Nachdem Renault 1979 zuerst mit einer Minderbeteiligung von 20 Prozent dem finanziell angeschlagenen Mack-Konzern unter die Arme griff, brachte Renault europäisches Know-how in die Firma ein. Das Resultat war dieser deutlich modernere Mack Cruise Liner von 1990. In jenem Jahr übernahmen die Franzosen das gesamte Aktienpaket der Firma Mack.

Modell:	Mack Cruise Liner
Baujahr:	1990
PS/kW:	360 PS/267 kW
Hubraum ccm:	12 200
Motortyp:	R/6 Zylinder

213

Mack RL Haiti-Bus

Haiti ist eines der ärmsten Länder unserer Erde, und dennoch legt hier jeder Busunternehmer größten Wert auf eine fantasievolle Bemalung seines Trucks. Dies hilft böse Geister abzuhalten, die am Wegesrand lauern. Mack liefert das nackte Chassis aus der südamerikanischen Produktion, den Aufbau aus Holz erledigen einheimische Handwerker. Die aufwändige Bemalung dauert noch einmal zehn Tage, dann ist das rollende Kunstwerk endlich startbereit und sein Besitzer sitzt mit leerer Kasse auf der Motorhaube. Das Abenteuer kann beginnen.

Modell:	Mack RL Haiti-Bus
Baujahr:	1990
PS/kW:	200 PS/147 kW
Hubraum ccm:	12 890
Motortyp:	R/6 Zylinder

Mack Cruise Liner

Der europäische Einfluss von Renault als neuem Besitzer von Mack zeigt sich deutlich an diesem Cruise Liner von 1990. Rundere Formen mit klarer Linienführung statt dem eckigen Design der vergangenen Jahre.

Modell:	Mack Cruise Liner
Baujahr:	1990
PS/kW:	480 PS/353 kW
Hubraum ccm:	12 000
Motortyp:	R/6 Zylinder

Mack RL Venezuela

Truckeralltag in Venezuela. Auch bei 95 Prozent Luftfeuchtigkeit und 35 Grad Hitze im Schatten verliert ein gestandener Trucker hier nicht seine gute Laune. Dieser Mack RL Venezuela rollte erst 1995 aus der Montagehalle. Mack wollte überall auf der Welt präsent sein. Schon 1967 ließ Mack seine Trucks in Australien, Venezuela, Portugal, aber auch im Iran, in Pakistan oder im westafrikanischen Guinea mit landeseigenen Teilen komplettieren.

Modell:	Mack RL Venezuela
Baujahr:	1995
PS/kW:	325 PS/239 kW
Hubraum ccm:	14 174
Motortyp:	V8 Zylinder

MAN 19.240 DF

Die Motorenreihe DF entstand in Zusammenarbeit mit Daimler Benz. Für die neuen Bundeswehrfahrzeuge sollten einheitliche Bauteile wie Kolben und Motorblöcke auf Daimler- und MAN-Fahrzeuge passen, damit die Ersatzteilversorgung im Ernstfall gewährleistet wäre. Der sanfte Druck von „Oben" bewirkte dieses Wunder einer von beiden Seiten akzeptierten Kooperation auf Zeit. Das Foto zeigt einen dänischen Tanklöschwagen bei einem Einsatz im Sommer 2003.

Modell:	MAN 19. 240 DF
Baujahr:	1981
PS/kW:	240 PS/177 kW
Hubraum ccm:	11 413
Motortyp:	R/6 Zylinder

MAN – Fortschritt mit neuen Motoren

Hektische Betriebsamkeit kann in der Nutzfahrzeugindustrie eher als Nachteil gelten. Gefragt sind konsequente Fortschritte bei der Leistung, im Verbrauch und in der Zuverlässigkeit. Nach dieser Marschrichtung wird bei MAN entwickelt. Die Bayern stellten 1985 ihre neue Motorenreihe D 28 mit zwölf Litern Hubraum vor, die sich bis heute hervorragend bewährte. Der ausgesprochen leise Sechszylinder-Reihenmotor brachte schon im ersten Jahr bis zu 360 PS auf die Räder und verschaffte MAN ein deutliches Plus in den Zulassungszahlen.

Modell:	MAN 14 320 DFAEG
Baujahr:	1982
PS/kW:	320 PS/237 kW
Hubraum ccm:	14 000
Motortyp:	V8 Zylinder KHD

MAN 10 T 8x8 BW

Auf einer Erprobungsfahrt zeigt dieser Einheitslaster der Bundeswehr seine Qualitäten.

Modell:	MAN 10 T 8x8 BW
Baujahr:	1983
PS/kW:	320 PS/235 kW
Hubraum ccm:	12 763
Motortyp:	V8 Zylinder KHD

Kaum ein anderes Fahrzeug der Zehntonner-Klasse ist geländegängiger und darüber hinaus auch so robust wie dieser Veteran von 1983. Für den Export wurden wassergekühlte MAN-Motoren eingebaut, während die Bundeswehr auf dem luftgekühlten KHD-Antrieb beharrte.

MAN 14 320 DFAEG

Die ersten „hoch geländegängigen" Lastwagen der Bundeswehr, so der interne Begriff, wurden 1977 in einer Gemeinschaftsentwicklung von MAN und KHD entworfen und im alten Büssing-Werk in Watenstedt gebaut. Das Foto zeigt den populärsten Typ dieser erfolgreichen Baureihe, die bis heute bezüglich der Geländegängigkeit Maßstäbe setzt und sowohl mit KHD- und MAN-Motoren, je nach Einsatz, unter der Leitung von MAN hergestellt wurde.

MAN 19.361 FS

Obwohl über 20 Jahre alt, sieht dieser Fernverkehrlastzug von MAN auch heute noch proper aus. Nicht wenige Trucker halten dieses Exemplar für eines der besten Stücke in der langen Firmengeschichte. Eingebaut ist der MAN D 2866-Direkteinspritzer mit Turbolader und Ladeluftkühlung.

Modell:	MAN 19.361 FS
Baujahr:	1983
PS/kW:	360 PS/265 kW
Hubraum ccm:	11 967
Motortyp:	R/6 Zylinder

MAN 26 365 DFAS

Die schweren Dreiachssattelschlepper mit Kippmulde wurden Mitte der 80er Jahre noch fleißig benutzt. Heute verdrängen die leistungsfähigeren Knicklenker etwas diesen Fahrzeugtyp auf Großbaustellen. Eingebaut ist der Zehnzylinder-D 2840-Direkteinspritzer mit 13-Gang-Fullergetriebe und Vorgelege.

Modell:	MAN 26.365 DFAS
Baujahr:	1983
PS/kW:	365 PS/268 kW
Hubraum ccm:	18 300
Motortyp:	V10 Zylinder

MAN 33.320 DF

Von 1972 bis 1986 wühlten sich diese standfesten MAN-Muldenkipper durch verschlammte Baustellen. Eingebaut ist der schwere V10-Motor vom Typ D 2530 MXF, der für diese Art von Muldenkippern und Schwerlastzugmaschinen damals als idealer Motor galt.

Modell:	MAN 33.320 DF
Baujahr:	1985
PS/kW:	320 PS/237 kW
Hubraum ccm:	15 953
Motortyp:	V10 Zylinder

MAN 26.331 DFS

Die Schwerlastsattelzugmaschinen von MAN erfreuen sich in ganz Europa ungebrochener Beliebtheit. Unser Bild, 1987 am Fährhafen von Travemünde aufgenommen, zeigt den relativ leichtgewichtigen Dreiachssattelzug mit dem D 2866-Sechszylindermotor.

Modell:	MAN 26.331 DFS
Baujahr:	1987
PS/kW:	320 PS/235 kW
Hubraum ccm:	11 967
Motortyp:	R/6 Zylinder

MAN 35.402

MAN erfreute seine Kundschaft schon immer mehr durch solide technische Innovationen, weniger durch ein aufregendes Styling seiner Kabinen. Nach einer fast 20-jährigen Bauzeit wurden 1986 mit dem Typ F90 neue Fahrerhäuser vorgestellt, die deutlich mehr Komfort boten. Das Foto zeigt einen bestens erhaltenen Bergeschlepper von 1988 aus Schweden mit dieser neuen Kabine.

Modell	MAN 35.402
Baujahr:	1988
PS/kW:	365 PS/270 kW
Hubraum ccm:	18 300
Motortyp:	V10 Zylinder

MAN 19.331

Auch in einem deutschen Trucker lebt der Wunsch nach Freiheit und endloser Weite der Prärie. So zumindest können die Verschönerungen angesehen werden, die in diesem prächtigen Absetzkipper stecken.

Modell:	MAN 19.331
Baujahr:	1988
PS/kW:	330 PS/244 kW
Hubraum ccm:	11 967
Motortyp:	R/6 Zylinder D28

MAN UXT Experimental

Mit einem völlig neuen Antriebskonzept überraschte MAN 1989 die Fachwelt. Zum ersten Mal war es bei einer Sattelzugmaschine gelungen, die komplette Antriebseinheit zwischen den dicht zusammenliegenden Achsen zu platzieren. Der Komfortgewinn für den Fahrer durch die höhere Kabine ging zu Lasten des komplizierten Umkehrgetriebes. Fazit: Die interessante Entwicklung wurde bis auf weiteres eingestellt.

Modell:	MAN UXT Experimental
Baujahr:	1989
PS/kW:	360 PS/265 kW
Hubraum ccm:	11 967
Motortyp:	R/6 Zylinder

MAN 20.280 DFAEG

Am runderen Fahrerhaus erkennt man diesen Typ, der bei Wüstenrennen wie der Rallye Paris-Dakar erfolgreich teilnahm. Das Fahrwerk entspricht im wesentlichen den LX-Typen mit Kastenrahmen, Schraubenfedern und Einzelbereifung.

Modell:	MAN 20.280 DFAEG
Baujahr:	1989
PS/kW:	280 PS/207 kW
Hubraum ccm:	11 413
Motortyp:	R/6 Zylinder

MAN 22.372 Eco 370

Ende der 80er Jahre wurde die gesamte Transportbranche mit kräftigem Gegenwind von politischer Seite konfrontiert. Dass bezüglich schädlicher Abgase und unnötig hohem Spritverbrauch etwas getan werden musste, sah auch MAN ein und stellte diesen Eco 370 mit dem grünen Punkt auf die Räder.

Modell:	MAN 22.372 Eco 370
Baujahr:	1989
PS/kW:	370 PS/272 kW
Hubraum ccm:	11 967
Motortyp:	R/6 Zylinder

MAN 19.462 Commander XT

Anfang der 90er Jahre waren die 19.462 die stärksten Sattelzugmaschinen auf deutschen Straßen. Hier findet der schwere V10-Motor mit 18 Litern Hubraum und zwei Turboladern Verwendung. Das Commander XT-Fahrerhaus entsprach damals den gehobenen Ansprüchen unter den Fernfahrern.

Modell:	MAN 19.462 Commander XT
Baujahr:	1990
PS/kW:	460 PS/338 kW
Hubraum ccm:	18 273
Motortyp:	V10 Zylinder

MAN LX

Nicht nur die Bundeswehr profitierte von der Robustheit ihrer Zehntonner vom Typ DF. Staatliche Hilfsdienste und private Unternehmen waren auf der Suche nach einem geländegängigen Lastwagen, der mit einem wassergekühlten Serienmotor ausgerüstet sein sollte. Mit der Baureihe LX erfüllte MAN diese Vorgaben. Das Bild zeigt einen Servicewagen für die Rallye Paris-Dakar mit Schlafkabine.

Modell:	MAN LX
Baujahr:	1992
PS/kW:	270 PS/200 kW
Hubraum ccm:	6871
Motortyp:	R/6 Zylinder

MAN-PHOENIX Race Truck

Geradezu unverwüstlich sind die Mitte der 90er Jahre von Bickel Tuning gebauten MAN-PHOENIX-Hauber. Gerd Körber gewann damit so ziemlich jedes bedeutende Truck-Rennen zu Beginn seiner Karriere. Die Restbestände sehen immer noch wie frisch aus der Lackierwerkstätte aus, und ein Platz auf dem Podium ist bei nationalen Rennen keine Utopie.

Modell:	MAN- PHOENIX Race Truck
Baujahr:	1995
PS/kW:	900 PS/666 kW
Hubraum ccm:	12 000
Motortyp:	R/6 Zylinder

MAN Grand Erg L2000

Leichte allradbetriebene Lastwagen sind in Europa Mangelware. In der überaus vielfältigen MAN L 2000-Baureihe steht seit 1994, nach dem Auslaufen der VW-Kooperation, ein solches Fahrgestell zur Verfügung, das als Basis für Expeditionsfahrzeuge besonders geeignet ist. Der italienische MAN Grand Erg L2000 wird hier bei einer strapaziösen Saharadurchquerung gezeigt.

Modell:	MAN Grand Erg L2000
Baujahr:	1995
PS/kW:	220 PS/162 kW
Hubraum ccm:	6871
Motortyp:	R/6 Zylinder

Modell:	Marmon-F
Baujahr:	1984
PS/kW:	600 PS/441 kW
Hubraum ccm:	15 990
Motortyp:	V/8 Zylinder

Marmon-F

Jeder Lastwagen der Firma Marmon wird in Einzelanfertigung nach den Wünschen des Kunden geplant und gebaut. Das F steht für die Fleet-Klasse, ein P für die Premium- bzw. Oberklasse. Die anspruchsvolle Kundschaft kann zwischen 300 bis zu 600 PS starken Motoren von Detroit Diesel oder Cummins auswählen. Als Getriebe kommen meist Spicer-1372-A/F-Knüppelschaltungen zum Einsatz.

Marmon 54F

Bei amerikanischen Truckern gelten die schweren Class 8 Trucks von Marmon als echte Qualitätsprodukte. Dieser Marmon 54F wird seit 1985 fast unverändert in kleinen Stückzahlen von zwei bis fünf Trucks pro Tag in Garland/Texas hergestellt.

Modell:	Marmon 54F
Baujahr:	1995
PS/kW:	520 PS/382 kW
Hubraum ccm	14 802
Motortyp:	V8 Zylinder

Marmon-P

Das Bild zeigt einen Marmon aus der P-(Premium)Baureihe. Viel Chrom, viel Edelstahl und ein tiefer gesetztes Fahrwerk beweisen, dass bei der texanischen Edelmarke etwas vom Handwerk verstanden wird. 1976 wurde Marmon mit dem in den USA angesehenen Titel „Industrielle Cadillacs" ausgezeichnet. Dennoch kämpft das mittelständische Unternehmen ständig ums Überleben gegenüber den marktbeherrschenden Großen.

Modell:	Marmon-P
Baujahr:	1993
PS/kW:	390 PS/287 kW
Hubraum ccm:	11 860
Motortyp:	V8 Zylinder

Maxim S

Seit 1914 stellt die in Europa weniger bekannte Firma Maxim in den USA hochwertige Feuerlöschfahrzeuge her. Maxim verwendet ab 1952 Drehleitern nach dem System von Magirus-Deutz. Eine Kooperation mit dem einstigen Konkurrenten Seagrave führte seit den 60er Jahren zu einem relativ ähnlichen Bauprogramm durch den Austausch der wesentlichen Komponenten.

Modell:	Maxim S
Baujahr:	1985
PS/kW:	360 PS/265 kW
Hubraum ccm:	14 680
Motortyp:	V8 Zylinder

Mercedes-Benz – In allen Klassen präsent

Mit einer kaum zu überbieten Vielfalt unterschiedlichster Nutzfahrzeuge baute Mercedes-Benz seine Spitzenposition auf dem europäischen Markt immer mehr aus. Besonders erfolgreich lancierten die Stuttgarter ihre komplett erneuerte Transporter-Serie mit dem Mercedes-Benz Sprinter, der sich zum echten Bestseller entwickelte. Bei den schweren Trucks holten sich MAN, Volvo und Scania allerdings sicher geglaubte Marktanteile zurück.

Mercedes-Benz LS 2628

Man sieht diesem Oldie sein langes Arbeitsleben auf malaysischen Straßen an, aber ein faules Rentnerleben gehört nicht zum Lebensstil der Trucker-Gemeinde. Inzwischen beherrschen die japanischen Autobauer das Straßenbild in ganz Asien, und nur noch vereinzelt erblickt man dort deutsche Lastwagen älteren und neueren Datums.

Modell:	Mercedes-Benz LS 2628
Baujahr:	1981
PS/kW:	280 PS/206 kW
Hubraum ccm:	11 580
Motortyp:	R/6 Zylinder OM 355A

Modell:	Mercedes-Benz Unimog U 1000
Baujahr:	1982
PS/kW:	125 PS/92 kW
Hubraum ccm:	5675
Motortyp:	R/6 Zylinder OM 352 A

Mercedes-Benz Unimog U 1000

Mit der 1000er-Bauserie modernisierte Mercedes-Benz die gesamte Palette seiner nahezu unverwüstlichen und weltweit begehrten Gaggenauer Unimogs. Das Ziel wurde erreicht: Mehr Leistung unter der kurzen Haube und noch variablere Einsatzmöglichkeiten wie diese Schneefräse beim Autobahnstreckendienst von Koblenz.

Mercedes-Benz 209 D

Die ersten leichten Transporter von Mercedes waren mehr oder minder verbesserte Tempo- und Hanomag-Konstruktionen, die Ende der 70er Jahre nicht mehr zeitgerecht waren. Letztlich lohnte sich die Warterei auf die völlig neue Baureihe T1, die zu einem absoluten Bestseller gedieh.

Modell:	Mercedes-Benz 209 D
Baujahr:	1982
PS/kW:	88 PS/65 kW
Hubraum ccm:	2998
Motortyp:	R/5 Zylinder OM 617

Mercedes-Benz L 2628 Export

Die berühmten Kurzhauber-Schwerlastwagen von Mercedes-Benz fahren heute noch in vielen Ländern Afrikas und Südamerikas. Das Foto zeigt eine Ölfeldtransportkolonne am Rande der Sahara. Eingebaut ist der Turbomotor OM 355A mit Sechsgang-getriebe und Vorgelege.

Modell:	Mercedes-Benz L 2628 Export
Baujahr:	1982
PS/kW:	280 PS/207 kW
Hubraum ccm:	11 580
Motortyp:	R/6 Zylinder T

Mercedes-Benz 3328

Dieser Achtrad-Frontlenker-Betonmischer ist ein gutes Beispiel dafür, wie sich die Stuttgarter Firma vom lukrativen Kuchen der Spezialfahrzeuge ein ganz großes Stück nahm. Die weniger finanzstarken Hersteller konnten preislich gesehen nicht mehr mithalten und verschwanden letztlich vom Markt.

Modell:	Mercedes-Benz 3328
Baujahr:	1983
PS/kW:	280 PS/207 kW
Hubraum ccm:	14 620
Motortyp:	V8 Zylinder OM 442

Mercedes-Benz Malaysia Bus

Auf dem Land sind in Malaysia immer noch 25 Jahre alte Mercedes-Busse fleißig unterwegs, die in Kuala Lumpur einst mit landeseigenen Karosserien komplettiert wurden. Dennoch verdrängen die japanischen Hersteller, allen voran Hino/Toyota und Mitsubishi-Fuso, die einst so starken europäischen Hersteller.

Modell:	Mercedes-Benz Malaysia Bus
Baujahr:	1984
PS/kW:	170 PS/125 kW
Hubraum ccm:	5960
Motortyp:	R/6 Zylinder

Mercedes-Benz 1217 A Paris-Dakar

Im Bau von allradbetriebenen Lastwagen fürs Militär besitzt Mercedes-Benz viel Erfahrung. Ähnliche Anforderungen müssen die Servicefahrzeuge der Rallye Paris-Dakar erfüllen. Deshalb entstand auf der Basis des Allradlers 1217 der Bundeswehr dieser französische Truck, der sich wacker in der Wüste schlug. Die Motorleistung wurde von 168 auf 192 PS angehoben.

Modell:	Mercedes-Benz 1217 A Paris-Dakar
Baujahr:	1985
PS/kW:	192 PS/141 kW
Hubraum ccm:	5765
Motortyp:	R/6 Zylinder OM 352A

Mercedes-Benz 1219 A Paris-Dakar

Bei diesem Mercedes handelt es sich um einen lupenreinen Renntruck für die Rallye Paris-Dakar. Statt des älteren Reihenmotors aus der Epoche der Militärlaster arbeitet hier ein stark verbesserter, neu entwickelter V6-Motor unter der Haube. Mit 170 km/h brettert dieser potente Offroad-Renntruck mühelos über die Piste.

Modell:	Mercedes-Benz 1219 A Paris-Dakar
Baujahr:	1985
PS/kW:	320 PS/235 kW
Hubraum ccm:	9570
Motortyp:	V6 Zylinder OM 401 A

Mercedes-Benz 1928 Export

Eine ungewöhnliche Ausführung eines Reisebusses fährt in Namibia: Statt Luxusbus ein Mercedes-Sattelschlepper aus den 80er Jahren, der in der „Holzklasse" fährt. Ein Hänger für den Transport von Werkzeug, Ersatzreifen, Sprit und Lebensmitteln ist einfach angekoppelt. Nächster Stopp ist Botswana. Die Aufnahme entstand im Winter 2003.

Modell:	Mercedes-Benz 1928 Export
Baujahr:	1985
PS/kW:	280 PS/207 kW
Hubraum ccm:	12 760
Motortyp:	V8 Zylinder

Mercedes-Benz 3336 8x6-4

Für die Stuttgarter Berufsfeuerwehr entwickelte Mercedes-Benz diesen interessanten Wechselaufbau in Zusammenarbeit mit Meiller. Der Hakenabrollkipper ist für Großeinsätze mit Atemschutzgeräten der Firma Bachert seit 1987 im Einsatz. Allradantrieb muss bei derartig schwierigen Einsätzen obligatorisch sein.

Modell:	Mercedes-Benz 3336 8x6-4
Baujahr:	1987
PS/kW:	330 PS/243 kW
Hubraum ccm:	14 620
Motortyp:	V8 Zylinder OM 422A

Mercedes-Benz MB 100 D

Im spanischen Mercedes-Werk Vitoria wurden jahrzehntelang technisch verbesserte Tempo Madator- bzw. Hanomag Henschel-Kleintransporter gebaut, die mit ihrem Frontantrieb und der relativ schmalen Karosserie nicht mehr aktuell waren. Der Nachfolgetyp war der 1987 vorgestellte MB 100 D. Immer noch mit Frontantrieb, aber ein deutlicher Fortschritt gegenüber seinem Vorgänger.

Modell:	Mercedes-Benz MB 100 D
Baujahr:	1987
PS/kW:	72 PS/53 kW
Hubraum ccm:	2399
Motortyp:	R/4 Zylinder OM 616

Mercedes-Benz 2435

Dieser Dreiseitenkipper von Meiller wurde 1987 ausgeliefert. Für das Baugewerbe gab es auch Ausführungen mit zwei gelenkten Vorderachsen oder Sattelschlepper mit Kässbohrer-Hinterkippauflieger in Leichtmetall und den allradbetriebenen Muldenkipper. Man sieht: Jede ausgefüllte Marktlücke bringt Geld in die Konzernkasse.

Modell:	Mercedes-Benz 2435
Baujahr:	1987
PS/kW:	354 PS/262 kW
Hubraum ccm:	14 620
Motortyp:	V8 Zylinder OM 442 A

Mercedes-Benz 1944

Als Tankwagen für Rennfahrzeuge dient dieser bestens gepflegte Mercedes-Laster von 1987. Vom Typ 1944 gab es auch eine Sattelzugmaschine als 1944 S und mit Allradantrieb als 1944 AS.

Modell:	Mercedes-Benz 1944
Baujahr:	1987
PS/kW:	435 PS/320 kW
Hubraum ccm:	14 620
Motortyp:	V8 Zylinder OM 442 LA

Mercedes-Benz Unimog U 1550 L

Mit deutlich mehr Leistung unter der kurzen Motorhaube entwickelte sich dieser Typ zu einem der weltweit besten Offroad-Fahrzeuge. Die österreichische Firma Action Mobil stellte den kompakten Unimog auf die Räder.

Modell:	Mercedes-Benz Unimog U 1550 L
Baujahr:	1988
PS/kW:	150 PS/110 kW
Hubraum ccm:	5675
Motortyp:	R/6 Zylinder OM 352 A

Mercedes-Benz 2635 FLF

Auf dem Flughafen von Kapstadt wurde dieser FLF (Flugfeld-löschwagen) von 1988 aufgenommen. Die Mercedes-Benz-Baureihe „Neue Generation" verkaufte sich hervorragend. Ein großer Vorteil war die immense Vielfalt von Aufbauten und Antriebsvarianten, wie dieser allradbetriebene 6×6.

Modell:	Mercedes-Benz 2635 FLF
Baujahr:	1988
PS/kW:	354 PS/262 kW
Hubraum ccm:	14 620
Motortyp:	V8 Zylinder OM 442 A

Mercedes-Benz 2636 AK

Schwere Arbeit in der verschlammten Baugrube. Der 6×6 hat ein zulässiges Gesamtgewicht von 38 Tonnen mit der bewährten Muldenkippe von Meiller. Drei V8-Motoren und der V10 standen zur Wahl mit 354 PS, 375 PS und 435 PS. Der V10 brachte 355 PS auf die Achsen.

Modell:	Mercedes-Benz 2636 AK
Baujahr:	1989
PS/kW:	355 PS/261 kW
Hubraum ccm:	18 270
Motortyp:	V10 Zylinder OM 423

Mercedes-Benz 2250 Race Truck

Von der Kiesgrube auf die Piste? 1990 verblüffte das kampferprobte Rennteam von Heinz Dehnhardt die Konkurrenz in der obersten Klasse C mit diesem Mercedes-Baulaster vom Typ 2250. Der ganz große Erfolg blieb aus. 1990 siegte der Engländer Steve Parris auf dem deutlich leichteren Mercedes 1450.

Modell:	Mercedes-Benz 2250 Race Truck
Baujahr:	1989/90
PS/kW:	650 PS/481 kW
Hubraum ccm:	14 800
Motortyp:	V8 Zylinder

Mercedes-Benz Unimog U 1300 L

Ursprünglich Mitte der 70er Jahre für einen Großauftrag der Bundeswehr konzipiert, entwickelte sich der Unimog U 1300 L schnell zu einem Bestseller in der Unimog-Modellreihe. Seine enorme Vielseitigkeit bewährt sich immer wieder für die Feuerwehr, wie bei diesem TFL 8/18, oder bei den technischen Hilfswerken und im kommunalen Bereich. Das zulässige Gesamtgewicht liegt zwischen 7,5 und neun Tonnen.

Modell:	Mercedes-Benz Unimog U 1300 L
Baujahr:	1990
PS/kW:	130 PS/96 kW
Hubraum ccm:	5675
Motortyp:	R/6 Zylinder OM 352

Mercedes-Benz 1850 Eurocab

Innerhalb weniger Jahre änderte sich ab Mitte der 80er Jahre das Sicherheitsbewusstsein bei Fahrern und Spediteuren grundlegend. Völlig übermüdete Trucker sollten nicht mehr die Ursache für schwerste Verkehrsunfälle sein. Der Markt verlangte sofort nach Fahrerhäusern, die mit ordentlichen Kojen ausgestattet waren, wie bei diesem Eurocab. Aus heutiger Sicht war dies der bescheidene Einstieg für den erholsamen Schlaf im Fernverkehrslastwagen.

Modell:	Mercedes-Benz 1850 Eurocab
Baujahr:	1990
PS/kW:	375 PS/276 kW
Hubraum ccm:	14 620
Motortyp:	V8 Zylinder

Mercedes-Benz Rotel Tours

Rotel Tours ist der weltweit größte Veranstalter für Busreisen. Statt auf gemütliche Kaffeefahrt zu gehen, durchqueren die Rotel-Busse ganze Kontinente auf mitunter haarsträubend schlechten Pisten. Entsprechend verstärkt sind die Mercedes-Busse im Chassis, bei der Kühlung, dem Getriebe etc. Der komplette Fuhrpark von Rotel Tours besteht aus Mercedes-Bussen.

Modell:	Meredes-Benz Rotel Tours
Baujahr:	1990
PS/kW:	330 PS/243 kW
Hubraum ccm:	11 946
Motortyp:	V6 Zylinder

Mercedes-Benz 1450 Race Truck

Ex-Motorrad-Weltmeister Steve Parrish legte 1990 mit seinem exzellent präparierten MB 1450 den Grundstein für seine fünf Europameisterschaftstitel in der höchsten Klasse C, die bis 1993 von 14 101 bis 18 500 ccm galt. Spritzwassergekühlte Scheibenbremsen setzte der Brite als einer der ersten Fahrer ein. Die Temperatur auf den Bremsscheiben wird damit auf fast die Hälfte abgesenkt.

Modell:	Mercedes-Benz 1450 Race Truck
Baujahr:	1990
PS/kW:	750 PS/555 kW
Hubraum ccm:	14 500
Motortyp:	V6 Zylinder

Mercedes-Benz 1014

Dieser Mercedes vom Typ „Neue Generation leichte Klasse" wurde ab 1984 ausgeliefert. Unser Foto zeigt einen Expeditionslastwagen aus der südafrikanischen Produktion bei einem Stopp in Botswana. Die Basis bildet ein Pritschenwagen mit Holzaufbau.

Modell:	Mercedes-Benz 1014
Baujahr:	1990
PS/kW:	136 PS/100 kW
Hubraum ccm:	5958
Motortyp:	R/6 Zylinder OM 366

Mercedes-Benz 409 D

Ein bewährtes Transporter-Fahrgestell ist die ideale Basis für ein verwindungssteifes Wohnmobil. Die Firma Niesmann war einer der ersten deutschen Hersteller, die hochwertige Aufbauten aus Vollkunststoff auf Mercedes-Basis lieferte. Vom MB 409 gab es die meistverkaufte Dieselausführung mit etwas mageren 88 PS, sowie die stärkere Version als Benziner der Typ 410 mit 95 PS.

Modell:	Mercedes-Benz 409 D
Baujahr:	1992
PS/kW:	88 PS/65 kW
Hubraum ccm:	2998
Motortyp:	R/5 Zylinder D

Mercedes-Benz 3544

Für den schwersten Baustelleneinsatz wurde dieser Muldenkipper 1992 gebaut. Die elektropneumatische 16-Gang-Schaltung erleichtert die Arbeit des Fahrers und sorgt für den nötigen Kraftschluss. Die erste vordere Achse ist angetrieben, die zweite lenkt nur mit. Auf der gleichen Basis wurde auch eine Schwerlastsattelzugmaschine entwickelt.

Modell:	Mercedes-Benz 3544
Baujahr:	1992
PS/kW:	435 PS/322 kW
Hubraum ccm:	14 620
Motortyp:	V8 Zylinder OM 442LA

Mercedes-Benz 2644 S

Mit 435 PS war dieser schwere 6x4-Sattelschlepper nicht zu knapp motorisiert. Angetrieben wurde er vom damals stärksten Daimler-Benz OM 442 LA-Achtzylindermotor mit Turbolader und Ladeluftkühlung. Von 1985 bis 1994 lief diese schwere Baureihe mit beachtlichem Erfolg von den Fließbändern.

Modell:	Mercedes-Benz 2644 S
Baujahr:	1994
PS/kW:	435 PS/320 kW
Hubraum ccm:	14 620
Motortyp:	V8 Zylinder

Mercedes-Benz Luigi Colani

Nicht nur kleinen Jungs steht beim Anblick dieses futuristischen Trucks von Professor Luigi Colani der Mund offen. Das Modell von 1994 wurde in den vergangenen Jahren weiterentwickelt und könnte in den kommenden Jahren nochmals für Furore sorgen, denn nirgendwo sonst spielt der Luftwiderstand eine größere Rolle als beim Schwerlastwagen.

Modell:	Mercedes-Benz Luigi Colani
Baujahr:	1994
PS/kW:	375 PS/236 kW
Hubraum ccm:	14 620
Motortyp:	V8 Zylinder

Mercedes-Benz Unimog U 1200 ZW8 2S

Dieser Zweiweg-Unimog wurde von der Bundesbahn als Rangierlok für eine Anhängelast von 600 Tonnen zugelassen. Vier hydraulisch bedienbare Schwenkarme ermöglichen mit nur einer Person den schnellen Wechsel von der Straße auf die Schiene.

Modell:	Mercedes-Benz Unimog U 1200 ZW8 2S
Baujahr:	1994
PS/kW:	125 PS/92 kW
Hubraum ccm:	5675
Motortyp:	R/6 Zylinder

Mercedes-Benz 1834-S Super Race Truck

Mit der Werksunterstützung von Daimler-Benz gelang dem britischen Rennstall von David Atkins das Kunststück, fünf Mal die Europameisterschaft zu gewinnen. Das Bild zeigt Steve Parrish am Nürburgring 1994, dem ersten Jahr der neuen Super Race Truck-Wertung. Maximaler Hubraum 12 000 ccm. Erstmals stieg nun die Leistung auf über 1000 PS an.

Modell:	MB 1834-S Super Race Truck
Baujahr:	1994
PS/kW:	1100 PS/815 kW
Hubraum ccm:	12 000
Motortyp:	V6 Zylinder

Mercedes-Benz LN 1314

Bis 1984 wurde die erfolgreiche LP-Baureihe verkauft. Für die nächsten zwölf Jahre stand dann die völlig neue Modellserie LN in den Startlöchern, die von sechs Tonnen Gesamtgewicht bis zu 13 Tonnen reichte. Das Fahrerhaus lässt sich wie bei den schweren Lastern nach vorne kippen.

Modell:	Mercedes-Benz LN 1314
Baujahr:	1995
PS/kW:	136 PS/100 kW
Hubraum ccm:	5958
Motortyp:	R/6 Zylinder OM 366

Mercedes-Benz 709 D

Nicht nur im Schwabenländle kam die Baureihe T2 besonders erfreulich an. Dieser kommunale Pritschenwagen ist mit einem Gesamtgewicht von 5,9 Tonnen genau passend für den städtischen Bereich. Am besten verkaufte sich der Großtransporter für den Verteilerbedarf.

Modell:	Mercedes-Benz 709 D
Baujahr:	1995
PS/kW:	115 PS/85 kW
Hubraum ccm:	3972
Motortyp:	R/4 Zylinder OM 364 A

Mitsubishi Colt Bus

Seit 1930 ist Mitsubishi im Lastwagenbau und der Montage von Bussen tätig. Die ersten Modelle waren noch Kopien amerikanischer Hersteller, aber schon 1935 kam der erste selbst entwickelte Dieselmotor zum Einsatz. Auf der Basis des Mitsubishi Colt wurde dieser hübsche indonesische Bus montiert. Seit 15 Jahren fährt er zweimal täglich zum immer wieder aktiven Vulkan von Batur auf Bali.

Modell:	Mitsubishi Colt Bus
Baujahr:	1990
PS/kW:	100 PS/74 kW
Hubraum ccm:	2970
Motortyp:	R/4 Zylinder

Modell:	Moxy D16 B
Baujahr:	1981
PS/kW:	250 PS/185 kW
Hubraum ccm:	8600
Motortyp:	R/6 Zylinder

Moxy D16 B

Einer der kreativsten Hersteller von schweren Baufahrzeugen ist die Firma Moxy aus Norwegen. Vergleicht man die heutigen topgestylten Moxy-Knicklenker-Muldenkipper mit den kantigen Veteranen, dann ist schon optisch der Fortschritt der letzten 20 Jahre zu erkennen. Der Vorteil der Knicklenker gegenüber herkömmlichen Baulastwagen war schon damals die weitaus bessere Traktion im schweren Gelände durch die Einzelradbereifung. Beeindruckend war auch der deutlich höhere Komfort für den Fahrer, der immer unter Zeitdruck arbeiten muss.

Nissan Diesel CVW

Die ersten Nissan-Lastwagen wurden schon 1934 montiert. In einer Kooperation mit dem japanischen Motorenhersteller Minsei entstand 1960 der Name Nissan Diesel. In fast allen afrikanischen Staaten gehören diese robusten Nissan-Trucks zum gewohnten Straßenbild. Sie übernahmen letztlich die Position der britischen Bedford- und Leyland-Lastwagen, die einst den schwarzen Kontinent beherrschten. Die Aufnahme stammt aus Ägypten.

Modell:	*Nissan Diesel CVW*
Baujahr:	*1985*
PS/kW:	*135 PS/99 kW*
Hubraum ccm:	*6800*
Motortyp:	*R/6 Zylinder*

Nissan Diesel CVW-Bus

Fast am südlichsten Zipfel des afrikanischen Kontinents liegt das Königreich Lesotho mit Pass-Straßen, die sich auf über 3000 Meter hochwinden. Dieser Pass hat den schönen Namen „The impossible", der Unmögliche, entsprechend widerstandsfähig muss der fahrbare Untersatz sein. Dieser Nissan Diesel erfüllt seine Pflicht schon 15 Jahre lang, ohne zu klagen.

Modell:	*Nissan Diesel CVW-Bus*
Baujahr:	*1990*
PS/kW:	*160 PS/118 kW*
Hubraum ccm:	*6800*
Motortyp:	*R/6 Zylinder*

Opel Bedford Blitz

Macht der Erfolg blind? 1987 stellte Opel die Produktion seiner Transporter-Reihe vollständig ein. Im gleichen Zeitraum verkauften sich die Opel-Personenwagen hervorragend. Der letzte Opel Bedford Blitz wurde von Vauxhall/England für den GM-Konzern entwickelt und in Deutschland nur noch schleppend verkauft. Die Rüsselsheimer zogen sich für die nächsten zehn Jahre aus dem Transportergeschäft zurück und überließen Mercedes-Benz und VW den lukrativen Markt.

Modell:	*Opel Bedford Blitz*
Baujahr:	*1987*
PS/kW:	*80 PS/59 kW*
Hubraum ccm:	*2278*
Motortyp:	*R/4 Zylinder B*

Oshkosh – Gelbe Riesen aus Wisconsin

Als Spezialist für schwerste Zugmaschinen und Sonderfahrzeuge besitzt die amerikanische Firma Oshkosh einen hervorragenden Ruf. Oshkosh ist seit 1917 Lieferant der US Army. Die meisten Schwersttransporter werden in Zusammenarbeit mit den Streitkräften konzipiert. Neben diesen lukrativen Aufträgen entwickelt Oshkosh riesige Feuerlöschfahrzeuge und Schneeräummaschinen für Großflughäfen.

Oshkosh Mixer Serie S

Eigene Wege geht Oshkosh auch bei der Produktion seiner riesigen Schneeräumfahrzeuge und der Betonmischer. Dieser Mixer von 1982 besitzt einen Heckmotor. Das Abladen der Ladung erfolgt deshalb nach vorne, was den rationellen Einmannbetrieb ermöglicht.

Modell:	Oshkosh Mixer Serie S
Baujahr:	1982
PS/kW:	400 PS/294 kW
Hubraum ccm:	14 890
Motortyp:	V8 Zylinder

Oshkosh F

Die berühmten Oshkosh-Schwerlastwagen werden nicht in Serie, sondern genau nach den Bedürfnissen der Käufer hergestellt. Dieser Oshkosh der Serie F wird seit 1980 sowohl in den USA als auch in Südafrika montiert. Die breiten Niederdruckreifen sind für den Betrieb in sandigem Gelände gedacht. Zum Einsatz kommen bis zu 800 PS starke Dieselmotoren von Cummins oder Detroit Diesel.

Modell:	Oshkosh F
Baujahr:	1984
PS/kW:	720 PS/529 kW
Hubraum ccm:	19 180
Motortyp:	V12 Zylinder Detroit Diesel

Oshkosh M 911

Das M zeigt die militärische Nutzung. Oshkosh-Schwerlastwagen gehören zum Standard-equipment vieler Streitkräfte, wie hier beim Transport eines 60 Tonnen schweren Panzers.

Modell:	*Oshkosh M 911*
Baujahr:	*1986*
PS/kW:	*590 PS/434 kW*
Hubraum ccm:	*18 402*
Motortyp:	*V8 Zylinder*

Oshkosh Center A.

Schon im ersten Irak-Krieg setzte die US Army Oshkosh-Trucks für verschiedene Aufgaben ein. Hier wird eine Funkstation zum nächsten Bestimmungsort transportiert. Auch bei diesem Schwerlastwagen erfolgt der Antrieb 8x8 über ein mittig angeordnetes Kardangelenk. Ältere Oshkosh-Exemplare werden vom Werk übernommen, modernisiert und für etwa 60 Prozent vom Neuwert an den vorherigen oder einen neuen Kunden verkauft. Bislang wurden über 13 000 Wagen von diesem Typ an die amerikanischen Streitkräfte ausgeliefert.

Modell:	*Oshkosh Center A.*
Baujahr:	*1990*
PS/kW:	*500 PS/368 kW*
Hubraum ccm:	*18 808*
Motortyp:	*V8 Zylinder*

Oshkosh M

Für rein militärische Aufgaben wurde dieser Oshkosh M 1991 entwickelt. Die militärische Bezeichnung: HEMTT (Heavy Expanded Mobility Tactical Trucks). Im Gegensatz zu den Knicklenkerkonstruktionen der schweren Muldenkipper mit dieselelektrischem Antrieb wird hier der Allradantrieb 8x8 über ein Kardangelenk mit Ausgleichgetriebe rein mechanisch auf die beiden Hinterachsen übertragen. Eingebaut ist ein V8-Detroit Diesel-Motor.

Modell:	*Oshkosh M*
Baujahr:	*1991*
PS/kW:	*445 PS/327 kW*
Hubraum ccm:	*16 840*
Motortyp:	*V8 Zylinder*

Oshkosh Desert King

Mit 2400 PS ab in die Wüste. Hier wird eine Meerwasserentsalzungsanlage nach Dubai transportiert. Die vier Oshkosh-Trucks sind mit Zwölfzylinder-Cummins-Dieselmotoren bestückt. Die amerikanische Firma ist im Ölfeldgeschäft stark engagiert und liefert auch V16-Zylindermotoren mit bis zu 850 PS.

Modell:	*Oshkosh Desert King*
Baujahr:	*1987*
PS/kW:	*600 PS/444*
Hubraum ccm:	*16 800*
Motortyp:	*V12 Zylinder*

Oshkosh 8x8 M/C

Mit der Erfahrung von 85 Jahren im Bau von Schwerlastwagen ist die amerikanische Firma Oshkosh überall auf der Welt vertreten, wo schwerste Arbeit verrichtet werden muss. In den Vereinigten Arabischen Emiraten werden die robusten Oshkosh-Laster zum Transport von Bohrgeräten eingesetzt. Auch im verfeindeten Iran rollen zahlreiche Oshkosh-Schwerlastwagen für den Transport von Panzern. Hier wird ein sowohl für zivile wie auch für militärische Einsätze konstruierter Oshkosh 8x8M/C gezeigt.

Modell:	Oshkosh 8x8 M/C
Baujahr:	1994
PS/kW:	500 PS/368 kW
Hubraum ccm:	18 808
Motortyp:	V8 Zylinder

Oshkosh T-1500-ARFF

Auf den internationalen Flugplätzen sind die allradbetriebenen Oshkosh-Tanklöschwagen seit vielen Jahren im Einsatz. Dieser T-1500 ist mit je einer Löschkanone auf dem Dach und über der Stoßstange ausgerüstet. Löschkapazität 11 350 Liter.

Modell:	Oshkosh T-1500-ARFF
Baujahr:	1995
PS/kW:	560 PS/412 kW
Hubraum ccm:	16 890
Motortyp:	V12 Zylinder

Pegaso Paris-Dakar

Mitte der 80er Jahre setzte Pegaso mehrfach werksunterstützte Renntrucks für die Rallye Paris-Dakar ein. Auf der Basis eines Militärlastwagens entstand dieser weiße Bolide, der knapp am Gesamtsieg vorbeischrammte. Pegaso gehört heute zur Fiat-Iveco-Holding.

Modell:	Pegaso Paris-Dakar
Baujahr:	1985
PS/kW:	380 PS/281 kW
Hubraum ccm:	12 860
Motortyp:	R/6 Zylinder TD

Pegaso 96 R Turbo

1990 übernahm Iveco die Mehrheit an den spanischen Pegaso-Anteilen. Aus dieser Ehe entstand der abgebildete Pegaso Turbo. Fast baugleich mit der Euro Tech-Serie wurden diese Fahrzeuge auch in Venezuela in einem Zweigwerk produziert.

Modell:	Pegaso 96 R Turbo
Baujahr:	1992
PS/kW:	360 PS/267 kW
Hubraum ccm:	11 945
Motortyp:	R/6 Zylinder

Peterbilt – Stets ein starker Auftritt

Die Traditionsfirma Peterbilt wurde 1958 in den Paccar-Konzern integriert. Mit sieben Grundmodellen versorgte Peterbilt in den 80er und 90er Jahren die Bauindustrie und Sägewerke mit besonders robusten Trucks, die technisch gesehen deutlich hinter den modernen, windschlüpfigen Modellen der Konkurrenz lagen. An seinen Fernverkehrslastwagen „erlaubte" die konservative Kundschaft leichte Rundungen in der Karosserieform. Mehr wurde bis 1995 nicht verlangt und auch nicht geliefert.

Peterbilt 362

Etwa 50 Prozent der Motorleistung wird bei schweren Trucks über den Luftwiderstand vernichtet. Mitte der 80er Jahre trieben die gestiegenen Treibstoffkosten den amerikanischen Spediteuren die Schweißperlen auf die Stirn. 40 Prozent der Gesamtkosten für den Truck, wie Fahrerlöhne und Wartung, gehen zu Lasten der Spritpreise. Der kleine Spoiler auf dem Fahrerhaus erfüllte die Erwartung der Fahrer nur zu einem ganz geringen Teil.

Modell:	Peterbilt 362
Baujahr:	1984
PS/kW:	310 PS/228 kW
Hubraum ccm:	13 890
Motortyp:	R/6 Zylinder

Peterbilt 362 Cabover

An den drei Scheibenwischern erkennt man den Peterbilt 362 Cabover, der in einem neuen Werk in Denton/Texas vom Fließband rollte. Noch relativ zaghafte aerodynamische Verbesserungen sollten den Spritverbrauch senken. Die tiefer heruntergezogene Stoßstange war eine dieser Maßnahmen.

Modell:	Peterbilt 362 Cabover
Baujahr:	1982
PS/kW:	280 PS/206 kW
Hubraum ccm:	13 802
Motortyp:	R/6 Zylinder

Peterbilt 378

Dieser besonders schön dekorierte Peterbilt 378 entstand Mitte der 80er Jahre aus der erfolgreichen Baureihe 359. Drei verschieden große Schlafkabinen waren für den nötigen Komfort auf langen Reisen. Als adäquate Motorisierung standen der bewährte Caterpillar C-10 mit 350 PS und acht weitere Detroit- und Cummins-Motoren mit bis zu 550 PS im Angebot.

Modell:	Peterbilt 378
Baujahr:	1986
PS/kW:	480 PS/353 kW
Hubraum ccm:	14 890
Motortyp:	V8 Zylinder

Peterbilt 377 A

An die Optik der runden Linien der 1986 vorgestellten Peterbilt 377 gewöhnten sich die Trucker an der Westküste der USA nur mit deutlicher Verzögerung. Die Abkehr von der bisher gewohnten kantigen Formen mit viel Zierrat aus Chrom brachte eine spürbare Reduzierung von etwa neun Prozent des Spritverbrauchs.

Modell:	Peterbilt 377 A
Baujahr:	1987
PS/kW:	350 PS/257 kW
Hubraum ccm:	13 890
Motortyp:	R/6 Zylinder

Peterbilt 378 4x2

Erst 1939 entstand Peterbilt aus dem Nachlass der Fageol Waukesha Motor Company. Zum 50. Geburtstag im Herbst 1989 wurde eine Sonderserie des Typs 378 aufgelegt, die alle Truck-Fans begeisterte. Dieser 378 in 4x2-Konfiguration setzte noch eine Rolls Royce-Kühlerfigur obendrauf.

Modell:	Peterbilt 378 4x2
Baujahr:	1989
PS/kW:	450 PS/331 kW
Hubraum ccm:	14 890
Motortyp:	V8 Zylinder

Peterbilt 379 6x4

Nicht allzu häufig begegnet man einem Schlepper, der im Baugewerbe tätig und dennoch mit einer Schlafkabine ausgerüstet ist. Bei diesem Peterbilt 379 von 1990 ist der Fahrer gleichzeitig dessen Besitzer. Als selbstständiger Unternehmer nimmt man in den USA fast jeden Auftrag an, der sich bietet. Geschlafen wird im Truck Stop, weit außerhalb größerer Ortschaften.

Modell:	Peterbilt 379 6x4
Baujahr:	1990
PS/kW:	440 PS/323 kW
Hubraum ccm:	14 680
Motortyp:	V8 Zylinder

235

Peterbilt 377

Eine radikale Abkehr vom bisherigen Design seiner berühmten chromblitzenden Fronthauber bedeutete der aerodynamisch deutlich verbesserte Peterbilt 377 von 1995. Der Kunde durfte zwischen einem Chassis aus Stahl oder dem leichteren Aluminium wählen. Auch für die Sicherheit von Mensch und Ladung wurde gesorgt. So kam ein neu entwickeltes ABS-Bremssystem von Rockwell-Wabco zum Einbau.

Modell:	Peterbilt 377
Baujahr:	1995
PS/kW:	350 PS/257 kW
Hubraum ccm:	13 890
Motortyp:	R/6 Zylinder

Pierce Aerial Ladder

In den USA sind die Gebäude in den Großstädten meist deutlich höher als in Europa. Darauf richten sich alle Hersteller ein. Dieser Pierce Aerial Ladder schafft eine Löschplattform in bis zu 40 Meter Höhe. Alle Bedienfunktionen sind vom Korb aus steuerbar.

Modell:	Pierce Aerial Ladder
Baujahr:	1995
PS/kW:	279 PS/205 kW
Hubraum ccm:	12 890
Motortyp:	R/6 Zylinder

Phoenix-MAN Race Truck

Leicht, stark, zuverlässig. Schon 1991 gewann Gerd Körber mit seinem ungewöhnlich kompakten Phoenix-MAN die Europameisterschaft in der höchsten Klasse bis 18 500 ccm. Rennen werden auch auf der Bremse gewonnen. Im Vergleich zur Konkurrenz fuhr und bremste Gerd fast immer am absoluten Limit, wie die Aufnahme von 1990 zeigt.

Modell:	Phoenix-MAN Race Truck
Baujahr:	1989/90
PS/kW:	850 PS/630 kW
Hubraum ccm:	18 000
Motortyp:	R/6 Zylinder MAN

Raba Turbo S22

1904 wurden bei Raba in Ungarn die ersten Lastwagen montiert. 1920 ging man eine Kooperation mit Krupp ein, die nur zehn Jahre lang hielt. In den 30er Jahren kam es dann zu einer erfolgreichen Zusammenarbeit mit MAN. Seit 1960 verlassen leicht modifizierte MAN-Konstruktionen als Raba-Lastwagen das Werk in Ungarn.

Modell:	Raba Turbo S22
Baujahr:	1986
PS/kW:	290 PS/215 kW
Hubraum ccm:	12 000
Motortyp:	R/6 Zylinder

Praga UV 80

Im Frühjahr 1910 rollte der erste Praga-Lastwagen aus einer kleinen Werkstätte bei Prag. Nach dem Zweiten Weltkrieg arbeitete Praga eng mit Tatra zusammen und entwickelte Getriebe, aber auch Flugzeugkomponenten. Praga-Lastwagen wurden in Jugoslawien auch als TAM und Orava verkauft. Ganz im Stil eines Unimog wühlt sich dieser nicht nur im Truck Trial-Sport erfolgreiche Praga UV 80 durchs Gehölz. Vielleicht sieht man die originellen Offroader nun häufiger bei uns nach dem Beitritt Tschechiens in die EU.

Modell:	Praga UV 80
Baujahr:	1994
PS/kW:	80 PS/59 kW
Hubraum ccm:	3600
Motortyp:	R/4 Zylinder

Renault – Expansion ist angesagt

Mit dem Renault Magnum AE gelingt dem Hersteller der Durchbruch in der schweren Fernverkehrsklasse. 1991 erhält Renault die begehrte Auszeichnung „Truck des Jahres" und kooperiert über eine jeweils 45-prozentige Beteiligung mit Volvo. Letztlich scheitert die geplante Fusion beider Unternehmen 1995. Dafür arbeitet der französische Staatskonzern Renault mit Iveco bei der Busproduktion, mit Sisu in Finnland und mit Nissan in Japan zusammen.

Renault-Dodge

Die Einkaufstour wurde von Renault in den 70er und 80er Jahren konsequent fortgesetzt. Von Peugeot übernahm Renault 1981 einen 50-prozentigen Anteil von Dodge England und Spanien, nachdem man schon mit dem renommierten amerikanischen Hersteller Mack einen dicken Fisch geangelt hatte.

Modell:	Renault-Dodge
Baujahr:	1982
PS/kW:	160 PS/118 kW
Hubraum ccm:	2980
Motortyp:	R/4 Zylinder

Renault G230

1983 wurde der wohlgeformte Renault G230 zum „Truck des Jahres" gekürt. In jenem Jahr war es für den Fotografen noch ein leichtes, dieses Modell auf der damals noch verkehrsarmen Autobahn abzulichten.

Modell:	Renault G230
Baujahr:	1983
PS/kW:	230 PS/169 kW
Hubraum ccm:	11 100
Motortyp:	R/6 Zylinder

Renault Virages Studie

Für eine Überraschung ist Renault immer gut. Am 1986 vorgestellten Renault Virages demonstrierte Renault die konsequente Verringerung des Luftwiderstandes, sichtbar an den seitlichen Schürzen oder dem abgeschrägten Heck zur Vermeidung von Wirbelschleppen. Unter dem Strich war der Renault Virage der Vorläufer des unkonventionellen Renault Magnum AE, der bis heute die Gemüter erregt.

Modell:	Renault Virages Studie
Baujahr:	1986
PS/kW:	400 PS/294 kW
Hubraum ccm:	12 000
Motortyp:	R/6 Zylinder

Renault G260

Die G-Typenreihe war absolut konventionell im Vergleich zum Magnum mit seinem riesigen Platzangebot im Fahrerhaus.

Modell:	Renault G260
Baujahr:	1989
PS/kW:	260 PS/191 kW
Hubraum ccm:	11 100
Motortyp:	R/6 Zylinder

Renault-Berliet 4x4

Einst für militärische Zwecke konstruiert, sind die hoch geländegängigen Renault-Berliet-Allradler in allen französischen Übersee-Departements und bei der Feuerwehr noch heute voll im Einsatz. Das Foto zeigt einen Gerätewagen der Feuerwehr von Macon.

Modell:	Renault-Berliet 4x4
Baujahr:	1987
PS/kW:	94 PS/69 kW
Hubraum ccm:	3200
Motortyp:	R/4 Zylinder

Renault Magnum AE 380

Mit einem radikalen Wandel in Design überraschte Renault 1990 die Fachwelt. Kein anderes Fahrerhaus bot ähnlichen Komfort für den Fahrer. Noch heute, gut 15 Jahre später, schwören viele Unternehmer auf diesen innovativen Truck. Eingebaut ist der Mack/Renault-Motor vom Typ MIDR 06.35.40N/3.

Modell:	Renault Magnum AE 380
Baujahr:	1991
PS/kW:	385 PS/283 kW
Hubraum ccm:	12 000
Motortyp:	R/6 Zylinder

Renault-Berliet TR280

Bei MAN schmückt aus Gründen der Tradition der Büssing-Löwe den Kühlergrill, bei Renault wird vom einstigen Konkurrenten Berliet der Schriftzug an den militärischen und einigen Export-Lastwagen verwendet. Unter der Haube arbeiten nun Renault-Motoren.

Modell:	Renault-Berliet TR280
Baujahr:	1992
PS/kW:	280 PS/206 kW
Hubraum ccm:	11 100
Motortyp:	R/6 Zylinder

Renault Show Truck

Zum Publikumsliebling avancierte dieser französische Show Truck von Renault, der in den 90er Jahren bei Grand Prix-Rennen auftrat. Ein getunter V8-Motor sorgte für die adäquate Beschleunigung.

Modell:	Renault Show Truck
Baujahr:	1995
PS/kW:	400 PS/294 kW
Hubraum ccm:	13 680
Motortyp:	V8 Zylinder

Robur L0 3001

Dieser perfekt restaurierte Robur-Bus begeisterte schon viele westdeutsche Oldtimer-Fans, die zum ersten Mal einen ostdeutschen Bus im Originalzustand kennenlernen durften. Der Robur L0 3001 wurde mit einem wassergekühlten Vierzylindermotor ausgeliefert, der wesentlich robuster ist als der alte luftgekühlte Vorgänger, meinen die jetzigen Besitzer.

Modell:	Robur L0 3001
Baujahr:	1984
PS/kW:	68 PS/50 kW
Hubraum ccm:	3900
Motortyp:	R/4 Zylinder

Renault SP 2B 16 Trial

Auch hier stand ein universeller allradbetriebener Lastwagen von Renault Pate für den Truck Trial-Einsatz. Das gleiche Fahrgestell wird auch für Feuerwehrfahrzeuge, kleine Baulaster und fürs Militär benutzt.

Modell:	Renault SP 2B 16 Trial
Baujahr:	1995
PS/kW:	152 PS/112 kW
Hubraum ccm:	4000
Motortyp:	R/4 Zylinder

Scania – Mit eigenen Ideen zum Erfolg

Die Konkurrenz schüttelte die Köpfe, aber Scania hielt Kurs, 1989 wurde die neue Baureihe 143 zum „Truck des Jahres" gekürt. Die Scania-Hauber erschienen wie Lastwagen aus einer längst vergangenen Epoche. Doch in Wirklichkeit trafen sie exakt die Wünsche der Fahrer, die mit einer Fuhre Holz, Baumaterial oder mit dem Tanksilo unterwegs sind.

Scania 113H

Bei São Paulo/Brasilien betreibt Scania schon seit über 25 Jahren eine bestens ausgelastete Fabrik für Lastwagen und Busse. Unser Foto zeigt einen brasilianischen Scania 113H bei der Zuckerrohrernte. Die Baureihe 112/113 unterschied sich formal grundlegend vom runden Vorgänger, dem Typ LT 111.

Modell:	Scania 113H
Baujahr:	1982
PS/kW:	260 PS/191 kW
Hubraum ccm:	11 000
Motortyp:	R/6 Zylinder

SCANIA

Modell:	Scania 111 Race Truck
Baujahr:	1987
PS/kW:	890 PS/554 kW
Hubraum ccm:	14 800
Motortyp:	V8 Zylinder

Scania 111 Race Truck

Die einen bezeichnen den rund 20 Jahre alten Scania 111 als altes Eisen, die anderen Fans erfreuen sich an diesem quicklebendigen Monstrum. Der Holländer Erwin Kleinnagelvoort wuchtet seinen liebevoll getunten Oldie bei den britischen Meisterschaftsrennen so mit Schmackes um den Kurs, dass mancher Jüngere seine Not hat. Hier gibt es noch kein Hubraumlimit von 12 000 ccm.

Scania 143E

1989 wurde Scanias Baureihe 143 von der europäischen Fachpresse zum „Truck des Jahres" gewählt. Jetzt gab der neue V8-Turbodiesel 450 PS ab. Derart üppig motorisiert spendierten die Schweden ihrem bärenstarken Laster noch ein neues Zehnganggetriebe mit Geschwindigkeitsregler. Die wertvolle Auszeichnung war redlich verdient.

Modell:	Scania 143E
Baujahr:	1989
PS/kW:	450 PS/331 kW
Hubraum ccm:	15 600
Motortyp:	V8 Zylinder

Scania 142H

Holztransporte sind ein schwieriges Geschäft, besonders im hohen Norden Skandinaviens, wo im Winter das Thermometer weit unter 35 Grad minus absinken kann. Hier trifft man auf die unverwüstlichen Scania-Hauber 142 H mit Allradantrieb, die im Einmannbetrieb ihren schweren Job erledigen. Eine spezielle Vorwärmeinrichtung für Diesel verhindert das Versulzen des Treibstoffs.

Modell:	Scania 142H
Baujahr:	1990
PS/kW:	450 PS/331 kW
Hubraum ccm:	15 600
Motortyp:	V8 Zylinder

Scania 112E

Die schwedischen Hauber von Scania behaupten sich bestens in den Ländern der so genannten „Dritten Welt". Hier kommt es weniger auf maximale Leistung und günstigen Spritverbrauch an, hier muss der Fahrer seinen Truck am Laufen halten, auch wenn die Mechanik streikt. Unser Foto zeigt eine typische Truckersituation im Senegal.

Modell:	Scania 112E
Baujahr:	1990
PS/kW:	320 PS/235 kW
Hubraum ccm:	10 600
Motortyp:	R/6 Zylinder

Scania R142M

In den 80er und Anfang der 90er Jahre feilten nur wenige Hersteller an der Aerodynamik ihrer Fahrerhäuser. Vergleicht man diesen kantigen Scania mit den windschlüpfigen Modellen mit hoher Schlafkabine, wird der Fortschritt besonders deutlich.

Modell:	Scania R142M
Baujahr:	1990
PS/kW:	475 PS/349 kW
Hubraum ccm:	15 600
Motortyp:	V8 Zylinder

Scania 142E

Mitte der 80er Jahre interessierte sich kein europäischer Hersteller mehr für die klassischen Hauber, bis auf einen, Scania. Unser Scania 142E wurde überraschend gut verkauft, denn für schwerste Transporte gibt es nicht nur für amerikanische oder australische Trucker nichts besseres als einen Hauber.

Modell:	Scania 142E
Baujahr:	1990
PS/kW:	450 PS/331 kW
Hubraum ccm:	15 600
Motortyp:	V8 Zylinder

Scania 112E

Schwedische Trucks sind in Botswana, wo dieses Foto entstand, noch eine Seltenheit, aber die Mundpropaganda unter den Fahrern stärkt das Vertrauen in die Marke. Nur in Nordamerika ist Scania bislang nicht vertreten.

Modell:	*Scania 112E*
Baujahr:	*1990*
PS/kW:	*320 PS/235 kW*
Hubraum ccm:	*10 600*
Motortyp:	*R/6 Zylinder*

Modell:	*Scania 113M Race Truck*
Baujahr:	*1994*
PS/kW:	*500 PS/370 kW*
Hubraum ccm:	*12 000*
Motortyp:	*R/6 Zylinder*

Scania 113M Race Truck

Der kleinste Scania Race Truck fuhr 1994 in der neu geschaffenen Race Truck-Klasse bis 12 000 ccm mit. Das Siegerfahrzeug war allerdings der wuchtige Volvo NL 12 Intercooler von Bolje Ovebrink aus Schweden. Mit entsprechender Werksunterstützung hätten sich die privaten Scania-Teams durchaus Chancen für vordere Plätze im Championat ausrechnen können.

Scania 112H

In der mittelschweren Baureihe liegt das zulässige Gesamtgewicht zwischen 16 und 36 Tonnen, gerade recht für dieses schnelle norwegische Feuerlöschfahrzeug, das in Bergen stationiert ist. Hier sind noch viele historische Gebäude aus Holz gebaut, das Brandrisiko ist entsprechend hoch.

Modell:	*Scania 112H*
Baujahr:	*1995*
PS/kW:	*340 PS/250 kW*
Hubraum ccm:	*10 600*
Motortyp:	*R/6 Zylinder*

Steyr 91 TFL

Nicht nur in Österreich gehören die bewährten Lastwagen von Steyr zum gewohnten Straßenbild, auch im ganzen Vorderen Orient sind Steyr 91-Tanklöschwagen und Baustellenfahrzeuge verbreitet, und selbst auf chinesischen Straßen rollen Steyr-Trucks seit den 70er Jahren. Unter der Regie von MAN erleben die Steyr-Lastwagen jetzt wieder ein bemerkenswertes Comeback.

Modell:	*Steyr 91 TFL*
Baujahr:	*1983*
PS/kW:	*300 PS/221 kW*
Hubraum ccm:	*11 971*
Motortyp:	*V8 Zylinder*

Tata-Mercedes

Man traut seinen Augen kaum: Irgendwie sieht dieser gelbe Truck wie ein verkappter Mercedes-Kurzhauber aus. Tatsächlich handelt es sich um ein ehrwürdiges Exemplar der indischen Tata-Werke, die jahrzehntelang mit Mercedes-Innereien Trucks montierte. Heute setzt Tata auf eigenständige Konstruktionen mit Cummins-Dieselmotoren. Tata ist einer der größten Truckhersteller der Welt mit sehr beachtlichen Zuwachsraten.

Modell:	Tata-Mercedes
Baujahr:	1986
PS/kW:	168 PS/123 kW
Hubraum ccm:	5675
Motortyp:	R/6 Zylinder OM 352 A

Steyr 14.91.330 Trial

Mit allradbetriebenen Lastwagen kennt sich Steyr so gut aus wie kaum ein anderer Hersteller. Dieser 12,4-Tonner fährt bei der Europameisterschaft der Truck Trial an der Spitze mit. Die Fahrer sind Helmut Kröpfel und Hermann Anzini.

Modell:	Steyr 14.91.330 Trial
Baujahr:	1995
PS/kW:	330 PS/243 kW
Hubraum ccm:	11 971
Motortyp:	V8 Zylinder

Tatra 813

Wenn nichts mehr geht, dann schlägt die Stunde der berühmten Tatra 813. Einst für militärische Zwecke entwickelt, zeigt der luftgekühlte Laster heute seine Qualitäten bei Expeditionen oder auch als Servicefahrzeug bei der Rallye Paris-Dakar. Zentralrohrrahmen, einzeln aufgehängte Räder und Allradantrieb mit zwei gelenkten Vorderachsen, das sind die inneren Qualitäten von diesem außergewöhnlichen Fahrzeug.

Modell:	Tatra 813
Baujahr:	1990
PS/kW:	312 PS/231 kW
Hubraum ccm:	12 700
Motortyp:	V12 Zylinder

243

Tatra Terrno Paris-Dakar

Tatra behauptet sich seit Jahren mit an der Spitze der Truck-Wertung beim Langstrecken-rennen Paris-Dakar. Zwischen den russischen Kamaz und den tschechischen Tatra besteht seit geraumer Zeit eine gesunde Rivalität, die zu Höchstleistungen animiert.

Modell:	Tatra Terrno Paris-Dakar
Baujahr:	1986
PS/kW:	500 PS/370 kW
Hubraum ccm:	12 700
Motortyp:	V8 Zylinder, luftgekühlt

Tatra Paris-Dakar

Tatra beteiligt sich seit fast 15 Jahren an der Rallye Paris-Dakar, dem zweifellos härtesten Langstreckenrennen der Neuzeit, und konnte hier schon mehrfach die Truck-Wertung gewinnen. 1991 wurde dieser französische Tatra Race Truck als schneller Servicewagen eingesetzt.

Modell:	Tatra Paris-Dakar
Baujahr:	1990
PS/kW:	380 PS/279 kW
Hubraum ccm:	13 800
Motortyp:	V10 Zylinder, luftgekühlt

Tatra Terrno 6x6

Tatra konnte sich auch in schwierigen Zeiten behaupten, denn an der Qualität wurde nie gespart. Als neues Mitglied der EU wird man neben den bewährten luftgekühlten Bau-lastern der Terrno-Baureihe nun auch wasser-gekühlte Fahrzeuge mit amerikanischen Cummins- und Caterpillar-Motoren anbieten.

Modell:	Tatra Terrno 6x6
Baujahr:	1995
PS/kW:	240 PS/178 kW
Hubraum ccm:	12 700
Motortyp:	V8 Zylinder

Titan-Iveco 32500

Ein 195 Tonnen schwerer Transformator wird vom Güterbahnhof Bern ins AKW Mühle-berg transportiert. Das Gesamtgewicht der Transporteinheit beträgt hier 330 Tonnen. Hanspeter Tschudy ließ sich von Titan diesen Truck mit dem 16-achsigen Scheuerle-Seiten-träger bauen. Der Tschudy-Titan ist mit einer Iveco-Turbostarkabine ausgerüstet, als Antrieb dient ein durchzugsstarker Panzer-motor. Dornier half bei der Realisierung von diesem außergewöhnlichen Schwertrans-porter. Hinter der Kabine sitzt ein zweiter Kühler für das 16-Ganggetriebe.

Modell:	Titan-Iveco 32500
Baujahr:	1995
PS/kW:	560 PS/415 kW
Hubraum ccm:	18 100
Motortyp:	V8 Zylinder

Toyota HiAce

Kaum ein anderer Transporter ist weltweit so verbreitet wie der Toyota HiAce.
Ob als Buschtaxi in Afrika, als Piratentaxi
auf der Karibikinsel St. Lucia, unser Bild,
oder als Kleintransporter für Mensch und
Gepäck in ganz Asien, der Toyota HiAce
überzeugt durch seine unkomplizierte
Mechanik und Langlebigkeit.

Modell:	Toyota HiAce
Baujahr:	1987
PS/kW:	88 PS/65 kW
Hubraum ccm:	2494
Motortyp:	R/4 Zylinder D

Toyota Dyna Bus

Made in China ist dieser Toyota-Bus aus
Hongkong. Im Joint-venture werden Motoren und Getriebe plus Lenkung und Achsen
aus Japan angeliefert, der Karosseriebau
und die Montage erfolgen dann in China.
Ausländische Hersteller dürfen nur mit
einer mindestens 51-prozentigen Beteiligung an chinesischen Werken im Reich der
Mitte Lastwagen und Busse herstellen.

Modell:	Toyota Dyna Bus
Baujahr:	1995
PS/kW:	115 PS/84 kW
Hubraum ccm:	2980
Motortyp:	R/4 Zylinder

Toyota Dyna Rino 115

Den besten Ruf genießen die Kleinlaster von
Toyota auch auf dem indonesischen Archipel.
Toyota Japan liefert das rollende Chassis an,
und mit landeseigenen Aufbauten wird der
Laster dann nach den Wünschen der Kund-
schaft in Indonesien komplettiert.

Modell:	Toyota Dyna Rino 115
Baujahr:	1995
PS/kW:	115 PS/84 kW
Hubraum ccm:	2980
Motortyp:	R/4 Zylinder

Toyota Dyna

Wer seinen Truck liebt, verschönt ihn auch –
getreu diesem Motto hängen die meisten
indonesischen Trucker eine Menge Lametta
an ihren fahrbaren Arbeitsplatz.

Modell:	Toyota Dyna
Baujahr:	1995
PS/kW:	115 PS/84 kW
Hubraum ccm:	2980
Motortyp:	R/4 Zylinder

Unic 75 4x4

Der französische Hersteller Unic kooperierte lange Jahre mit Saurer und ging
nach einem Zwischenspiel mit Simca
letztlich in die Hände von Fiat/Iveco
über. Unser Bild zeigt eine Gemein-
schaftsproduktion von Fiat und Unic,
die in Frankreich als Unic und in Italien
als Fiat meist ans Militär verkauft
wurde.

Modell:	Unic 75 4x4
Baujahr:	1987
PS/kW:	75 PS/55 kW
Hubraum ccm:	2900
Motortyp:	R/4 Zylinder

Ural 432 Truck Trial

Für seine kernigen Geländelastwagen ist der russische Hersteller Ural in allen Ländern Osteuropas bestens bekannt. Abseits von asphaltierten Fernstraßen pflügen sich diese robusten Allradler durch schwerstes Gelände, wie bei der Europameisterschaft der Trialer, wo technische Verbesserungen in Maßen erlaubt sind. Der gelbe Ural gewann schon die Europameisterschaft in seiner Klasse.

Modell:	Ural 432 Truck Trial
Baujahr:	1995
PS/kW:	180 PS/133 kW
Hubraum ccm:	10 900
Motortyp:	V8 Zylinder

Ural 4320 Truck Trial

Die Motorhaube ist nicht mehr ganz so rund wie beim gelben Ural, aber darunter steckt die seit über 20 Jahren bewährte Technik der russischen Geländelastwagen. Ob in Angola, China oder Kuba, Millionen Soldaten und Zivilisten kennen diese Laster mit den markanten Linien. Eingebaut ist ein stärkerer Yamz-Motor.

Modell:	Ural 4320 Truck Trial
Baujahr:	1995
PS/kW:	245 PS/181 kW
Hubraum ccm:	10 900
Motortyp:	V8 Zylinder

Volvo – Zweites Standbein in den USA

Mit seiner Globetrotter-Baureihe traf Volvo Mitte der 80er Jahre genau die Wünsche der Fernfahrer. Statt einer schmaler Koje standen nun ein ausgewachsenes Bett mit Kühlschrank, TV und Aircondition zur Verfügung. Bei Volvo sprudelten die Gewinne, und so war es Zeit für eine größere Investition in den USA. Hier fand man in der hoch angesehenen, aber finanziell maroden Firma White das geeignete Investment. Zudem sicherte sich Volvo mit diesem Deal die Namensrechte von Autocar. Das beste Geschäft gelang den cleveren Schweden 1987. Mit General Motors kam man überein, dass die Truck-Sparte von GMC nun über ein gemeinsames Händlernetz von Volvo-, White-, und GMC-Händlern vertrieben werden sollte. Damit waren die Voraussetzungen für ein solides zweites Standbein in den USA geschaffen.

Volvo N7

1983 entstand die mittelschwere F7- und N7-Baureihe, die sich durch ihre Vielseitigkeit auszeichnet. Das Bild zeigt einen außer Dienst gestellten Militärlastwagen von 1984, der nun, 20 Jahre später, für ein Bauunternehmen in Norwegen arbeitet. Das gleiche Chassis wurde auch für Feuerwehrfahrzeuge, Containertransporte und den allgemeinen Lieferverkehr eingesetzt.

Modell:	Volvo N7
Baujahr:	1984
PS/kW:	285 PS/211 kW
Hubraum ccm:	9600
Motortyp:	R/6 Zylinder D7A

Volvo F12 Intercooler

Für schwere Lasten ist der F12 auch heute noch eine der beliebtesten Zugmaschinen in Europa. Dieser 6x4-Truck wurde 1983 ausgeliefert und steht im Sommer 2004 immer noch bestens da. 1983 betrug das zulässige Gesamtgewicht 33 500 kg.

Modell:	Volvo F12 Intercooler
Baujahr:	1983
PS/kW:	385 PS/285 kW
Hubraum ccm:	12 000
Motortyp:	R/6 Zylinder TD

Volvo FL10 Race Truck

Dabei sein ist alles, aber gewinnen kann nur einer. Der Brite Steve Fell ist mit seinem 20 Jahre alten Volvo FL10 nicht unbedingt der schnellste Fahrer im Feld der 30 Besten, aber die Zuschauer mögen den Driver aus Leeds mit seinem gelben Oldie, weil er vor keinem Zweikampf zurückschreckt und lieber eine Beule kassiert, als klein beizugeben.

Modell:	Volvo FL10 Race Truck
Baujahr:	1985
PS/kW:	750 PS/551 kW
Hubraum ccm:	10 100
Motortyp:	Volvo R/6 Zylinder

Volvo BM A20

Selbst 20 Jahre alte Volvo-Knicklenker gehören heute noch lange nicht zum alten Eisen. Dieser A20 war im Sommer 2004 in Norwegen unterwegs. Eine Straßenzulassung ist bei den neuen D-Typen kein Problem mehr, denn alle Motoren entsprechen den Euro 2/3-Auflagen.

Modell:	Volvo BM A20
Baujahr:	1985
PS/kW:	285 PS/211 kW
Hubraum ccm:	9200
Motortyp:	P/6 Zylinder

Volvo N12

Der schwere Volvo N12 wurde als Nachfolger des N7 als Baustellenfahrzeug, Betonmischer, Langholztransporter und Zugmaschine konzipiert. Daraus entstand ein Exportschlager für Entwicklungsländer, wo schwere Hauber auch heute noch dominierend sind. Unter der Motorhaube arbeiteten die besten Intercooler-Motoren mit Turbolader vom Typ TD 121.

Modell: Volvo N12
Baujahr: 1986
PS/kW: 330 PS/244 kW
Hubraum ccm: 12 000
Motortyp: R/6 Zylinder TD

Volvo BM A30

Neue und gebrauchte Volvo-Knicklenker sieht man auf allen Großbaustellen, wie hier in Botswana. Durch das clevere Baukastensystem lassen sich ältere Fahrzeuge modernisieren. Bei den neuen D-Typen wurde die elektronische Motorüberwachung mittels Computer eingeführt, damit kann die Fahrweise des jeweiligen Fahrers überwacht und bei einem Motorschaden nachvollzogen werden. Die Service-Intervalle werden nun je nach Fahrbedingungen vom Computer errechnet und angezeigt.

Modell: Volvo BM A30
Baujahr: 1986
PS/kW: 320 PS/237 kW
Hubraum ccm: 9400
Motortyp: R/6 Zylinder

Volvo-Autocar Mixer

Bei White gingen 1980 vorübergehend die Lichter aus. Mit einem gelungenen Schachzug übernahm Volvo die Reste von White zum Schnäppchenpreis von etwa 50 Millionen Dollar. Zudem kam Volvo nun mit GMC überein, dass man in Zukunft eine gemeinsame Modellserie unter den berühmten Namen Autocar, GMC und Volvo-White entwickeln und vermarkten wolle. Das Bild zeigt den wiedergeborenen Volvo-Autocar von 1987.

Modell: Volvo-Autocar Mixer
Baujahr: 1987
PS/kW: 340 PS/250 kW
Hubraum ccm: 12 000
Motortyp: R/6 Zylinder

Volvo White 1850 Race Truck

Bis 1993 lag das Hubraumlimit der stärksten Race Truck Klasse C noch bei 18 500 ccm. Den dicksten Brocken fuhr Abba-Drummer Slim Borgudd, der 1987 die Europameisterschaft gewann. Das Bild zeigt ihn beim bislang einzigen Truck-Rennen auf dem Hockenheimring 1990.

Modell: Volvo White 1850 Race Truck
Baujahr: 1987/1990
PS/kW: 950 PS/698 kW
Hubraum ccm: 18 500
Motortyp: V8 Zylinder Cummins

Volvo-White

Die neue Linie der White-Trucks wurde nach der Übernahme klar von den Schweden bestimmt. Dieser Volvo-White von 1987 ist deutlich gedrungener als seine Vorgänger, weil nun kompakte und sparsamere Sechszylinder-Motoren mit Turbolader den Ton angaben.

Modell:	Volvo-White
Baujahr:	1987
PS/kW:	240 PS/176 kW
Hubraum ccm:	9800
Motortyp:	R/6 Zylinder

Volvo F 16

Mit einem komplett neuen Motor wurde 1987 der bislang stärkste Volvo F 16 Schwerlastwagen vorgestellt. Der relativ leichte Sechszylindermotorblock war nun mit vier Ventilen pro Zylinder, Turbolader und Intercooler ausgestattet, und der Hubraum wurde auf 16 000 ccm erhöht. Auch auf der Getriebeseite wurde gefeilt. Nun standen zwölf Vorwärtsgänge und zwei Kriechgänge für den bis zu 500 PS starken Truck zur Verfügung.

Modell:	Volvo F 16
Baujahr:	1987
PS/kW:	500 PS/370 kW
Hubraum ccm:	16 000
Motortyp:	R/6 Zylinder TD

Volvo FL 6

Für den regionalen Verteilerverkehr gedacht, entwickelte sich die leichte bis mittelschwere FL-Serie zu einem festen Standbein in der von Fernlastwagen geprägten Volvo-Flotte.

Modell:	Volvo FL 6
Baujahr:	1990
PS/kW:	180 PS/133 kW
Hubraum ccm:	5500
Motortyp:	R/6 Zylinder

Volvo BM A35 C

Im Sommer 1997 änderte Volvo das Firmenlogo für seine Baumaschinen. Die Bezeichnung BM fiel weg, weil damit ursprünglich die Traktoren-Baureihe bezeichnet wurde. Technisch gesehen sind alle Knicklenker allradbetriebene Fahrzeuge mit Automatikgetriebe. Die beiden voneinander unabhängigen Hinterachsen sind als Pendelachsen konstruiert, daraus ergibt sich eine extreme Geländegängigkeit bei relativ gutem Fahrkomfort.

Modell:	Volvo BM A35 C
Baujahr:	1990
PS/kW:	330 PS/244 kW
Hubraum ccm:	9400
Motortyp:	R/6 Zylinder

Volvo-White Race Truck

American Power war 1991 und 1992 der Schlüssel zum Erfolg. Der Brite Richard Walker siegte in der Europameisterschaft der Klasse 1 bis 11 950 ccm Hubraum ganz knapp vor den Mercedes 1733-S und den Ford-Cargo.

Modell:	Volvo White Race Truck
Baujahr:	1990
PS/kW:	750 PS/555 kW
Hubraum ccm:	11 900
Motortyp:	R/6 Zylinder Cummins

Volvo-White Competition

Die Kiste hat eine Aerodynamik wie ein Backstein, meinte der Fahrer Chris Tucker 1994 zu seinem Truck. Dennoch glänzte der schwarze Kraftkerl mit über 40 Siegen bei der nationalen Britischen und der Europameisterschaft.

Modell:	Volvo-White Competition
Baujahr:	1994
PS/kW:	980 PS/726 kW
Hubraum ccm:	12 000
Motortyp:	R/6 Zylinder

VW Typ 2 Campingbus

Die fast schon sprichwörtliche Zuverlässigkeit der VW-Transporter wurde bei unzähligen Weltreisen mit diesem Campingbus immer wieder bestätigt. Wer genügend Geld in der Reisetasche hatte, schaffte sich den Synchro-Bus mit Allradantrieb an. Steyr Puch half bei der Konstruktion mit und fertigte die Spezialteile für den Antrieb.

Modell:	VW Typ 2 Campingbus
Baujahr:	1987
PS/kW:	78 PS/57 kW
Hubraum ccm:	1913
Motortyp:	4 Zylinder Boxer

VW Typ 2 Tristar

Für Oldtimer-Liebhaber sind die in relativ geringen Stückzahlen produzierten Sondermodelle die wahren Schmuckstücke, wie dieser Tristar von 1988. Mit oder ohne schweres Gepäck lag der Typ 2 dank seiner gleichmäßigen Achslastverteilung wie das berühmte Brett auf der Straße.

Modell:	VW Typ 2 Tristar
Baujahr:	1988
PS/kW:	112 PS/82 kW
Hubraum ccm:	2109
Motortyp:	4 Zylinder Boxer

VW Bus T3 Westfalia

Schon sein Vorgänger, der VW T2, brachte es auf eine Stückzahl von drei Millionen, noch besser schlug sich dieses T3-Modell, das zwischen 1979 und bis in die 90er Jahre hinein zum weltweit meistverkauften Transporter und Bus der Eintonner-Klasse avancierte.

Modell:	VW Bus T3 Westfalia
Baujahr:	1988
PS/kW:	90 PS/66 kW
Hubraum ccm:	1913
Motortyp:	4 Zylinder Boxer

VW LT Offroad 4x4

Mitte 1985 stellte VW zwei allradbetriebene LT-Modelle vor. Der gezeigte LT 40A ist ein auf dem Papier abgelasteter LT 45 aus der Serienproduktion und wurde von VW-Mitarbeitern zum renntauglichen Offroad-Racer modifiziert. Gegen die mit riesigem Serviceaufwand unterstützten Werkswagen von Kamaz und Co. konnte natürlich kein Blumentopf gewonnen werden, aber das bloße Ankommen in Dakar ist auch schon ein tolles Erlebnis, das niemanden kalt lässt.

Western Star Cabover

Nach der Fusion zwischen Western Star und White wurden einige White Cabover-Baureihen auch als Western Star verkauft. Letztlich trennte sich Western Star wieder von White und konzentrierte sich im Werk Kanada auf die berühmten Fronthauber.

Modell:	Western Star Cabover
Baujahr:	1985
PS/kW:	390 PS/287 kW
Hubraum ccm:	12 990
Motortyp:	R/6 Zylinder

Modell:	VW LT Offroad 4x4
Baujahr:	1995
PS/kW:	102 PS/75 kW
Hubraum ccm:	2384
Motortyp:	R/6 Zylinder

Western Star Australia

Nirgendwo sonst auf der Erde werden größere Distanzen mit dem Truck gefahren als in Australien. 30 000 Kilometer pro Monat sind nicht ungewöhnlich für einen australischen Road Train. Die kanadischen Western Trucks werden auch in Australien montiert, sie genießen dort höchstes Ansehen wegen ihrer rustikalen, aber standfesten Technik.

Modell:	Western Star Australia
Baujahr:	1985
PS/kW:	500 PS/270 kW
Hubraum ccm:	14 600
Motortyp:	V8 Zylinder

Western Star 4964 EX

Die in Kenlowna/Kanada hergestellten Western Star-Trucks gelten zu Recht als Schmuckstücke konventioneller Hauber der schweren Klasse 8. Meist kommen ein Caterpillar-Diesel mit elektronischer Einspritzung und 455 PS und ein Fuller-Zehnganggetriebe zum Einbau.

Modell:	Western Star 4964 EX
Baujahr:	1990
PS/kW:	455 PS/334 kW
Hubraum ccm:	14 890
Motortyp:	V8 Zylinder

Western Star Black Eagle

Jeder Western Star wird nach den individuellen Ansprüchen des Käufers in British Columbia montiert. 16 verschiedene Motoren zwischen 390 und 600 PS stehen zur Wahl. Für den australischen Markt werden noch stärkere Modelle angeboten. Unser Bild zeigt ein kalifornisches Modell für den Fernverkehr.

Modell:	Western Star Black Eagle
Baujahr:	1992
PS/kW:	475 PS/349 kW
Hubraum ccm:	14 890
Motortyp:	V8 Zylinder

White Road Boss

Dieser beeindruckende White Road Boss von 1982 entstand noch aus der Zusammenarbeit von White mit Diamond Reo und Western Star, die neben Autocar alle zum White-Konzern gehörten.

Modell:	White Road Boss
Baujahr:	1982
PS/kW:	480 PS/353 kW
Hubraum ccm:	15 890
Motortyp:	V8 Zylinder

Modell:	White Road Train
Baujahr:	1986
PS/kW:	580 PS/426 kW
Hubraum ccm:	16 800
Motortyp:	V12 Zylinder

White GMC Race Truck

Aus der tubulenten „Ehe" von White und GMC entstammt dieser bullige Rennlaster, der 1990 in Hockenheim die Reifen qualmen ließ. Eine Hubraumbeschränkung auf zwölf Liter gab es damals noch nicht. Volvo übernahm 1981 den restlichen Aktienbesitz von White und fusionierte dann mit GMC im Januar 1988. Keine zehn Jahre später trennten sich 1997 Volvo-White wieder von GMC. So gesehen ist dieser prächtige Renntruck ein wertvolles Teil aus einer kurzen Ehe.

Modell:	White GMC Race Truck
Baujahr:	1989
PS/kW:	750 PS/551 kW
Hubraum ccm:	16 890
Motortyp:	V8 Zylinder

White Road Train

Im australischen Outback sind standfeste Trucks gefragt. Dieser White fällt unter die Kategorie „Road Train" (Straßen-Zug), überlange Gespanne, die oft mit einem Höllentempo im Westen Australiers unterwegs sind. Die längsten Road Trains sind 70 Meter lang und schleppen eine Last von bis zu 500 Tonnen an fünf bis sechs Hängern hinter sich her.

White Compact

Die Verkleidungen der White-Fahrerhäuser bestanden ab 1960 aus einem speziellen Kunststoff namens Royalex. Das Skelett wurde aus Aluminum- oder Stahlrohren geformt, daraus ergaben sich leichte, korrosionsfeste Fahrerhäuser, die sich, wie bei diesem White Compact, positiv in der Nutzlast auswirkten. Jetzt fertigt der Konzern Volvo die Kabinen wieder aus Aluminium.

White

Die meisten englischen Fahrer der relativ seriennahen Race Truck-Klasse setzen auf bewährte Rösser wie diesen White aus dem Jahr 1989. Als gewiefte Bastler verpassen sie ihrem Renntruck eine Scheibenbremsanlage an der Vorderachse und einen neuen Motor. Damit starten sie dann zu überschaubaren Kosten bei der nationalen Meisterschaft. Brian John Burt ist Schrauber, Fahrer und Besitzer in einer Person.

Modell:	White
Baujahr:	1989
PS/kW:	950 PS/703 kW
Hubraum ccm:	12 800
Motortyp:	R/6 Zylinder

Modell:	White Compact
Baujahr:	1990
PS/kW:	130 PS/132 kW
Hubraum ccm:	8300
Motortyp:	R/6 Zylinder

White-General

Auch bei diesem konventionellen Hauber vom Typ Westcoaster handelt es sich nicht um einen originalen schwedischen Volvo. Es ist der populäre GMC-General, der unter den Fittichen von Volvo nun als White angeboten wurde. 1996 trennte sich Volvo schließlich endgültig von den Namen Autocar und White, nachdem einige Jahre zuvor schon Diamond T und Reo „begraben" wurden.

Modell:	White-General
Baujahr:	1993
PS/kW:	480 PS/353 kW
Hubraum ccm:	14 980
Motortyp:	V8 Zylinder

White-GMC

Die Konzernmutter Volvo übernahm 1988 die Truck-Sparte von General Motors GMC. Diese Ehe hielt nur neun Jahre, dann trennten sich die Schweden wieder von GMC. Unser Foto zeigt einen White-GMC von 1994, der mit einem Volvo-Motor ausgerüstet ist. Die Familienverhältnisse im Truckgewerbe waren schon immer etwas verworren.

Modell:	White-GMC
Baujahr:	1994
PS/kW:	410 PS/301 kW
Hubraum ccm:	12 890
Motortyp:	R/6 Zylinder

Zastava Kamioni

Der serbische Hersteller von PKWs und LKWs stellte schon vor dem Zweiten Weltkrieg Chevrolet-Lastwagen in Lizenz her. Im Krieg wurde der Willy-Jeep in Lizenz gebaut. Nach dem Krieg handelte Zastava mit Fiat einen Lizenzvertrag aus, der die Produktion von eigenständigen Wagen mit der Antriebstechnik von Fiat ermöglichte. Seit 2008 gehört das Unternehmen mehrheitlich zur Fiat-Iveco-Gruppe.

Modell:	Zastava Kamioni
Baujahr:	1995
PS/kW:	110 PS/81 kW
Hubraum ccm:	2900
Motortyp:	R/4 Zylinder

ZIL – Erste Annäherung an den Westen

In den osteuropäischen Ländern wechselten in der Vergangenheit die Firmennamen immer wieder, so auch bei den russischen ZIL, die vor dem Zweiten Weltkrieg ZIS hießen. Aus den ZIL wurden dann die Kamaz-Trucks. Das Foto zeigt einen originalen ZIL von 1990 als Transporter für ein russisches Rennteam im Motordrom von Hockenheim.

ZIL Race Truck

Was kaum einer für möglich gehalten hatte, traf ein: Die ersten russischen Truck-Racer standen 1990 an der Startlinie zum Truck Grand Prix am Nürburgring. Der beherzt am Lenkrad agierende russische Fahrer Alexander Malkin hatte bei den ersten Rennen kaum eine Siegeschance mit seinem fast serienmäßigen ZIL 4421. Das änderte sich aber grundlegend in den kommenden Jahren mit englischer Hilfe.

Modell:	ZIL 4421 Race Truck
Baujahr:	1990
PS/kW:	350 PS/259 kW
Hubraum ccm:	14 800 ccm
Motortyp:	R/6 Zylinder

ZIL 4421

In der ehemaligen UdSSR wurden seit den 70er Jahren Geländerennen mit Lastwagen veranstaltet. Aus diesen Rennen entwickelte sich der Trial-Sport mit ausrangierten Militärlastwagen. Rundstreckenrennen gehören in Russland erst seit 1980 zum Rennprogramm.

Modell:	ZIL 4421
Baujahr:	1990
PS/kW:	240 PS/177 kW
Hubraum ccm:	10 900
Motortyp:	V8 Zylinder

Modell:	ZIL 4421 CET Super Race Truck
Baujahr:	1994
PS/kW:	1050 PS/778 kW
Hubraum ccm:	12 000
Motortyp:	R/6 Zylinder Caterpillar

Modell:	ZIL 4421C Super Race Truck
Baujahr:	1994
PS/kW:	850 PS/630 kW
Hubraum ccm:	12 000
Motortyp:	R/6 Zylinder Caterpillar

ZIL 4421C Super Race Truck

Das britische Chris Hodge Racing Team gewann 1992 die Sympathien der Zuschauer und die Anerkennung der Kollegen indem die Techniker den russischen ZIL mit einem optimal getunten amerikanischen Caterpillar-Motor bestückten und damit auf Anhieb die Englische Meisterschaft gewannen. Heather Baillie steuerte den Boliden. Im nächsten Jahr setzte sich Richard Walker ins Cockpit und setzte die Siegesserie bei den Läufen zur Europameisterschaft fort.

ZIL 4421 CET Super Race Truck

Mit einem völlig neu aufgebauten russischen ZIL Super Race Truck wollte Richard Walker endlich die Europameisterschaft 1995 gewinnen, nachdem er in den vergangenen vier Jahren immer wieder von seinem werksunterstützten Landsmann Steve Parrish mit dem Mercedes 1834-S geschlagen wurde. Dazu kam es nicht. Richard Walker verunglückte tödlich bei einem Rennen zur Englischen Meisterschaft.

1996 bis heute
Die Global Players

Die Global Players –
Offene Grenzen schaffen neue Märkte

DaimlerCrysler wird Mitte der 90er Jahre zum größten Nutzfahrzeughersteller der Welt. Nur noch sieben weltweit engagierte Firmen teilen sich den Kuchen auf. Dass die Europäer sowohl technologisch wie auch im Kapitaleinsatz inzwischen die Rolle der lange führenden amerikanischen Hersteller übernommen haben, zeigt sich auch in deren Engagement in China.

Nach einem Tief folgt immer ein Hoch, so auch in der Nutzfahrzeugbranche. Von 2000 bis 2003 sanken die Produktionszahlen in Europa und Nordamerika deutlich ab, während in China der Markt geradezu explodierte. 2003 wuchs die Lastwagenproduktion in China um satte 40 Prozent gegenüber dem Vorjahr an. 2004 änderte sich das Bild wieder zugunsten von Europa, Nord- und Südamerika, während in China das Wachtum auf 20 Prozent zurückging. In Deutschland wurden 2004 über 20 Prozent Zuwachs bei den schweren Trucks erzielt. Im April 2009 sanken die Neuzulassungen in Europa um 42,3 Prozent gegenüber dem Vorjahr.

In der Klasse der europäischen Hersteller von schweren Sattelzugmaschinen führte Mercedes-Benz im Jahr 2008 mit einem Marktanteil in der EU von 33,4 Prozent die Rangliste an. Es folgten MAN mit 24,4 Prozent und DAF mit 13,8 Prozent. Die Volvo-Renault Gruppe verlor im gleichen Jahr 0,9 Prozent der Marktanteile und fiel mit verbleibenden 13,2 Prozent auf Platz vier zurück. Scania gewann gleichzeitig 0,4 Prozent Marktanteile und landete mit einem Marktanteil von 7,9 Prozent auf Rang fünf während Iveco/Magirus 1,4 Prozent verlor und mit einem Marktanteil von 6,6 Prozent auf dem sechsten Rang landete.

Den Weltmarkt führte 2008 die Daimler AG mit den Marken Marken Mercedes-Benz, Freigthliner, Sterling, Western Star und Mitsubishi Fuso an. In den USA konnte die Tochter der Daimler AG, Freightliner, an den Platzhir-

schen Kenworth und Peterbilt klar vorbeiziehen. Dem nicht genug, übernahm DaimlerChrysler 1998 die ins Schlingern geratene schwere Baureihe von Ford und renovierte sie grundlegend. Als Sterling rollen sie nun aus der Montagehalle. Die weniger geliebte, weil kostenintensive Tochter Mitsubishi-Fuso entwickelt sich im asiatischen Raum seit 2003 weit besser als von vielen Experten prognostiziert und trägt zum stolzen Ergebnis der ganzen Gruppe bei.

Ähnlich fehlerhaft waren die Prognosen der europäischen Bushersteller für China um die Jahrtausendwende. Man sah nur mittelprächtige Chancen. Heute sind die chinesischen Busbauer klar die Nummer Eins in der Weltproduktion. In China werden gut fünf Mal so viele Busse hergestellt und verkauft wie in Nordamerika! Es vergeht kaum ein Monat, in dem nicht ein neues Automobilwerk mit europäischer Beteiligung eröffnet wird. Bislang gibt es im Land der Mitte schon über 100 Lastwagen- und Bushersteller. Schon bald werden mehr neue Ducatos/Dailys von Iveco und Mercedes Sprinter in China vom Band rollen als in ihren Heimatländern, vermuten unabhängige Experten der Branche.

Das asiatische Wunder dürfte auch in Indien Realität werden. Hier steht eine starke Firmengruppe um den Namen Tata an der Spitze der einheimischen Computer- und Automobilproduktion. Tata ist von den verkauften Stückzahlen her heute schon der fünftgrößte Personenwagenproduzent der Welt, und auch in der Nutzfahrzeugbranche soll Tata inzwischen die Nummer Zehn der Rangliste sein.

Ungewöhnliche Steigerungsraten gibt es auch in Südamerika. Jahrzehntelang dominierten amerikanische Lastwagenhersteller in Brasilien, heute steht VW do Brasil mit seinem Aufsehen erregenden VW Titan an der Spitze der Zulassungszahlen. Die modernste Lastwagenfabrik der Welt wurde innerhalb weniger Monate bei São Paulo aus dem Boden gestampft. Clevere Hersteller nutzen ihre Chancen, die sich weltweit bieten. Verschlafene werden untergehen, das lehrt uns die Geschichte aus 100 Jahren Lastwagenbau.

BMC Professional 935

Kein Geringerer als das weltweit anerkannte Design Centrum von Pininfarina entwarf diesen dunkelroten BMC aus Izmir in der Türkei. Die Produktpalette reicht vom Kleintransporter und Bus bis zum Militärlaster und Fernlastwagen, unserem Typ 935. Eingebaut sind die neuesten Cummins-Dieselmotoren ISL mit Euro 3-Norm.

Modell:	*BMC Professional 935*
Baujahr:	*2004*
PS/kW:	*350 PS/259 kW*
Hubraum ccm:	*8900*
Motortyp:	*R/6 Zylinder*

Buggyra Super Race Truck

In der Rennsaison 2002 und 2003 gewannen die kompakten und aerodynamisch hervorragend konstruierten tschechischen Buggyra-Renntrucks mit Gerd Körber am Steuer die Europameisterschaft in der obersten Rennklasse. Erst durch den sensationell erfolgreichen Einsatz der VW Titan SRT vom Peter Müller Team hingen die Trauben für die sympathischen tschechischen Kollegen deutlich höher.

Modell:	*Buggyra Super Race Truck*
Baujahr:	*2003/2004*
PS/kW:	*1290 PS/955 kW*
Hubraum ccm:	*12 000*
Motortyp:	*R/6 Zylinder von Gyr-Tech.*

CAT-T.R.D Super Race Truck

Der Finne Harri Luostarinen gewann 1997 die heiß umkämpfte Europameisterschaft der Super Race Trucks. Das Fahrwerk stammt teilweise von Sisu, der Rest ist eine Entwicklung von Harris Vater, der als einer der besten Fachleute auf diesem schwierigen Feld gilt. Der unscheinbare, aber bärenstarke C12 Reihen-Sechszylindermotor ist mit vier Ventilen pro Zylinder ausgestattet. Das Bild zeigt den nochmals verbesserten CAT von 1999.

Modell:	*CAT-T.R.D Super Race Truck*
Baujahr:	*1997–1999*
PS/kW:	*1300 PS/963 kW*
Hubraum ccm:	*12 000*
Motortyp:	*R/6 Zylinder CAT*

CAT 730

Jahrzehntelang wurde bei Gera in der ehemaligen DDR Uran abgebaut. Damit ist jetzt Schluss. Das Foto vom Juli 2004 zeigt die ersten Aufräumarbeiten zur Bundesgartenschau, die auf diesem riesigen Gelände entstand. Mit dazu bei trägt der neueste Cat 730 Knicklenker, dessen Fahrer nun in der Mitte sitzt und damit beste Sichtverhältnisse hat. Deutlich erkennbar ist der hinter dem Fahrerhaus angeordnete Kühler.

Modell:	CAT 730
Baujahr:	2003
PS/kW:	390 PS/289 kW
Hubraum ccm:	12 000
Motortyp:	R/6 Zylinder

Chevrolet – Stark mit Benzinern

Detroits Autogiganten Chevrolet und Ford setzen nach wie vor auf hubraumstarke V8-Benzinmotoren anstatt der sparsamen Diesel. Begründet wird dies mit dem Kaufverhalten ihrer Kunden. Diesel ist wie in der Schweiz fast auf den Cent genau so teuer oder billig wie Benzin. Chevrolet rüstet deshalb seine durchzugsstarken Pickup- und Mittelklasse-Trucks mit 300 PS starken Benzinern aus, die im Hängerbetrieb schon mal 30 Liter Super-Benzin konsumieren.

Chevrolet S-10 Vario Mobil

Leistung und Hubraum in Hülle und Fülle, dies liefert Chevrolet mit seiner erfolgreichen Pickup-Modellreihe S-10, die auch in Deutschland verkauft wird. Durstige V8-Benziner mit bis zu 320 PS werden angeboten. Deutlich sparsamer sind die 260 PS starken Sechszylindermotoren auch Allradantrieb wird als Extra gerne geliefert.

Modell:	Chevrolet S-10 Vario Mobil
Baujahr:	2001
PS/kW:	280 PS/206 kW
Hubraum ccm:	5880
Motortyp:	V8 Zylinder B

Chevrolet Silverado

In fast allen amerikanischen Bundesstaaten gelten unterschiedliche Gesetze in den Gewichtsklassen, bei Geschwindigkeitsbegrenzungen usw. So darf dieser texanische Pickup bis zu 5,5 Tonnen Anhängelast schleppen. Starke Pickups sind in einigen Staaten durchaus eine Alternative zu den mittelschweren Verteilerlastwagen.

Modell:	Chevrolet Silverado
Baujahr:	1998
PS/kW:	280 PS/206
Hubraum ccm:	5900
Motortyp:	V8 Zylinder

Modell:	Daewoo-Avia D
Baujahr:	2002
PS/kW:	135 PS/99 kW
Hubraum ccm:	3 900
Motortyp:	R/6 Zylinder

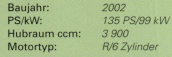

Daewoo-Avia D

Die tschechische Firma Avia stellte nach dem Krieg Kleinlastwagen von Skoda in Lizenz her. Eigenständige Avia-Laster folgten dann 1990 mit der Hilfe von Renault-Saviem. Ein erneuter Wechsel wurde 1992 vollzogen. Der koreanische Autoproduzent Daewoo übernahm Avia und frischte die relativ kleine Produktpalette in den kommenden Jahren deutlich auf. Heute sind die Daewoo-Avia moderne Lastwagen bis 6,9 Tonnen, mit Scheibenbremsen und ABS, Euro 2- und Euro 3-Motoren.

DAF XF Super Space Cab

1987 übernahm DAF den einstigen britischen Marktführer Leyland und avancierte 1988 mit seiner ungewöhnlich geräumigen Space Cab-Serie zum „Truck of the Year". 1995 wurde DAF mit dem 95 XF nochmals Gewinner dieser höchsten europäischen Auszeichnung. Die Maxime der holländischen Firma ist klar definiert: Ein Lastwagen muss im anstrengenden Fernverkehr bestmöglichen Komfort für den Fahrer bieten. Das Super Space Cab ist nach wie vor eines der geräumigsten seiner Klasse.

Modell:	DAF XF Super Space Cab
Baujahr:	2004
PS/kW:	530 PS/390 kW
Hubraum ccm:	12 600
Motortyp:	R/6 Zylinder

DAF – Mit neuem Schwung

Aus dem Nischenbetreiber der Vergangenheit wuchs DAF in den letzten 15 Jahren zu einem starken Unternehmen, das in fast allen Klassen bestens aufgestellt ist. Bestens vertreten ist DAF auch bei den schweren Fernverkehrszügen mit dem CF 85 und den Schwerlastzugmaschinen XF 95 und XF 105 sowie den mittelschweren Verteilerlastwagen LF 45/55. DAF ist der wichtigste europäische Partner im amerikanischen Paccar-Konzern.

DAF 95 XE 280

Dieser dänische Fernlaster fährt mehr als 300 000 Kilometer im Jahr. In den letzten Jahren blieb er kein einziges Mal wegen eines Defekts liegen, meinte sein Fahrer bezüglich der Qualität seines Fahrzeugs. Welch schönes Kompliment für den holländischen Hersteller.

Modell:	DAF 95 XE 280
Baujahr:	2003
PS/kW:	381 PS/280 kW
Hubraum ccm:	12 600
Motortyp:	R/6 Zylinder

DAF XF 105.510

In einem Internetforum schreibt ein Lkw-Fahrer im Jahr 2008 : „Der DAF XF 105 ist eine Fahrzeug der Superlative". Tatsächlich zählt dieser Truck Ende der 2000er Jahre zur Spitzenklasse und wurde 2007 zum „Truck of the Year" gewählt. Mit 510 PS, 16-Gang-Doppel-H-Schaltgetriebe oder wahlweise AS-Tronic-Automatic, ist der Brummer bestens ausgestattet und auch mit voller Ladung in den Bergen noch recht flott unterwegs und leicht zu handhaben. Auch der Fahrerkomfort kommt in der SuperSaceCap-Variante mit zwei geräumigen Schlafkojen je 210 x 81 cm, großer Kühlbox und Ausziehtisch nicht zu kurz.

Modell:	DAF XF 105.510
Baujahr:	2005
PS/kW:	510 PS/375 kW
Hubraum ccm:	12 900 ccm
Motortyp:	R/6 Zylinder

DAF LF 45

Stetig aufwärts geht es mit der leichten LF-Modellserie von DAF. Die hohe Elastizität der modernen Paccar-Common-Rail-Dieseleinspritzer bringt in Verbindung mit einem optionalen Allison-Fünfgang-Automatikgetriebe eine spürbare Entlastung des Fahrers im Stadtverkehr.

Modell:	DAF LF 45
Baujahr:	2004
PS/kW:	150 PS/110 kW
Hubraum ccm:	3900
Motortyp:	R/4 Zylinder

DAF XF XE 390 C

Der seinerzeit kräftigste Paccar-Sechszylindermotor war der XE 390 C mit 530 PS. DAF entwickelte diesen durchzugsstarken Motor zusammen mit Cummins. Mit 2350 Nm zwischen 1050 und 1500 U/min gilt dieser Motor in Verbindung mit dem manuellen 16-Ganggetriebe oder der AS-Automatik, beide von ZF, als Top-Motorisierung von Fernlastzügen.

Modell:	DAF XF XE 390 C
Baujahr:	2004
PS/kW:	530 PS/390 kW
Hubraum ccm:	12 600
Motortyp:	R/6 Zylinder

DAF 85 SRT Super Race Truck

Mit enormem finanziellem und fahrerischem Einsatz gelang Gerd Körber und Alain Ferte fast der Durchbruch mit dem von Bickel aufgebauten DAF Super Race Truck gegen die Mercedes Atego und MAN. Ende 1999 zog sich DAF aus dem Rennsport zurück. Als Antrieb diente ein Detroit Diesel, der im Vergleich zur Konkurrenz etwa 100 PS zu wenig auf die Hinterräder brachte.

Modell:	DAF 85 SRT Super Race Truck
Baujahr:	1999
PS/kW:	1250 PS/926 kW
Hubraum ccm:	12 000
Motortyp:	R/6 Zylinder Detroit

DAF 45 Super Race Truck

Würde DAF werksseitig in den Rennsport einsteigen, könnte der DAF 45 von Michael Bassanelli durchaus als Basis für zukünftige Siege dienen. Das kompakte Chassis und der niedrige Schwerpunkt der wichtigsten Aggregate sind die richtige Basis für weitere tiefgreifende Verbesserungen, die alle dem Speed und dem Handling dienen.

Modell:	DAF 45 Super Race Truck
Baujahr:	1999
PS/kW:	800 PS/592 kW
Hubraum ccm:	11 980
Motortyp:	R/6 Zylinder DAF XF

DAF CF 85 Super Race Truck

Dass man mit 45 Jahren zum Rookie der Saison 2004 gekürt wird, passiert auch nicht alle Tage. David Patalacci scheuchte seinen DAF CF 85 aber so vehement um die Kurven, dass die Konkurrenz gehörigen Respekt vor dem alten Haudegen hatte, und die gefragte Auszeichnung zu Recht an den Franzosen aus Avignon verliehen wurde.

Modell:	DAF CF 85 Super Race Truck
Baujahr:	2000
PS/kW:	950 PS/698 kW
Hubraum ccm:	11 980
Motortyp:	R/6 Zylinder DAF XF

Daihatsu Delta 5000

Im Toyota-Konzern entwickelt Daihatsu nicht nur Kleinwagen wie den Cuore, der auch bei uns verkauft wird. Daihatsu konzentriert sich in der Truck-Sparte auf wenige leichte und mittelschwere Lastwagentypen und überlässt die schweren Trucks den anderen asiatischen Herstellern. Der Delta 5000 hat eine Nutzlast von fünf Tonnen.

Modell:	Daihatsu Delta 5000
Baujahr:	2000
PS/kW:	135 PS/99 kW
Hubraum ccm:	2980
Motortyp:	R/4 Zylinder

Daihatsu Delta II

In den meist brechend vollen Straßen von Kuala Lumpur/Malaysia fühlt sich der Zeitungstransporteur mit seinem kompakten Delta II sichtlich wohl. Zur besseren Übersicht sind die Seitenscheiben tief herunter gezogen.

Modell:	Daihatsu Delta II
Baujahr:	2003
PS/kW:	100 PS/74 kW
Hubraum ccm:	2780
Motortyp:	R/4 Zylinder

Datsun Spezial

In den USA verwenden die meisten Nissan-Fans immer noch den alten Namen Datsun für ihre Kreationen. Auffallen wollen alle, deshalb wurde aus diesem leichten Pickup ein sehenswerter 6x4 Mini-Truck gebaut. Wir konnten uns davon überzeugen: die beiden hinteren Achsen sind tatsächlich angetrieben.

Modell:	Datsun Spezial
Baujahr:	2003
PS/kW:	160 PS/118 kW
Hubraum ccm:	1800
Motortyp:	R/4 Zylinder

Dodge Ram 1500

Das Maß der Dinge in Sachen Pickup-Trucks sind in den USA die Dodge Ram-Modelle. Dodge ist eine Tochter im weltweiten Chrysler-Konzern. Trotz kontinuierlich gestiegener Benzinpreise setzen die Big Block-Anhänger nach wie vor auf die drehmomentstarken Achtzylinder-Benzinmotoren, die jede Leistungssteigerung willig hinnehmen.

Modell:	Dodge Ram 1500
Baujahr:	2003
PS/kW:	350 PS/257 kW
Hubraum ccm:	5700
Motortyp:	V8 Zylinder

Dodge-Detroit Short Track Racer

Viele amerikanische Teams setzten auf die robusten Sechszylinder-Reihenmotoren. Diese bildschöne Dodge ist mit einem Zehnzylindermotor von Detroit Diesel ausgestattet, der, durch seinen üppigen Hubraum bedingt, ein brachiales Drehmoment entwickelt. Quer fahren wird dann zur Herausforderung.

Modell:	Dodge-Detroit Short Track Racer
Baujahr:	1997-2003
PS/kW:	1200 PS/889 kW
Hubraum ccm:	16 800
Motortyp:	V10 Zylinder

ERF EC 14

ERF schloss sich 1996 mit der kanadischen Firma Western Trucks zusammen. Nun kamen die konventionellen Hauber von Western und die Fronthauber von ERF. In Australien wurden die ERF als Western verkauft. Der neue ERF vom Typ EC ist ein moderner Truck mit einer verwindungssteifen Kabine, die weniger wiegt als bei vielen Mitbewerbern. Für die Motorisierung stehen acht Motoren von Cummins und Perkins zur Wahl. Im Jahr 2000 übernahm MAN ERF und verkaufte nun seinen MAN TGA mit Cummins-Motoren als ERF ECS in England und einigen Exportländern.

Modell:	ERF EC 14
Baujahr:	2000
PS/kW:	500 PS/368 kW
Hubraum ccm:	14 000
Motortyp:	R/6 Zylinder

ERF ECX Race Truck

Der renommierte britische Hersteller entstand 1932 aus einem Ableger der Foden-Firmengruppe. Auf dem Festland kaum bekannt, entwickelt und baut ERF moderne Trucks für den heimischen Markt, die auch im Rennsport recht erfolgreich sind. Dieser ECX wurde von Steve Horn bei der Britischen und Europäischen Truckmeisterschaft mit dem leistungsstarken Motor von Detroit Diesel eingesetzt.

Modell:	ERF ECX Race Truck
Baujahr:	2003
PS/kW:	1000 PS/740 kW
Hubraum ccm:	12 000
Motortyp:	R/6 Zylinder

Foden – Mit der Liebe zum Detail

Von vielen Experten schon begraben, erlebte Englands traditionsreiches Unternehmen Foden eine glückliche Wiederauferstehung. Mit vielen amerikanischen Dollars aus dem Paccar-Konzern und einer hochmotivierten Mannschaft in England entstand die neue Modellreihe Foden Alpha, die vom britischen Markt sehr gut angenommen wurde. Kernstücke der Konstruktion waren das DAF-Fahrerhaus vom Typ CF 75-85 und die freie Wahl zwischen Cummins- und Caterpillar- sowie DAF-Sechszylindermotoren bis 506 PS.

Foden Alpha Tractor

Für den amerikanischen Mutterkonzern Paccar war der Einstieg bei Foden und DAF ein Gewinn, denn europäisches Know-how gilt jetzt auch in den USA als Schlüssel zum Erfolg für leistungsstarke, aber sparsame Fernverkehrlastwagen, wie der neue Foden Alpha Tractor. Eingebaut ist der neueste Caterpillar C12-Motor.

Modell:	Foden Alpha Tractor
Baujahr:	2004
PS/kW:	450 PS/331 kW
Hubraum ccm:	12 000
Motortyp:	R/6 Zylinder

Foden Alpha 8x4

Mit der Übernahme durch den amerikanischen Paccar-Konzern wurde die gesamte Produktpalette von 18 bis 80 Tonnen nicht nur überarbeitet, sondern völlig neu konzipiert. Das formschöne Fahrerhaus wurde aus der DAF 75/85-Baureihe angeliefert, die Motoren stammten von Cummins und Caterpillar. Eaton- und ZF-Getriebe sorgen fürs Vorankommen des 38-Tonners im schweren Gelände.

Modell:	Foden Alpha 8x4
Baujahr:	2004
PS/kW:	450 PS/331 kW
Hubraum ccm:	12 000
Motortyp:	R/6 Zylinder

Foden Alpha Tipper

Die meisten neuen Foden Alpha-Trucks verbleiben bei der britischen Kundschaft, weil sie exakt auf deren Bedürfnisse hin konstruiert wurden. So gibt es wohl kein anderes Fahrerhaus, das ähnlich liebevoll mit edlen Nussholzteilen ausgestattet wie das der Alpha-Serie.

Modell:	Foden Alpha Tipper
Baujahr:	2004
PS/kW:	380 PS/279 kW
Hubraum ccm:	12 000
Motortyp:	R/6 Zylinder

Foden Alpha 3000M

Da sich Foden als einer der erfahrensten Hersteller von geländegängigen Lastwagen präsentiert, ist ein guter Teil der britschen- und neuseeländischen Streitkräfte mit diesem bulligen Foden Alpha 3000M unterwegs.

Modell:	*Foden Alpha 3000M*
Baujahr:	*2004*
PS/kW:	*300 PS/220 kW*
Hubraum ccm:	*12 000*
Motortyp:	*R/6 Zylinder*

Foden Military

Hier wühlt sich ein neuer allradbetriebener
Foden-Militärlaster durch schweres Ge-
lände. Schon in den beiden vergangenen
Weltkriegen war Foden ein maßgeblicher
Ausrüster der alliierten Streitkräfte. Die tech-
nischen Daten unterliegen noch der
Geheimhaltung.

Foden 4000 Race Truck

Auf der Basis des Foden 4325, der in einigen wichtigen Bauteilen dem MAN entspricht, ist Garry George in der nationalen
Meisterschaft einer der erfolgreichsten
Fahrer. In keinem anderen Land ist die Mar-
kenvielfalt des Starterfeldes so groß wie
auf der Insel. Die Leistungsangaben beziehen sich auf die Aussagen des Fahrers.

Modell:	*Foden 4000 Race Truck*
Baujahr:	*2002/2004*
PS/kW:	*950 PS/704 kW*
Hubraum ccm:	*11 500*
Motortyp:	*R/6 Zylinder*

Foden A3-4 Race Truck

Mit britischem Understatement beteiligt
sich Ross Garrett am Steuer seines Foden
A3-4 mit sehenswertem Erfolg bei der Britischen und Europäischen Meisterschaft.
Abseits der Rennstrecke ganz Gentleman,
auf der Rennstrecke ein echter Fighter,
besonders auf regennasser Piste, wo der
geduckt aussehende Foden hervorragend
liegt.

Modell:	*Foden A3-4 Race Truck*
Baujahr:	*2004*
PS/kW:	*1050 PS/778 kW*
Hubraum ccm:	*12 000*
Motortyp:	*Cat R/6 Zylinder*

Ford F KTP

Im Ford-Werk Louisville/Kentucky waren Mitte der 90er Jahre über 3300 Mitarbeiter beschäftigt. In der mittelschweren Baureihe F und L behauptete sich Ford als Marktführer. Unser Bild zeigt einen Zug- und Werkstattwagen für das 340 km/h schnelle Miss Budweiser Hydroplane-Rennboot mit Jet-Antrieb.

Modell:	Ford F KTP
Baujahr:	1996
PS/kW:	305 PS/224 kW
Hubraum ccm:	12 100
Motortyp:	R/6 Zylinder

Ford – Abschied von der schweren Klasse

Auf jeder Hochzeit sollte man nicht tanzen. Ford/USA erlebte in den 80er und 90er Jahren einen spürbaren Einbruch im Verkauf seiner schweren Lastwagen-Reihe. Konsequenterweise trennte sich die Geschäftsleitung von dieser Sparte und verkaufte die Rechte an Freightliner im Daimler-Benz-Konzern. Leichte und mittelschwere Verteilerlastwagen entstehen nach wie vor bei Ford.

Ford Walzing Matilda Jet Truck

Die Australier stehen mit den Amis in Sachen Show Trucks Seite an Seite an der Spitze, wie dieser 387 km/h schnelle Renntruck zeigt. Das ist kein Schreibfehler, sondern die reine Wahrheit. Ereignet hat sich das Spektakel 1998 auf einer neu ausgebauten Überlandstraße bei Melbourne. Den nötigen Vortrieb lieferte eine ausgediente Gasturbine von einem Bomberflugzeug.

Modell:	Ford Walzing Matilda Jet Truck
Baujahr:	1997–1998
PS/kW:	24 000 PS/17 777 kW
Hubraum ccm:	entfällt
Motortyp:	Gasturbine mit Afterburner

Ford 9000 Venezuela

Schwerstarbeit in Kolumbien: Äußerlich gleicht dieser Ford 9000 der bekannten Baureihe des Ford Louisville aus Kentucky. Sein wahrer Geburtsort ist das Ford-Montagewerk in Caracas/Venezuela. Ausgelaufene Bauserien wurden hier neu aufgelegt und in ganz Südamerika vermarktet.

Modell:	Ford 9000 Venezuela
Baujahr:	1999
PS/kW:	440 PS/323 kW
Hubraum ccm:	14 800
Motortyp:	V8 Zylinder

Ford F-Armored

Ford/USA ist nur noch mit seiner leichten bis mittelschweren Baureihe verteten. Die Modellreihe der Schwerlastwagen wurde an Freightliner im Konzern Daimler-Benz verkauft. Ford rüstet die leichten Trucks mit eigenen Motoren aus, und die mittelschweren Laster bekommen einen Cummins- oder Caterpillar-Diesel spendiert.

Modell:	Ford F-Armored
Baujahr:	1999
PS/kW:	260 PS/191 kW
Hubraum ccm:	10 600
Motortyp:	R/6 Zylinder

Ford Wheelstander

Balanceakt: Mit 1850 PS an der Hinterachse beschleunigt dieser Ford Wheelstander innerhalb von sechs Sekunden auf 250 km/h. Den nötigen Schub liefert ein aufgeladener Achtzylinder-Rennmotor. Gelenkt wird wie bei einem Panzer mit zwei Bremshebeln, die jeweils auf ein Hinterrad einwirken. Da die Sicht nach vorne gleich Null ist, steuert der Fahrer sein Geschoss über ein Sichtfenster im Wagenboden.

Modell:	Ford Wheelstander
Baujahr:	2000
PS/kW:	1850 PS/1360 kW
Hubraum ccm:	8600
Motortyp:	V8 Zylinder B

Ford Cargo Race Truck

Ohne Werksunterstützung und meist auch ohne geeigneten Motorenprüfstand verlassen sich die meisten britischen Rennfahrer auf ihre eigene Erfahrung beim Tunen ihrer Motoren. Dieser Ford Cargo von Andrew Hardy fuhr um die Britische Meisterschaft. Zwei Turbolader sorgten für die nötige Power.

Modell:	Ford Cargo Race Truck
Baujahr:	1999
PS/kW:	780 PS/573 kW
Hubraum ccm:	12 800
Motortyp:	R/6 Zylinder

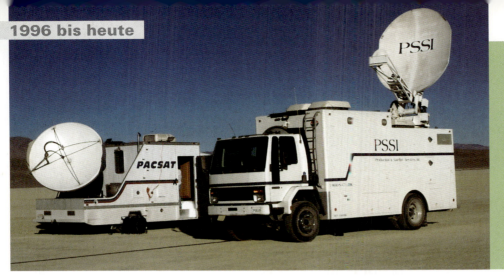

Ford Cargo

Die mittelschweren Baureihen der Class 6 und 7 sind eine Domäne von Ford/USA, nachdem man sich von den schwersten Trucks der Klasse 8 zumindest vorläufig verabschiedet hat. Dieser Ford Cargo ist eine Gemeinschaftsentwicklung mit Ford/GB.

Modell:	Ford Cargo
Baujahr:	2000
PS/kW:	170 PS/125 kW
Hubraum ccm:	6820
Motortyp:	R/6 Zylinder

Ford Shotgun Monster Truck

Alle bekannten amerikanischen Hersteller von Pickup-Trucks setzen werksunterstützte Monster Trucks ein. Die Jugend fährt voll auf die technisch aufwändigst gebauten Fahrzeuge ab, denn sie vermitteln das Gefühl von ungezügelter Kraft in allen Lebenslagen. Als Modellautos werden zudem einige Millionen Stück jedes Jahr verkauft. Dies fördert den Verkauf der Serienwagen.

Modell:	Ford Shotgun Monster Truck
Baujahr:	2002
PS/kW:	1200 PS/882 kW
Hubraum ccm:	6800
Motortyp:	V8 Zylinder

Ford Ambulance

In den USA rücken die Krankenwagen der Berufsfeuerwehr aus, wenn z.B. ein Verkehrsunfall gemeldet wird. Ford und Chevrolet sind die größten Hersteller von Krankenwagen, die in der medizinischen Notfallausrüstung genormt sind.

Modell:	Ford Ambulance
Baujahr:	2001
PS/kW:	250 PS/184 kW
Hubraum ccm:	5 480
Motortyp:	R/6 Zylinder, Benzin

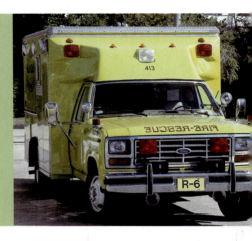

Ford F-100 Replica

Erfolgreiche Modelle der 50er und 60er Jahre wurden ab 2002 als Replikas in den USA und Mexiko gebaut. Mit dem Original von 1955 kann dieser Pritschenwagen nicht mithalten, aber er weckt das Interesse für einen echten Oldtimer.

Modell:	Ford F-100 Replica
Baujahr:	2002
PS/kW:	220 PS/162 kW
Hubraum ccm:	5600
Motortyp:	V8 Zylinder, Benzin

Ford Aeromax L 9000

Seit 1990 gewannen auch in den USA aerodynamisch verbesserte Trucks immer mehr die Oberhand gegenüber den konventionell gestylten Lastwagen. Der mittelschwere Ford Aeromax L 9000 wurde wahlweise mit 305 PS bis 500 PS ausgeliefert.

Modell:	Ford Aeromax L 9000
Baujahr:	2002
PS/kW:	305 PS/224 kW
Hubraum ccm:	12 880
Motortyp:	R/6 Zylinder

Ford F350

Viele amerikanische Rennstallbesitzer verwenden PS-starke Pick-up-Trucks als Zugmaschine für ihre wertvolle Fracht. Das Foto zeigt einen Ford F350 mit Extended Cab, einem leicht vergrößerten Fahrerhaus mit Platz für drei zusätzliche Sitze auf der Hinterbank.

Modell:	Ford F350
Baujahr:	2003
PS/kW:	350 PS/257 kW
Hubraum ccm:	5800
Motortyp:	V8 Zylinder B

Freightliner – Der Marktführer baut seine Führung aus

Nach einer schwierigen Konsolidierungphase ist Freightliner bei den schweren Trucks eindeutiger Marktführer in den USA. Freightliner zog bis 2007 im Verbund mit DaimlerChrysler munter Töchter hoch wie Sterling, Western Star, American LaFrance und Thomas. Ein Komponententausch mit Mercedes-Benz-Motoren war bei den mittelschweren Freightliner-Trucks die Regel, während bei den dicken Brummern immer noch bis zu 600 PS starke Cummins- und Caterpillar-Motoren Verwendung finden.

Modell:	Freightliner Century Class
Baujahr:	2000
PS/kW:	365 PS/268 kW
Hubraum ccm:	12 000
Motortyp:	R/6 Zylinder

Freightliner Century Class

Stimmungstest: Der erste Freightliner mit modernen Motoren von DaimlerChrysler/Detroit Diesel wurde 1995 vorgestellt und entwickelte sich im Laufe der Jahre bis heute zu einem Kassenschlager in den USA. Mit nur zwölf Litern Hubraum gibt dieser leichte, elektronisch gesteuerte Sechszylinder ebensoviel Leistung ab wie die rund 50 Prozent schwereren Motoren klassischer amerikanischer Bauart.

Freightliner Short Track Racer

Jedes amerikanische Oval-Rennen führt gegen den Uhrzeigersinn, also links um den Kurs. Deshalb ist der Sturz der Vorder- und Hinterräder leicht asymmetrisch, ebenso die Anordnung von Motor und Getriebe. Das Kurvenverhalten wird dadurch verbessert.

Modell:	*Freightliner Short Track Racer*
Baujahr:	*1998*
PS/kW:	*920 PS/681 kW*
Hubraum ccm:	*14 000*
Motortyp:	*R/6 Zylinder*

Freightliner Argosy

Ein reinrassiger Amerikaner in Deutschland? Hierzulande ist dieser blaue Freightliner Argosy eine echte Rarität, obwohl die Antriebseinheit aus dem Entwicklungszentrum von DaimlerChrysler stammt. Eingebaut ist der Motor von DaimlerChrysler/Detroit Diesel.

Modell:	*Freightliner Argosy*
Baujahr:	*2001*
PS/kW:	*365 PS/268 kW*
Hubraum ccm:	*12 000*
Motortyp:	*R/6 Zylinder*

Freightliner Century Class SRT

Das berühmteste Bergrennen Amerikas ist das Pikes Peak in Colorado. Bei schwierigsten Bedingungen gelang Mike Ryan im Juni 2004 der Sieg in der schwersten Truck-Klasse 8 mit seinem blauen Freightliner-Renntruck. Astreine Renntechnik von Mercedes-Benz steckt unter der amerikanischen Motorhaube. Angetrieben wird der Bolide durch einen Mercedes-Benz 501 Doppelturbo-Rennmotor aus der Europameisterschaft.

Modell:	*Freightliner Century Class SRT*
Baujahr:	*2004*
PS/kW:	*1300 PS/956 kW*
Hubraum ccm:	*12 000*
Motortyp:	*V6 Zylinder*

Modell:	*Freightliner M2 Business Class 112 Race Truck*
Baujahr:	*2004*
PS/kW:	*980 PS/720 kW*
Hubraum ccm:	*12 000*
Motortyp:	*R/6 Zylinder*

Freightliner M2 Business Class Race Truck

Schon 1991 gewann Deutschlands populärster Truck-Racer Gerd Körber die erste Europameisterschaft mit seinem MAN-PHOENIX. 2001 und 2002 gewann er weitere Titel mit dem tschechischen Buggyra. Danach setzte der schnelle Gerd auf den neuesten Freightliner, dem er ein Mercedes-Chassis verpasst hatte. Im verregneten Zeittraining zum Truck Grand Prix 2004 auf dem Nürburgring war der Freightliner um vier Sekunden schneller als die Konkurrenz.

GMC Drag Racer

Nicht ganz normal verhält sich dieser harmlos aussehende Pickup-Truck. An der rechten Wagenseite steht deutlich geschrieben: CAT Power 636 Cu. Inch. Unter der Motorhaube brüllt ein Sechszylinder-Caterpillar-Rennmotor mit gut zehn Litern Hubraum. Burnout heißt das von allen Zuschauern geliebte Schauspiel bei Dragster-Rennen.

Modell:	GMC Drag Racer
Baujahr:	1996
PS/kW:	900 PS/662 kW
Hubraum ccm:	10 422
Motortyp:	R/6 Zylinder

GMC – Konzentration auf die mittlere Klasse

Der Markt für Schwerlastwagen ist in den USA ein extrem von der Konjunktur abhängiges Geschäft. GMC verabschiedete sich wie Ford von der schweren Baureihe und konzentrierte sich dann erfolgreich auf die Klasse bis 28 Tonnen.

GMC Short Track Racer

Amerikanische Rennserien müssen erstens spannend, dann preiswert und nicht zuletzt kurzweilig sein. Deshalb erfreuen sich die staubigen Oval-Rennen ungebrochener Beliebtheit unter den Fahrern und Zuschauern. Statt ins Kino, geht man Freitag- oder Samstagabend mit der ganzen Familie auf die Rennstrecke.

Modell:	GMC Short Track Racer
Baujahr:	1999
PS/kW:	890 PS/659 kW
Hubraum ccm:	13 890
Motortyp:	R/6 Zylinder

GMC Offroad Racer

Lange Zeit verkauften sich an der Westküste Amerikas leichte und mittelschwere Pickup-Trucks am besten. Entsprechend rege betrieben unzählige Tuner ihr Geschäft in Sachen Offroad-Equipment. Dieser werksunterstützte GMC geht beim berühmten Wüstenrennen Baja California an den Start. Nur die Silhouette der Serienkarosserie blieb erhalten. Unter der Motorhaube arbeitet ein großvolumiger V8-Turboladermotor.

Modell:	GMC Offroad Racer
Baujahr:	2000
PS/kW:	550 PS/404 kW
Hubraum ccm:	6400
Motortyp:	V8 Zylinder B

Modell:	GMC Short Track Racer
Baujahr:	1999
PS/kW:	1100 PS/815 kW
Hubraum ccm:	13 800
Motortyp:	V8 Zylinder

GMC Short Track Racer

Das Maximalgewicht der amerikanischen Renntrucks darf seit 1995 aus versicherungsrechtlichen Gründen nur noch 4000 kg betragen. Das ist zu wenig für die großen Trucks. Deshalb gibt es keine Truck-Rennen mehr auf den bekannten Speedway-Oval-Rennstrecken wie Indianapolis, Ontario oder dem Las Vegas Speedway.

GMC Monster Truck

Jeden Abend vor der Glotze? Aber nein, motorsportverrückte Texaner erfanden in den 80er Jahren die Monster Truck Shows, und seitdem brüllen die über 1000 PS starken Kompressormotoren in den größten Footballarenen. Platt geklopfte Straßenkreuzer – die gar nicht so simple Aufgabe der modernen Gladiatoren. Der ganze Spuk dauert maximal zwei Stunden und erfreut die Jugend genauso wie die älteren Semester.

Modell:	GMC Monster Truck
Baujahr:	2002
PS/kW:	1000 PS/735 kW
Hubraum ccm:	6400
Motortyp:	V8 Zylinder BK

Hino – Europa im Visier?

Toyota baut seine Stellung nicht nur in der Personenwagenproduktion mit großem Erfolg aus. Die Tochtergesellschaft Hino Trucks gehört zum Toyota-Konzern und ist auf allen asiatischen Märkten klar die Nummer Eins in den Zuwachsraten bei mittelschweren und den schweren Trucks. Mit 18 Modellreihen kann Hino wohl die meisten Kundenwünsche befriedigen. Jährlich werden etwa 100 000 Lastwagen und Busse vor Hino in drei Produktionsstätten gebaut.

Grumman Step Van

Seit 1963 verkauft Grumman Allied Industries praktische Lieferwagen für Brief- und Paketdienste. Der Aufbau besteht aus Aluminium, das Chassis und die verstärkte Antriebseinheit kommen von Ford oder, wie auf diesem Bild, von Chevrolet. Unser Step Van fährt nur knapp 105 km/h, dafür verfügt er über eine durchschnittliche Laufleistung von 600 000 Kilometern, bevor der Wagen ausgemustert wird.

Modell:	Grumman Step Van
Baujahr:	1999
PS/kW:	60 PS/44 kW
Hubraum ccm:	2560
Motortyp:	R/4 Zylinder

Hino FS

Im für seine rigiden Gesetze bekannten Stadtstaat Singapur wurde dieser blaue Baustellenlaster aufgenommen. Schmutzige Trucks werden mit saftigen Strafen belegt, weil sie die sauberen Straßen verunreinigen und der Stadt somit Kosten entstehen. Schon eine weggeworfene Zigarettenschachtel kostet 500 US-Dollar Strafgebühr.

Modell:	Hino FS
Baujahr:	1999
PS/kW:	300 PS/220 kW
Hubraum ccm:	14 800
Motortyp:	V8 Zylinder

Hino Super Ranger

Die Farbe Grün ist das Markenzeichen der in Malaysia montierten Hino-Lastwagen. Mit dem zuverlässigen und preiswerten Super Ranger gelang Hino ein Erfolg gegenüber dem wichtigsten Konkurrenten Mitsubishi-Fuso.

Modell:	Hino Super Ranger
Baujahr:	2000
PS/kW:	177 PS/130 kW
Hubraum ccm:	6400
Motortyp:	R/6 Zylinder

Hino Jumbo Ranger FM

Die japanischen Hino-Trucks sind in fast allen asiatischen Ländern Marktführer bei mittelschweren und schweren Fahrzeugen, aber auch von Bussen und schweren Sonderfahrzeugen. Der grüne Jumbo Ranger FM wurde bei Lovina/Bali aufgenommen.

Modell:	Hino Jumbo Ranger FM
Baujahr:	2000
PS/kW:	360 PS/265 kW
Hubraum ccm:	14 800
Motortyp:	V8 Zylinder

Hino Super Ranger FF

In der mittelschweren Baureihe werden verschiedene Typen mit einer riesigen Auswahl an Aufbauten angeboten, wie dieser Tanklastwagen. Hino überlässt diese Sonderaufbauten nicht einem Zulieferer wie in Europa üblich, sondern fertigt alles selbst.

Modell:	Hino Super Ranger FF
Baujahr:	2000
PS/kW:	191 PS/140 kW
Hubraum ccm:	9680
Motortyp:	R/6 Zylinder

Hino FE

Bislang hielten sich Toyota und Hino fern vom schwierigen deutschen Markt. Das könnte sich in naher Zukunft ändern, denn sowohl in den skandinavischen Ländern als auch in England sind die neuesten Hino-Trucks gut platziert. Das Foto wurde im Herbst 2004 in Schweden aufgenommen.

Modell:	Hino FE
Baujahr:	2003
PS/kW:	177 PS/130 kW
Hubraum ccm:	6400
Motortyp:	R/6 Zylinder

Hino FL

Hino-Trucks werden auch in Selaugor/Malaysia gefertigt. Aus der malaysischen Produktion stammt dieser FL. Weitere Produktionsstätten entstanden in den letzten Jahren in Australien, Saudi Arabien und Pakistan. Mit Scania wurde ein Austausch von wichtigen Komponenten beschlossen.

Modell:	Hino FL
Baujahr:	2004
PS/kW:	260 PS/191 kW
Hubraum ccm:	14 800
Motortyp:	V8 Zylinder

Hino Dutro

Die Kooperation mit Toyota zeigt sich bei den leichten Hino-Lastwagen, wie dem Dutro, der im indonesischen Hino-Werk montiert wird. In anderen Ländern läuft der Dutro als Toyota vom Band.

Modell:	Hino Dutro
Baujahr:	2004
PS/kW:	140 PS/103 kW
Hubraum ccm:	4200
Motortyp:	R/4 Zylinder

Hino FG

Mit abgasoptimierten Toyota-Motoren sind die neuesten mittelschweren Hinos ausgerüstet, wie dieser FG von 2004. Hino gewann schon 1997 die heiß umkämpfte Truckwertung bis zehn Tonnen bei der Rallye Paris-Dakar und belegte auch in späteren Jahren vorderste Plätze bei diesem anspruchsvollen Rennen.

Modell:	Hino FG
Baujahr:	2004
PS/kW:	210 PS/154 kW
Hubraum ccm:	5900
Motortyp:	R/6 Zylinder TCi

International Fleetstar Armored

Der Nachfolgetyp des Werttransporters Fleetstar von 1982 wurde bei Navistar-International im Werk Springfield hergestellt. Die windschlüpfige Form und der Verzicht auf Chrom und andere „unnötige" Extras zeigt deutlich, dass mit dem Namenswechsel eine damals neue Generation von Managern nun die Entscheidungen traf.

Modell:	International Fleetstar Armored
Baujahr:	1996
PS/kW:	260 PS/191 kW
Hubraum ccm:	10 600
Motortyp:	R/6 Zylinder

International Eagle DDC 60

Die Margen im Geschäft der Schwerlastwagen der Class 7/8 drückten bei Navistar-International Ende der 9Cer Jahre auf den Ertrag. Deshalb entschloss man sich zu der vernünftigen Lösung, sich vermehrt auf die mittelschweren Trucks der Class 5/6 zu konzentrieren. Dieser Eagle DDC 60 ist eine der letzten Class 8-Zugmaschinen mit dem Turbolader von Detroit Diesel.

Modell:	International Eagle DDC 60
Baujahr:	1997
PS/kW:	430 PS/316 kW
Hubraum ccm:	14 890
Motortyp:	R/6 Zylinder

International 8200

Die Produktion der schweren Modelle der Class 7/8 wurde Zug um Zug nach Chatham/Kanada verlagert. Dieser International 8200 stammt aus dem kanadischen Werk, erkennbar an den zweigeteilten Kühlschlitzen an der Motorabdeckung. Schaut man sich die Trucks im Hintergrund an, fällt das moderne Aussehen der neuen Trucks aus der Chatham-Produktion besonders auf.

Modell:	International 8200
Baujahr:	1998
PS/kW:	360 PS/265 kW
Hubraum ccm:	14 600
Motortyp:	R/6 Zylinder

International Typ I

Leichte und mittelschwere Trucks kamen nach der Jahrtausendwende in den USA immer mehr in Fahrt. Dieser schwarze International Typ I wurde in Springfield/USA hergestellt. Er konkurrierte mit den leichten Freightliner-Modellen, dem Sterling, den Volvo-White- und den Paccar-Typen, und nicht zuletzt mit den leichten Mack, die auf Renault-Basis aufgebaut sind.

Modell:	International Typ I
Baujahr:	2001
PS/kW:	210 PS/154 kW
Hubraum ccm:	8 480
Motortyp:	R/6 Zylinder

Isuzu FTR

Der japanische Hersteller gehörte bis 2006 zum General Motors-Konzern und ist seither wieder eine selbstständige Marke. In der mittelschweren Baureihe baut Isuzu moderne 7,8 bis 9,8 Liter große Sechszylindermotoren mit Vierventil- und Common rail-Einspritzung ein. Im schwierigen australischen Markt ist Isuzu einer der Marktführer bei den mittelschweren Trucks.

Modell:	Isuzu FTR
Baujahr:	1998
PS/kW:	200 PS/147 kW
Hubraum ccm:	7800
Motortyp:	R/6 Zylinder

Isuzu F8000 D

„Keep South Africa clean". Auch in Südafrika werden die mittelschweren Isuzu-
Trucks rege verkauft. 50 Prozent der Teile
stammen aus Japan, der Rest aus heimi-
scher Produktion wie bei diesem Müll-
kipper.

Modell:	Isuzu F8000 D
Baujahr:	1999
PS/kW:	210 PS/154 kW
Hubraum ccm:	7800
Motortyp:	R/6 Zylinder

Isuzu NHR

Wie die anderen japanischen Truck-Hersteller liefert Isuzu „rollende Chassis" nach Australien, Indonesien, Malaysia und viele
afrikanische Länder. Dort erfolgt dann der Aufbau nach landes-
typischer Art. Das Foto zeigt einen NHR-Pritschenwagen aus Java.

Modell:	Isuzu NHR
Baujahr:	1999
PS/kW:	130 PS/96 kW
Hubraum ccm:	4800
Motortyp:	R/4 Zylinder

Isuzu CXZ

Die schweren Trucks von Isuzu beginnen bei 290 PS. Als Tochter
von General Motors werden je nach Exportland unterschiedliche
Motoren von Isuzu, aber auch von GM verwendet. Das Foto wurde
bei Denpasar/Indonesien aufgenommen.

Modell:	Isuzu CXZ
Baujahr:	2001
PS/kW:	425 PS/312 kW
Hubraum ccm:	14 300
Motortyp:	R/6 Zylinder

Isuzu F

In Kuala Lumpur/Malaysia wurde dieser hart arbeitende Isuzu F
fotografiert. Die Spritkosten sind in den meisten asiatischen Ländern lächerlich gering, so verlangten im Herbst 2004 die Tank-
warte nur umgerechnet 14 Cent für den Liter Diesel.

Modell:	Isuzu F
Baujahr:	2000
PS/kW:	172 PS/127 kW
Hubraum ccm:	4800
Motortyp:	R/4 Zylinder

Isuzu FSS

Das Foto zeigt ein 6x4-Feuerwehrfahrzeug aus Thailand mit deutschem Ziegler-Aufbau. Die weltweite Verflechtung des Konzerns General Motors ließ sich bei Isuzu gut nachvollziehen. Zuerst schaffte man ein solides Standbein mit GM-Personenwagen in einem neuen Markt, dann schob man die Truck-Palette nach.

Modell:	Isuzu FSS
Baujahr:	2002
PS/kW:	259 PS/191 kW
Hubraum ccm:	7800
Motortyp:	R/6 Zylinder

Isuzu EXR V10

Einen Tankwagen voll Kerosin bringt der graue Lockheed Galaxy-Großraumtransporter auf dem Flughafen in Singapur zu den Flugzeugen. Der Isuzu EXR war seinerzeit die Nummer Eins im Programm des japanischen Herstellers.

Modell:	Isuzu EXR V10
Baujahr:	2002
PS/kW:	320 PS/235 kW
Hubraum ccm:	15 800
Motortyp:	V10 Zylinder

Isuzu ELF HD Bus

Auch in Südafrika werden Isuzu-Laster und -Busse gefertigt. Die Karosserie stammt aus Südafrika, der Rest aus Japan oder auch aus den USA. Im weltweiten GM-Konzern fand der Austausch von wichtigen Komponenten immer breitere Anwendung, wie man bei Opel, Saab und Vauxhall sieht.

Modell:	Isuzu ELF HD Bus
Baujahr:	2004
PS/kW:	120 PS/88 kW
Hubraum ccm:	3000
Motortyp:	R/4 Zylinder

Isuzu N 140

Isuzu ist einer der größten Hersteller von Dieselmotoren weltweit. Von 1100 bis zu 30 000 ccm reicht die Palette. Hier fährt eine vergnügte indonesische Hochzeitsgesellschaft mit dem neuen Truck zum Tempel der Gemeinde Pacung.

Modell:	Isuzu N 140
Baujahr:	2004
PS/kW:	140 PS/103 kW
Hubraum ccm:	4800
Motortyp:	R/4 Zylinder Turbo

Isuzu ELF HD

In den asiatischen Ländern liegt der japanische Hersteller mit an der Spitze der Zulassungszahlen von leichten und mittelschweren Trucks. Hier überquert ein indonesischer Isuzu einen Fluss bei der Stadt Klungkung.

Modell:	Isuzu ELF HD
Baujahr:	2004
PS/kW:	120 PS/88 kW
Hubraum ccm:	3000
Motortyp:	R/4 Zylinder

Iveco-Venezuela

Iveco ist in den letzten Jahren besonders im außereuropäischen Markt deutlich gewachsen. Das Foto zeigt einen südamerikanischen Iveco bei Merida/Venezuela. Die Passstraße führt auf über 4200 Metern Höhe durch die Anden. Nur mit der Kraft fördernden Turboaufladung schaffen die Trucks solche Berge mit schwerer Last.

Modell:	Iveco-Venezuela
Baujahr:	1999
PS/kW:	360 PS/267 kW
Hubraum ccm:	17 200
Motortyp:	V8 Zylinder T

Iveco – Runderneuert auf allen Ebenen

Nach einigen Jahren relativer Stagnation erneuerte Iveco ab 2001 seine kompletten Modellreihen von Grund auf. Iveco bekam 2003 mit dem Stralis die hochgeschätzte Auszeichnung „Truck des Jahres" überreicht. Noch wichtiger sind die Verkaufserfolge auf den meisten Auslandsmärkten, hier konnte Iveco deutlich zulegen. Von 2,8 bis 78 Tonnen Gesamtgewicht reicht nun das Angebot.

Iveco Cursor 13

Dieser Bergeschlepper von Iveco mit Allradantrieb hat keinen Namensvetter am Haken. Für schwerste Aufgaben und maximale Zugkraft wurde der Cursor 13-Motor entwickelt, der bei gleicher Leistung wie der Cursor 8 ein höheres Drehmoment bei niedrigen Drehzahlen auf die Straße bringt.

Modell:	Iveco Cursor 13
Baujahr:	2002
PS/kW:	490 PS/263 kW
Hubraum ccm:	12 900
Motortyp:	R/6 Zylinder

Iveco Trakker 440

Mit sechs verschieden starken Motoren aus der Reihe Cursor 8 und Cursor 13 werden die neuen Baustellenlaster von Iveco bestückt. Die Spanne reicht von 270 bis 480 PS. Deutlich verbessert wurde die Fahrerkabine, die nun fast den Komfort von Fernlastzügen erreicht. Unser Bild zeigt die allradbetriebene Zugmaschine.

Modell:	Iveco Trakker 440
Baujahr:	2004
PS/kW:	440 PS/326 kW
Hubraum ccm:	12 900
Motortyp:	R/6 Zylinder

Iveco Stralis AD 260 S

Die grundlegende Erneuerung der Baureihe Iveco Stralis macht sich nun bezahlt. Der Marktanteil wächst überdurchschnittlich in ganz Europa. Unser Foto zeigt die mittelschwere Baureihe mit dem Cursor 8-Motor.

Modell:	Iveco Stralis AD 260 S
Baujahr:	2004
PS/kW:	352 PS/261 kW
Hubraum ccm:	7790
Motortyp:	R/6 Zylinder

Modell:	Iveco Stralis Scuderia Ferrari
Baujahr:	2004
PS/kW:	480 PS/356 kW
Hubraum ccm:	12 880
Motortyp:	R/6 Zylinder Cursor 13

Iveco Stralis Scuderia Ferrari

Nur das Beste ist für die Fiat-Tochter Ferrari gerade gut genug. Die Basis für diesen raffinierten Renntransporter mit „Hubdach" ist der Typ AS 440 S48 T/FP LT. Selten gab es eine längere Typenbezeichnung.

Iveco Stralis 540 E

2003 erhielt Iveco die begehrte Auszeichnung „Truck of the Year". Im Gegensatz zu manchen anderen Preisträgern der vergangenen Jahre verkauft sich der Stralis sehr gut. Unser Foto zeigt eine Zugmaschine aus dem Ferrari Formel 1-Rennteam mit dem bislang kräftigsten Motor von Iveco nach Euro 3-Norm. Ein vollautomatisches 16-Ganggetriebe kann auch manuell betätigt werden.

Modell:	Iveco Stralis 540 E
Baujahr:	2004
PS/kW:	540 PS/400 kW
Hubraum ccm:	12 880
Motortyp:	R/6 Zylinder

Iveco Eurocargo 180 E

Trotz konsequentem Baukastensystem kann der Kunde beim Eurocargo je nach Aufgabe unter verschiedenen Radständen und Aufbaulängen wählen. Gleiches gilt für die Federungssysteme: Halbelliptikfedern, Luftfederung hinten, wie auf diesem Bild, oder eine elektronisch gesteuerte Luftfederung vorn und hinten mit dem Namen ECAS.

Modell:	Iveco Eurocargo 180 E
Baujahr:	2004
PS/kW:	180 PS/133 kW
Hubraum ccm:	5880
Motortyp:	R/6 Zylinder

Iveco Euro Fire

Die Serie Euro Fire von Iveco/Magirus wurde vom Markt sehr gut angenommen, weil die wesentlichen Ausrüstungskomponenten auch von anderen Fahrzeugherstellern benutzt werden. Damit wird eine Standardisierung bei der Brandbekämpfung erreicht. Eingebaut ist ein Cursor 350-Motor.

Modell:	Iveco Euro Fire
Baujahr:	2004
PS/kW:	352 PS/259 kW
Hubraum ccm:	7790
Motortyp:	R/6 Zylinder

Iveco Stralis 310

Iveco mischt im Sektor Sonderfahrzeuge kräftig mit, obwohl die öffentlichen Aufträge ständig zurückgehen. Private Entsorgungsfirmen brauchen neue Fahrzeuge, die Personal einsparen und dadurch die Kosten vermindern.

Modell:	Iveco Stralis 310
Baujahr:	2004
PS/kW:	310 PS/230 kW
Hubraum ccm:	7790
Motortyp:	R/6 Zylinder Cursor 8

Iveco Eurocargo 140E 4x4

Die mittlere Baureihe Eurocargo reicht von sechs bis 26 Tonnen. Immer häufiger erhalten renommierte Designer den Auftrag, neue Modellreihen formal zu konzipieren. So entstand der Eurocargo in Zusammenarbeit mit Bertone. Eingebaut sind neu entwickelte Tector-Vier- und Sechszylindermotoren von 130 bis 280 PS.

Modell:	Iveco Eurocargo 140E 4x4
Baujahr:	2004
PS/kW:	240 PS/178 kW
Hubraum ccm:	5880
Motortyp:	R/6 Zylinder

Kässbohrer Pisten Bully 300-Antarctic

Windstärke acht, 50 Grad unter Null: Extreme Bedingungen erfordern besondere Lösungen. Ca. 80 Pisten Bullys von Kässbohrer sind derzeit in der Antarktis im Einsatz. Die flexible Plattform wird zum Kranen für Bau- und Lagerarbeiten bis hin zum Personentransport mittels Wohncontainer benutzt. Auf der deutschen Bohrstation Kohnen liegt die Durchschnittstemperatur bei minus 50 Grad, die nächste Station ist 350 Kilometer entfernt. Die speziell auf die Bedingungen in der Antarktis umgerüsteten Kässbohrer Pisten Bullys werden derzeit auf zehn Forschungsstationen in der Südpolregion eingesetzt.

Modell:	Kässbohrer Pisten Bully 300-Antarctic
Baujahr:	2004
PS/kW:	326 PS/240 kW
Hubraum ccm:	7200
Motortyp:	R/6 Zylinder MB 900

Kamaz – Der Westen lockt

Als Spitzenreiter in der russischen Lastwagenproduktion streckt Kamaz nun seine Fühler nach Westeuropa aus. Neben eigenen Achtzylindermotoren kommen nun auch die modernsten Cummins-Motoren zum Einbau, die alle Abgasnormen erfüllen. Nicht nur zivile Lastwagen werden in Westeuropa angeboten. Eine breite Palette von allradbetriebenen Militärlastwagen lastet das riesige Montagewerk von Kamaz in Tatarstan aus. Im Jahr 2008 erwarb Daimler eine Beteiligung von 10 Prozent an Kamaz.

Modell:	Kamaz 43118
Baujahr:	2003
PS/kW:	260 PS/193 kW
Hubraum ccm:	10 850
Motortyp:	V8 Zylinder TD

Kamaz 4911 Paris-Dakar

Im Januar 2004 fuhren drei Kamaz 4911 als erste über die Ziellinie beim berühmt-berüchtigten Langstreckenrennen von Paris nach Dakar. Auch in den Folgejahren setzte sich der Truck immer wieder gegen die Westeuropäer durch. Eingebaut ist ein russischer V8-YaMZ. Die Höchstgeschwindigkeit liegt bei 160 km/h.

Modell:	Kamaz 4911 Paris-Dakar
Baujahr:	2003
PS/kW:	730 PS/541 kW
Hubraum ccm:	10 850
Motortyp:	V8 Zylinder TD

Kamaz 43118

Für seine robusten allradbetriebenen Bau-stellen- und Militärlastwagen ist Kamaz nicht nur in den osteuropäischen Ländern bekannt. Diesen Kamaz 43118-Zehntonner trifft man auf den schwierigsten Pisten in Afrika oder den arabischen Ländern immer wieder an, denn was in den Weiten Russlands Bestand hat, kommt auch abseits jeglicher Straßen über die Runden.

Kamaz 6520

Für den westeuropäischen Markt rüstet Kamaz seine neue Schwerlast-Serie mit den amerikanischen Cummins ISLe 350.30 Euro 3-Motoren und deutschen ZF-Getrieben mit 16 Gängen aus. Die Fahrerkabine wurde gleichfalls umgestaltet und entspricht nun weitgehend dem westlichen Standard. Interessant ist eine optionale Vorheizanlage für den Motor, der noch einen Kaltstart bei minus 45 Grad ermöglicht.

Modell:	Kamaz 6520
Baujahr:	2004
PS/kW:	350 PS/259 kW
Hubraum ccm:	11 760
Motortyp:	R/6 Zylinder

Kamaz 43081

Ein moderner Verteilerlastwagen ist der Kamaz 43081 Fünftonner mit Euro 3-Motor von Cummins und ABS-Bremssystem. Die weiteren Komponenten sind ein ZF-Getriebe und eine Kupplung von Sachs. Kamaz verkauft seine preisgünstige Fahrzeugpalette nun auch in Deutschland. In Russland hat Kamaz einen Marktanteil von ca. 70 Prozent.

Modell:	Kamaz 43081
Baujahr:	2004
PS/kW:	170 PS/126 kW
Hubraum ccm:	5900
Motortyp:	R/4 Zylinder TD

Kamaz 6460

Mit schweren Sattelzugmaschinen war Kamaz bislang noch wenig in den westeuropäischen Ländern vertreten. Sein Gesamtgewicht beträgt 46 000 kg, zur Ausstattung gehört ein Antiblockiersystem von Knorr, ein ZF-Getriebe und eine Sachs-MFZ-430-Kupplung. Drei verschieden große Schlafkabinen sorgen für den nötigen Komfort auf langen Strecken.

Modell:	Kamaz 6460
Baujahr:	2004
PS/kW:	360 PS/267 kW
Hubraum ccm:	11 760
Motortyp:	V8 Zylinder TD

Kamaz 6540

Das Gesamtgewicht beträgt bei diesem schweren Baulaster 30 500 kg, die Nutzlast 18 500 kg. Kamaz baut als größter russischer Hersteller von Nutzfahrzeugen auch unter dem Namen Belaz schwere Muldenkipper sowie Busse und den Kleinwagen OKA. Alle Nutzfahrzeuge sind im Baukastensystem konzipiert, sodass eine Vielzahl von Aufbauten angeboten werden kann.

Modell:	Kamaz 6540
Baujahr:	2004
PS/kW:	260 PS/193 kW
Hubraum ccm:	10 850
Motortyp:	V8 Zylinder TD

Kenworth – Der Klassiker in alter Frische

So wie sich der kleine Moritz einen amerikanischen Truck vorstellt, genau so sieht er letztlich aus – der legendäre Kenworth W900. Seit über 25 Jahren wird dieses Ungetüm an der Westküste Amerikas fleißig verkauft. Oft ballern 600 kräftige Pferde unter der kantigen Haube. Die Kenworth T600 und T800 wurden aerodynamischer, aber auch gesichtsloser. Kenworth gehört zum Paccar-Konzern.

Modell:	Kenworth Short Track Racer
Baujahr:	1998
PS/kW:	1200 PS/889 kW/
Hubraum ccm:	14 600
Motortyp:	R/6 Zylinder

Kenworth Short Track Racer

Kurzes Chassis, starker Motor und möglichst wenig Gewicht, das ist für die meisten Fahrer die Formel zum Sieg. Auf der Rennstrecke zählt aber noch viel mehr taktisch richtiges Fahren, denn die Schnellsten in den kurzen Qualifikationsrennen müssen sich beim entscheidenden finalen Rennen ganz hinten zum Start aufstellen. Das sorgt für prickelnde Spannung.

Modell:	Kenworth Short Track W900
Baujahr:	1998
PS/kW:	1100 PS /815 kW
Hubraum ccm:	14 800
Motortyp:	R/6 Zylinder

Kenworth Short Track W900

Deutlich erkennbar ist die grundsolide Technik der amerikanischen Oval-Racer. Steifes Chassis, Überrollkäfig mit verschweißter Tür, dies alles sorgt für mehr Sicherheit bei einem Crash. Der Fahrer steigt übers Fenster ein. Der Fahrersitz muss mit dem Bodenblech fest verschraubt sein und der typgeprüfte Sechspunkt-Sicherheitsgurt presst den Fahrer in seinen Sitz. Eine 10 kg Feuerlöschanlage ist genauso Vorschrift wie ein Notschalter für die Spritzufuhr und die Zündung.

Kenworth Super Dragster

Wenn der Amerikaner John Martin seinem schwarzen Kenworth die Sporen gibt, dann bebt wirklich der Asphalt. In 12.8 Sekunden rast dieser schnelle Lastwagen-Dragster über die Viertelmeile ins Ziel. Gemessene Zielgeschwindigkeit: 312.8 km/h! Alles was gut und teuer ist, wurde in diesen fantastisch schnellen Renntruck eingebaut. Kompressoraufladung, Nitromethaneinspritzung und ein geheimer Treibstoff, der seinen Zehnzylindermotor von Detroit Diesel befeuert.

Modell:	Kenworth Super Dragster
Baujahr:	1999-2003
PS/kW:	2800 PS/20740 kW
Hubraum ccm:	18 600
Motortyp:	V10 Zylinder

Kenworth Dragster

Hier wird nicht über teure Spritkosten geklagt, hier wird so richtig mit den Pferdestärken geklotzt. 2100 PS soll dieser mexikanische Kenworth Dragster auf den Asphalt brennen. Nach dem Burnout klebt die Piste von dem heißen Abrieb der profillosen Slicks an den Hinterrädern. In knapp 14 Sekunden liegen 302 km/h an, so geschehen auf dem Country Raceway von Los Angeles im Jahr 2000.

Modell:	Kenworth Dragster
Baujahr:	2000
PS/kW:	2100 PS/1544 kW
Hubraum ccm:	18 800
Motortyp:	V12 Zylinder Detroit D

Kenworth Jet Dragster

Kein Märchen: Innerhalb von zwölf Sekunden beschleunigt dieser Kenworth Jet Dragster von Null auf 315 km/h. Bob Motz ist der absolute Superstar der amerikanischen Truck-Racer. Hinter seinem Rücken faucht ein 16 000 PS starkes Gasturbinentriebwerk mit Afterburner. Mehrfach flog ihm der feurige Kasten schon um die Ohren, aber letztlich retteten die beiden Bremsschirme sein Leben.

Modell:	Kenworth Jet Dragster
Baujahr:	2000
PS/kW:	16 000 PS/11 765 kW
Hubraum ccm:	entfällt
Motortyp:	Gasturbine mit Afterburner GE

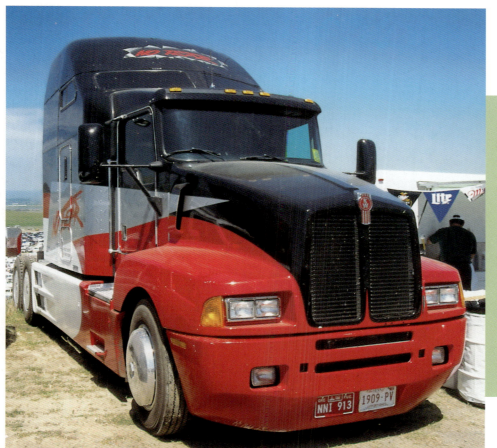

Kenworth T603

In mehreren Stufen wurde die Kenworth T600-Baureihe technisch überarbeitet und damit aufgewertet. So bekamen die seitlichen Türschweller ein noch aerodynamischeres Styling, die Sicht nach vorne über die abgeflachte, rundliche Motorhaube wurde verbessert – ein echter Fortschritt im Vergleich zu den „Backstein ähnlichen" Fronthaubern der klassischen Trucks.

Modell:	Kenworth T603
Baujahr:	2000
PS/kW:	360 PS/265 kW
Hubraum ccm:	13 490
Motortyp:	R/6 Zylinder CAT

Kenworth T600 Spezial

Als deutscher Trucker steht man schon mit offenen Mund vor diesem gigantischen Sattelschlepper. Sein Besitzer überführt wertvolle Oldtimer zu Auktionen wie nach Pebble Beach/Kalifornien. Der ganze Zug ist eine Spezialkonstruktion, die es bislang nur einmal geben soll.

Modell:	Kenworth T600 Spezial
Baujahr:	2002
PS/kW:	520 PS/382 kW
Hubraum ccm:	14 600
Motortyp:	V8 Zylinder

Kia Pregio

In asiatischen und afrikanischen Ländern sind die Transporter und Kleinbusse von Kia weit verbreitet. In Deutschland wird der wendige Pregio meist von Handwerkerbetrieben für den Stadtverkehr benutzt, weil er im Vergleich zu den europäischen Transportern gleicher Größe ein Drittel weniger kostet. Der bisherige, etwas leistungsschwache 89 PS starke Saugmotor wurde nun von einem deutlich kräftigeren Turbodiesel abgelöst.

Modell:	Kia Pregio
Baujahr:	2003
PS/kW:	94 PS/69 kW
Hubraum ccm:	2490
Motortyp:	R/4 Zylinder TD

Kenworth T800 SA

Mit einem optimierten Caterpillar C 12-Motor ist dieser Truck von Kenworth für den europäischen Markt ausgerüstet. Euro 3-Norm ist erteilt, somit werden wir in Zukunft wieder häufiger diesen bulligen Hauber bewundern können.

Modell:	Kenworth T800 SA
Baujahr:	2004
PS/kW:	450 PS/333 kW
Hubraum ccm:	12 000
Motortyp:	R/6 Zylinder

Liaz 111.154 Trial

Die Tschechen bauen nicht nur hervorragende allradbetriebene Lastwagen, sondern auch Wettbewerbsfahrzeuge, die technisch gesehen erste Sahne sind. Dieser werksunterstützte Laster mit Allradlenkung ist mit einem 540 PS starken Achtzylinder-Turbodieselmotor ausgerüstet und gewann schon überlegen die Europameisterschaft der Truck-Trialer.

Modell:	Liaz 111.154 Trial
Baujahr:	1996
PS/kW:	540 PS/397 kW
Hubraum ccm:	14 800
Motortyp:	V8 Zylinder

Mack Short Track Oval Racer

„Keep the hammer down", bleib auf dem Gas, das ist die Devise der schnellsten Fahrer, die sich an den populären Sandpistenrennen betätigen. Auf den meist nur 400 Meter langen, ovalen Rennstrecken wird vom ersten bis zum letzten Meter gedriftet. Zwei Garrett-Turbolader sorgen für den nötigen Biss an der Achse.

Modell:	Mack Short Track Oval Racer
Baujahr:	1996
PS/kW:	1100 PS/815 kW
Hubraum ccm:	1380
Motortyp:	R/6 Zylinder Mack

Mack Vison 660

Ein leibhaftiger Mack in Deutschland? Jawohl, so etwas gibt es, wenn man die Nerven dazu hat, den Laster selbst zu importieren und alle behördlichen Hürden zu nehmen. Eingebaut ist ein Renault-Mack-Motor mit strammen 460 PS. Volvo übernahm von Renault die Rechte und setzt nun alles daran, die ehrwürdige Lastwagenmarke wieder auf den neuesten Stand der Technik zu bringen.

Modell:	Mack Vision 660
Baujahr:	2002
PS/kW:	460 PS/341 kW
Hubraum ccm:	13 000
Motortyp:	R/6 Zylinder

Mack Spezial

Die amerikanischen Oldtimer-Fans sind für jede Überraschung gut. George Sprowl handelt mit Antiquitäten und benutzt den roten Mack als Blickfang für sein Geschäft. Das Besondere an diesem Wagen ist seine Größe. Chassis und Karosserie sind exakt halb so groß wie das Original, ein Mack B72 von 1956. Über 5000 Arbeitsstunden stecken in diesem einmaligen „Oldie".

Modell:	Mack Spezial
Baujahr:	1999
PS/kW:	150 PS/110 kW
Hubraum ccm:	4680
Motortyp:	R/6 Zylinder GM

Modell:	MAN TGA 18.410
Baujahr:	2003
PS/kW:	410 PS/304 kW
Hubraum ccm:	10 518
Motortyp:	R/6 Zylinder

MAN TGA 18.410

Mit fünf verschieden hohen Fahrerhausschlafkabinen setzte MAN im Jahr 2000 mit seiner rundum neuen TGA-Serie Akzente, die vom Markt voll akzeptiert wurden. Hier sieht man die formschöne XXL-Kabine mit einer Höhe von stolzen 2,3 Metern, erkennbar am oberen Sichtfenster.

MAN TGA 18.530

Kontinuierlich weiterentwickelt, ist der kräftige und zugleich auch besonders sparsame D20-Motor in Euro 3- und Euro 4-Ausführung wieder auf dem neuesten Stand der Motorenentwicklung. Die Euro 5-Variante wird wie bei Mercedes-Benz mit der SCR-Technik erfüllt.

Modell:	MAN TGA 18.530
Baujahr:	2003
PS/kW:	530 PS/390 kW
Hubraum ccm:	12 816
Motortyp:	R/6 Zylinder

MAN – Solide Lastwagen für jeden Bedarf

Vom kleinen Vierzylindermotor mit 150 PS bis zum Achtzylinder mit 680 PS offeriert das Motorenprogramm von MAN eine Auswahl, die nur wenige andere Hersteller in dieser Bandbreite bieten können. 2008 lieferte MAN fast 100 000 Lastwagen unterschiedlichster Bauart aus. Für ganz spezielle Konstruktionen ist der MAN-Steyr Sonderfahrzeugbau in Wien zuständig. MAN erweitert seine Auslandsvertretungen kontinuierlich und lässt inzwischen auch in Polen und der Türkei MAN-Laster vom Band rollen.

MAN TGA 18.360

Im kommunalen Bereich war MAN schon immer stark engagiert. Das Bild zeigt einen TGA-Schneepflug im bayerischen Alpenvorland.

Modell:	MAN TGA 18.360
Baujahr:	2003
PS/kW:	360 PS/265 kW
Hubraum ccm:	11 967
Motortyp:	R/6 Zylinder

MAN TGA TS18.410

Holländische Tank- und Silo-Spediteure sind bei MAN gern gesehene Kunden, denn die Niederländer verstehen eine Menge vom Geschäft und achten auf möglichst geringe Betriebskosten ihrer Trucks. Sprit sparen hängt auch mit dem günstigen Einkauf zusammen, deshalb beträgt das Tankvolumen des TGA 18.410 beachtliche 1040 Liter, die in zwei Tanks untergebracht sind.

Modell:	MAN TGA TS18.410
Baujahr:	2003
PS/kW:	410 PS/301 kW
Hubraum ccm:	11 967
Motortyp:	R/6 Zylinder

MAN TGM 13.240

Drei Jahre nach seiner Einführung im Jahr 2006 erhält der TGM das markante Familiengesicht der MAN-Trucknology®-Generation. Mit einem Gesamtgewicht von 13 bis 26 Tonnen und Motoren von 240 bis 340 PS ist der TGM der flexible Allrounder seiner Klasse. Im Bild sehen wir den TGM als Feuerlöschfahrzeug.

Modell:	MAN TGM 13.240
Baujahr:	2006
PS/kW:	250 PS/184 kW
Hubraum ccm:	6 871
Motortyp:	R/6 Zylinder

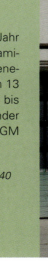

MAN TGS 35.480

Den modernen Drei-Seiten-Kipper trifft man inzwischen in der ganzen Welt. Vor allem in Russland ist der robuste Baustellen-Truck sehr beliebt, auch, weil er bei starkem Frost noch seine Dienste verrichtet und die Kabinenstandheizung die Fahrer bei Laune hält. Der TGS wurde „Truck of the Year 2008".

Modell:	MAN TGS 35.480
Baujahr:	2007
PS/kW:	480 PS/353 kW
Hubraum ccm:	12 400
Motortyp:	R/6 Zylinder

MAN LE 12.220

Mit 11,99 Tonnen Gesamtgewicht liegt dieser MAN für den Verteilerbereich ganz knapp in der steuerbegünstigten Klasse unter zwölf Tonnen. Eingebaut ist der kompakte und sehr sparsame Euro 3-Sechszylinder.

Modell:	MAN LE 12.220
Baujahr:	2003
PS/kW:	220 PS/162 kW
Hubraum ccm:	6871
Motortyp:	R/6 Zylinder

MAN TGX V8

In der Verkaufsbroschüre von MAN liest man: „Innovation trifft Faszination" und „Kraft ist die Fähigkeit, etwas zu bewirken". Der MAN TGX V8 ist ein wirklich Großer. Er ist auch im Jahr 2009 noch immer der stärkste Serientruck Europas und zeichnet sich durch modernste Technik, Design und Laufkultur aus. So wurde der TGX neben dem TGS ebenfalls zum „Truck of the Year 2008" erkoren.

Modell:	MAN TGX V8
Baujahr:	2007
PS/kW:	680 PS/500 kW
Hubraum ccm:	16 200
Motortyp:	V8/8 Zylinder

MAN Low Entry

Ideen muss man haben: Nur 34 Zentimeter hoch ist die erste Trittstufe für dieses Entsorgungsfahrzeug. Ein durchgehend ebener Innenraumboden erlaubt einen freien Durchstieg dank eines hochklappbaren Sitzes auf der Beifahrerseite.

Modell:	MAN Low Entry
Baujahr:	2004
PS/kW:	310 PS/229 kW
Hubraum ccm:	10 518
Motortyp:	R/6 Zylinder

MAN ME 18.280

In der mittleren Baureihe MAN ME 2000 liegt das zulässige Gesamtgewicht je nach Typ bis 26 Tonnen, wie bei diesem gelben Sattelzug, der gerade eine weitgehend stillgelegte, pompöse Zollstation passiert. Angetrieben wird er von einem kräftigen Vierventil-Common Rail LF41-Sechszylinder.

Modell:	MAN ME 18.280
Baujahr:	2003
PS/kW:	280 PS/206 kW
Hubraum ccm:	6871
Motortyp:	R/6 Zylinder

293

MAN 9.150 FAE Action Mobil

Hartnäckig hält sich ein Vorurteil bei Wüstenfahrern: Die meisten Expeditionsfahrzeuge seien teuer, meist ziemlich unbequem und langsame Kisten. Dies mag auf ältere Bundeswehrfahrzeuge aus der „Gründerzeit" zutreffen. Die Neuzeit sieht fortschrittlicher aus. Action Mobil baut seit über 20 Jahren hochkarätige Offroad-Fahrzeuge, die auf den Allradmodellen von MAN aufgebaut sind. 130 km/h sind mit diesem Fahrzeug locker möglich.

Modell:	MAN 9.150 FAE Action Mobil
Baujahr:	1996
PS/kW:	150 PS/110 kW
Hubraum ccm:	6871
Motortyp:	R/6 Zylinder

MAN-Rosenbauer Panther FLF

Mit über 130 km/h ist dieser futuristisch aussehende MAN Panther unterwegs, wenn es am Flughafen von Salzburg, Düsseldorf oder anderen Flughäfen brennt. Als Basis für den geländegängigen Allradler dient der 36.1000 VFAEG. Noch eine Nummer stärker und größer ist der neue MAN SX 2000 mit 1000 PS, der seine Kraft aus einem V12-Motor schöpft.

Modell:	MAN-Rosenbauer Panther FLF
Baujahr:	1998
PS/kW:	660 PS/485 kW
Hubraum ccm:	18 300
Motortyp:	V10 Zylinder

MAN 19.414 Super Race Truck

Die vom Rennbazillus befallene französische Familie Crozier setzt drei verschiedene MAN-Renntrucks ein. Dieser MAN 19.141 von Hervé Crozier fuhr in der stark besetzten französischen Meisterschaft 2003 etliche Siege ein und wurde Vizemeister vor wesentlich jüngeren Kandidaten.

Modell:	MAN 19.141
	Super Race Truck
Baujahr:	1997
PS/kW:	1000 PS/740 kW
Hubraum ccm:	12 000
Motortyp:	R/6 Zylinder MAN

MAN 19.403 Race Truck

Fabian Calvet behauptet beim Europameisterschaftslauf in Dijon 1999 die Führung. 1998 reichte es für fünf Siege, aber Europameister wurde letztlich der knapp dahinter liegende Heinz-Werner Lenz auf dem rötlichen Mercedes 1838-S.

Modell:	MAN 19.403 Race Truck
Baujahr:	1998/1999
PS/kW:	1050 PS/772 kW
Hubraum ccm:	12 000
Motortyp:	R/6 Zylinder

Modell:	MAN 18.423 FT
	Super Race Truck
Baujahr:	1998/99
PS/kW:	1350 PS/1000 kW
Hubraum ccm:	12 000
Motortyp:	R/6 Zylinder

MAN 18.423 FT Super Race Truck

Die Saison 1999 sah mit Fritz Kreutzpointner, unser Bild, wieder einen neuen Sieger in der Klasse der unlimitierten Super Race Trucks. Als einziger Hersteller setzte MAN mit dem Basismotor D 2866 auf die Hubschieber-Einspritzpumpe von BOSCH, 24 Ventilmotor. Zu welchen Leistungen dieser Motor fähig ist, wurde im Vergleich mit einem frisierten Tourenwagen ermittelt. Von 60 km/h auf 160 km/h vergingen nur sechs Sekunden, eine fantastische Leistung für einen 5000 kg schweren Truck, der den Tourenwagen im Finish knapp schlug.

MAN TGA Race Truck

Die seriennahe Race Truck-Klasse erfreut sich einer ständig wachsenden Beliebtheit unter den Zuschauern und den beteiligten Teams. Mindestens 30 ganz verschieden aufgebaute Race Trucks sind am Start und liefern sich beinharte Rennen. Das Maß der Dinge war 2004 noch der MAN TGA des mehrfachen Europameisters Lutz Bernau, der beim Truck Grand Prix 2004 auf dem Nürburgring alle vier Rennen meist mit einem denkbar knappen Vorsprung gewann.

Modell:	MAN TGA Race Truck
Baujahr:	2002/2004
PS/kW:	1050 PS/772 kW
Hubraum ccm:	12 000
Motortyp:	R/6 Zylinder MAN

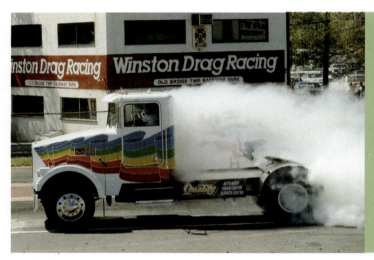

Marmon-Dragster

Seit 1931 ist Marmon bekannt für seine allradbetriebenen Schwerlastwagen für die Armee und den Baustellenbetrieb. Dieser spurtstarke Show Truck ist eine Spezialanfertigung der neuen Besitzer, die Kenworth-Komponenten für ganz zivile Mittelklasse-Trucks verwenden und dann als Marmon verkaufen. Aus dem stehenden Start erreicht dieser Dragster in 14 Sekunden die 200 km/h-Marke.

Modell:	Marmon-Dragster
Baujahr:	2000-2003
PS/kW:	1900 PS/1407 kW
Hubraum ccm:	18 600
Motortyp:	V8 Zylinder

Mercedes-Benz – Konsequente Modellpflege

Oft dauert es bei den Stuttgartern etwas länger mit dem Modellwechsel als bei der Konkurrenz, dafür kann der Käufer sicher sein, dass die lange Erprobungszeit sinnvoll war. Vom kleinen Eintonner-Kastenwagen reicht die Auswahl nun bis zum 598 PS starken Actros, dem meistverkauften Schwerlastwagen in Deutschland. Die jährliche Lastwagenproduktion der Daimler AG beläuft sich 2007 auf 468 000 Einheiten. Damit ist der Konzern der weltweit größte Produzent für Nutzfahrzeuge.

Mercedes-Benz Actros 1846

Die Daimler AG ist weltweit Marktführer, und auch in Deutschland führen die Mercedes-Benz-Lastwagen über sechs Tonnen die Topliste an. Nicht unwesentlich daran beteiligt ist der Actros, der 2004 als einer der ersten schweren Trucks auf die Euro 4- und Euro 5-Norm modifiziert wurde.

Modell:	Mercedes-Benz Actros 1846
Baujahr:	2004
PS/kW:	456 PS/335 kW
Hubraum ccm:	11 946
Motortyp:	V6 Zylinder

Mercedes-Benz Actros 4146

Besondere Aufgaben erfordern spezielle Fahrzeuge. Dieser schwere Mercedes Actros mit Allradantrieb rollt auf ultraniedrigen Spezialreifen über die schwedische Tundra und beschädigt somit die schützenswerte Flora so wenig wie möglich.

Modell:	Mercerdes-Benz Actros 4146
Baujahr:	2004
PS/kW:	456 PS/335 kW
Hubraum ccm:	11 946
Motortyp:	R/6 Zylinder

Mercedes-Benz Actros 1860 LS (MP3)

Der Actros 1860 LS (MP3) ist gebaut für lange Strecken und den Dauereinsatz, mit zwei Fahrern in der Kanzel. Dementsprechend hoch ist auch der Arbeits- und Wohnkomfort. Dies trug ihm den Titel „Truck of the Year 2009" ein. Das Facelifting des Actros 1860 LS von 2008 wird intern als MP3 bezeichnet bevor im Jahr 2010 der neue Actros III erscheint.

Modell:	Actros 1860 LS (MP3)
Baujahr:	2008
PS/kW:	598 PS/440 kW
Hubraum ccm:	15 900
Motortyp:	V8/8 Zylinder

Mercedes-Benz Actros 3340

Die neuesten Mercedes Actros-Modelle sind auf die deutlich verschärften Normen Euro 4/5 eingestellt. Spürbar höhere Steuer- und Mautgebühren lassen sich nur mit modernster Motorentechnik kontern. Daimler-Benz setzt deshalb auf die SCR-Technik mit zusätzlicher Adblue-Einspritzung (Harnstofflösung) in die Abgasanlage.

Modell:	Mercedes-Benz Actros 3340
Baujahr:	2004
PS/kW:	408 PS/300 kW
Hubraum ccm:	11 946
Motortyp:	V6 Zylinder

Mercedes-Benz Titan 4157

Früher waren es die berühmten Kaelbe-Schwerlastzugmaschinen, heute kommt aus dem württembergischen Backnang bei Stuttgart der Titan. Mit einer Zuglast von bis zu 250 Tonnen meistert der Titan den Groß-teil der Transportaufgaben, die ihm gestellt werden. Die wichtigsten Modifikationen: Motor- und Kühlleistung wurden gegenüber der Serie beträchtlich gesteigert, eine zu-sätzliche Lenkachse verteilt besser die Last auf den Auflieger.

Modell:	Mercedes-Benz Titan 4157
Baujahr:	2000
PS/kW:	609 PS/448 kW
Hubraum ccm:	15 928
Motortyp:	V8 Zylinder

Mercedes-Benz Atego Super Race Truck

Der Franzose Ludovic Faure stand 1998 mit dem roten MB Atego erst im letzten Rennen der Saison als Europameister der Super Race Truck-Wertung fest. Hier ist fast alles erlaubt, wie vier Spritzwasser gekühlte Scheibenbremsen oder elektrisch verstellbare Stabilisatoren für Vorder- und Hinterachse. Zwei Turbolader sorgen für bis zu 1400 PS Leistung, die über ein ZF-Ecomat-Getriebe halbautomatisch per Wip-pe geschaltet werden. Das Bild zeigt den weiterentwickelten MB-Atego von 1999.

Modell:	MB Atego Super Race Truck
Baujahr:	1998/99
PS/kW:	1200 PS/963 kW
Hubraum ccm:	12 000
Motortyp:	V6 Zylinder OM 501 LA

Mercedes-Benz Atego 1628

Dieser norwegische Rüstwagen für Umwelt (RW-U) der Berufs-feuerwehr von Trondheim/Norwegen wird nach einem Einsatz ins Depot zurückgebracht. Eingebaut sind ein 20 kVa-Generator und eine Vielzahl von Wassersaugern, Dicht- und Hebekissen sowie Ölbinde-mittel.

Modell:	Mercedes-Benz Atego 1628
Baujahr:	2002
PS/kW:	279 PS/205 kW
Hubraum ccm:	6374
Motortyp:	R/6 Zylinder

Mercedes-Benz Atego 910

Seit der IAA 2004 reicht die gründlich über-
arbeitete mittelschwere Atego-Baureihe
nun von 6,5 bis 15 Tonnen. Als stärkste
Motorisierung steht ein 279 PS starker Rei-
hen-Sechszylinder aus der brasilianischen
LKW-Fertigung neben den bekannten Vierzylindermotoren zur Wahl.

Modell:	Mercedes-Benz Atego 910
Baujahr:	2004
PS/kW:	150 PS/110 kW
Hubraum ccm:	4250
Motortyp:	R/4 Zylinder

Mercedes-Benz Econic Faun

Für die Entsorgungsunternehmen ist der Mercedes-Benz Econic mit
seinem vorgesetzten und extrem niedrigen Fahrerhaus das passende
Fahrzeug. Davon profitiert auch der einstige Hersteller von Schwerlastwagen Faun, der sich mit beachtlichem Erfolg auf Entsorgungs-
fahrzeuge spezialisierte.

Modell:	Mercedes-Benz Econic Faun
Baujahr:	2002
PS/kW:	320 PS/235 kW
Hubraum ccm:	11 946
Motortyp:	V6 Zylinder

Mercedes-Benz Axor Race Truck

Gegen die Phalanx der MAN-Race Trucks
fightet Jochen Hahn mit seinem neu aufgebauten privaten MB Axor in der seriennahen Race Truck-Klasse. Ein hartes Stück
Arbeit. Hinter fünf teilweise werksunterstützten MAN-Trucks kam Jochen Hahn
auf den sechsten Platz im Gesamtklasse-
ment beim Truck Grand Prix auf dem
Nürburgring 2004, aber in weniger bedeutenden Rennen fuhr der sympathische
Schwabe schon mehrfach aufs Treppchen.

Modell:	Mercedes-Benz Axor Race Truck
Baujahr:	2004
PS/kW:	1000 PS/740 kW
Hubraum ccm:	12 600
Motortyp:	R/6 Zylinder MB

Mercedes-Benz Econic 1828

Für die Entsorgungsbranche bietet das nach
vorne gerückte Fahrerhaus entscheidende
Vorteile. Das Aus- und Einsteigen wird durch
die niedrige Bauweise stark vereinfacht,
somit ist der kostengünstige Einmannbetrieb möglich.

Modell:	Mercedes-Benz Econic 1828
Baujahr:	2004
PS/kW:	270 PS/205 kW
Hubraum ccm:	6374
Motortyp:	R/6 Zylinder

Mercedes-Benz Econic HLF8/6

Obwohl rund 90 Prozent der Econic-Bauserie
von Entsorgungsfirmen geordert werden,
sind nun die Hersteller von Feuerwehrfahrzeugen am Zug. Dieser formschöne Mercedes zeigt die Richtung an.

Modell:	Mercedes-Benz Econic HLF8/6
Baujahr:	2004
PS/kW:	231 PS/170 kW
Hubraum ccm:	6374
Motortyp:	R/6 Zylinder

Mercedes-Benz 8140

Als Nachfolger der bekannten Düsseldorfer Transporter-Reihe brachte Daimler-Benz 1986 die neu konstruierte T2-Serie heraus, die als Großtransporter von 4,5 bis 7,5 Tonnen Gesamtgewicht ziemlich genau den Wünschen der Kundschaft entsprach. Der T2 avancierte zum Bestseller.

Modell:	Mercedes-Benz 8140
Baujahr:	1996
PS/kW:	115 PS/85 kW
Hubraum ccm:	3972
Motortyp:	R/4 Zylinder

Mercedes-Benz Sprinter 316 CDI 4x4

Weit ist der Weg nach Norwegen. Das Fahrgestell wurde in Deutschland hergestellt, dann in Frankreich auf 4x4-Antrieb umgerüstet, danach nach Norwegen verschifft und dort umgebaut zum Abschleppwagen für den NAF, das Pendant zum ADAC.

Modell:	Mercedes-Benz Sprinter 316 CDI 4x4
Baujahr:	2003
PS/kW:	115 PS/85 kW
Hubraum ccm:	2685
Motortyp:	R/5 Zylinder

Mercedes-Benz do Brasil RaceTruck

Heinz-Werner Lenz ist dreimaliger Europameister in der Race Truck-Klasse. Er gewann den höchsten Titel 1997 bis 1999. Mit einem selbst aufgebauten brasilianischen Mercedes Race Truck belegte er u. a. 2004 beim Nürburgring Truck Grand Prix überraschend Platz Eins beim Lauf zur englischen Meisterschaft, dem ADAC Mittelrhein Cup. In dieser nationalen Klasse sind Motoren über 12 Liter noch erlaubt.

Modell:	Mercedes-Benz do Brasil Race Truck
Baujahr:	2004
PS/kW:	850 PS/625 kW
Hubraum ccm:	12 600
Motortyp:	R/6 Zylinder MB

MB Werner-Unimog

Bei der anspruchsvollen Europameister-schaft der Truck Trial-Fahrer wird nicht die Geschwindigkeit, sondern ausschließlich das fahrerische Können gewertet. Hilfreich sind dann technische Raffinessen, wie dieses Spezialchassis am Unimog der Ge-brüder Hellgeth.

Modell:	MB Werner-Unimog
Baujahr:	1998
PS/kW:	60 PS/44 kW
Hubraum ccm:	2197
Motortyp:	R/4 Zylinder

Mercedes-Benz Unimog U300

Konsequent erweitert Mercedes-Benz seine äußerst vielseitige Unimog-Modelreihe nach oben und nach unten. Der kleine U300 wird von einem Vierzylindermotor aus der Transporter-Reihe angetrieben. Für die größeren U 500-Modelle stehen die bekannten Sechszylinder mit bis zu 286 PS zur Verfügung.

Modell:	Mercedes-Benz Unimog U300
Baujahr	2001
PS/kW:	80 PS/59 kW
Hubraum ccm:	2148
Motortyp:	R/4 Zylinder

Mitsubishi FV 495

Nicht nur brachiale Road Trains amerikanischer Bauart werden in Australien benötigt. Das Segment der mittelschweren und schweren Auflieger wird von europäischen und japanischen Herstellern mit Erfolg beackert. Unser Foto wurde bei Sydney aufgenommen.

Modell:	Mitsubishi FV 495
Baujahr:	2000
PS/kW:	320 PS/235 kW
Hubraum ccm:	14 600
Motortyp:	V8 Zylinder

Mitsubishi-Fuso – Turbulente Zeiten

Das japanische Unternehmen geriet nach internen Machtkämpfen in eine unternehmerische Schieflage und wurde grundlegend saniert. In einigen asiatischen Märkten liegen die leichten und mittelschweren Mitsubishi-Lastwagen an der Spitze der Zulassungszahlen, und auch in Deutschland verkaufen sich die Mitsubishi Canter immer besser. Weniger bekannt sind bei uns die schweren Mitsubishi-Trucks und -Sonderfahrzeuge, die nicht in Europa verkauft werden, in Asien und Japan aber bestens vertreten sind.

Mitsubishi Colt 100

Je nach Land werden die Mitsubishi Colt-Kleinlastwagen im asiatischen Raum oder in Afrika zwischen 3 5 und 5 Tonnen zugelassen. Rechnet man noch eine fast permanente 30-prozentige Überladung hinzu, dann wird einem schnell bewusst, dass bei solchen Bedingungen nur Qualität Bestand haben kann.

Modell:	Mitsubishi Colt 100
Baujahr:	2000
PS/kW:	100 PS/73 kW
Hubraum ccm:	2977
Motortyp:	R/4 Zylinder

Mitsubishi Fuso FP

Unser Foto entstand auf der Insel Bali. Hier werden die schweren Mitsubishi-Laster als Fuso-Trucks verkauft. Bei den großen Mitsubishi-Trucks kam meist der V8-Motor mit 190 bis 320 PS zum Einbau.

Modell:	Mitsubishi Fuso FP
Baujahr:	2000
PS/kW:	210 PS/154 kW
Hubraum ccm:	14 600
Motortyp:	V8 Zylinder

Mitsubishi Colt 120

Auf Bali gibt es immer etwas zu feiern. Hier fährt eine Hochzeitsgesellschaft mit dem frisch gewaschenen Mitsubishi Colt zum nächsten Tempel. Umgerechnet kostet dieser Truck auf Bali seinerzeit 8500 Euro. Neu, versteht sich.

Modell:	Mitsubishi Colt 120
Baujahr:	2001
PS/kW:	120 PS/88 kW
Hubraum ccm:	2977
Motortyp:	R/4 Zylinder

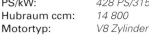

Mitsubishi Kranwagen

Weltweit bestens plaziert ist Mitsubishi mit seinen gelben Kranwagen. Das Foto wurde in Bergen/Norwegen aufgenommen, es zeigt einen relativ kleinen Mobilkran, der mit einem Fahr- und Obermotor für den Kranbetrieb ausgerüstet ist. Die technischen Daten beziehen sich auf den Fahrmotor. Antrieb 8x6.

Modell:	Mitsubishi Kranwagen
Baujahr:	2002
PS/kW:	428 PS/315 kW
Hubraum ccm:	14 800
Motortyp:	V8 Zylinder

Mitsubishi FP

Bei den mittelschweren Trucks ist Mitsubishi stark im asiatischen Raum vertreten. Weniger erfolgreich sind die schweren Trucks wie dieser Mitsubishi FP aus indonesischer Produktion. Hier spielt Hino die erste Geige.

Modell:	Mitsubishi FP
Baujahr:	2003
PS/kW:	190 PS/140 kW
Hubraum ccm:	12 600
Motortyp:	R/6 Zylinder

Mitsubishi Fuso FV

Jeder Balinese besitzt statistisch gesehen 1,8 Mopeds. Entsprechend eng geht es im Straßenverkehr in der Hauptstadt Denpasar für die schweren Trucks zu. Der schmale Seh-schlitz an der schon dunkel getönten Windschutzscheibe zeigt, mit welcher Gelassen-heit man dort elementare Sicherheitsanforderungen betrachtet.

Modell:	Mitsubishi Fuso FV
Baujahr:	2003
PS/kW:	330 PS/243 kW
Hubraum ccm:	14 600
Motortyp:	V8 Zylinder

Modell:	Mitsubishi Canter 75
Baujahr:	2003
PS/kW:	143 PS/105 kW
Hubraum ccm:	3908
Motortyp:	R/4 Zylinder

Mitsubishi Canter 75

Mit einer enormen Vielfalt unterschiedlichster Aufbauten erfüllt Mitsubishi/Deutschland wohl fast jeden Wunsch der kritischen Kunden. Bei diesem Kipper ist die Doppelkabine ein zusätzliches Plus.

Mitsubishi Canter

Mitsubishi/Deutschland verbuchte in den letzten Jahren mit dem variablen Canter beachtliche Verkaufserfolge gegenüber anderen Herstellern. Die Vielseitigkeit des Programms und die günstigen Preise sind sicher ein echtes Plus.

Modell:	Mitsubishi Canter
Baujahr:	2003
PS/kW:	125 PS/92 kW
Hubraum ccm:	2977
Motortyp:	R/4 Zylinder

Mitsubishi Canter

Als kompakten Möbeltransporter wählen immer mehr Mietwagenunternehmen den Canter, der sich fast wie ein Kleintransporter fahren lässt. Die langen Garantiezeiten nimmt man mit und wundert sich, weshalb die Mitbewerber hier nur zögerlich folgen.

Modell:	Mitsubishi Canter
Baujahr:	2004
PS/kW:	143 PS/105 kW
Hubraum ccm:	3908
Motortyp:	R/4 Zylinder

Mitsubishi Canter Bus

Für die engen, bergigen Straßen und Pisten Indonesiens ist dieser kompakte Mitubishi Canter das optimale Fahrzeug. Wenn alle Sitz-plätze belegt sind, wird abgefahren. Für 100 Kilometer Fahrt bezahlt man umgerechnet einen Euro.

Modell:	Mitsubishi Canter Bus
Baujahr:	2004
PS/kW:	143 PS/105 kW
Hubraum ccm:	3908
Motortyp:	R/4 Zylinder

Mitsubishi Colt Spezial

Mit dem Mitsubishi Colt von 2004 – rundere Formen über alt-bewährter Technik – ist die städtische Polizei in Denpasar hier unter-wegs. Die weit heruntergezogene Seitenscheibe erleichtert das Ein-parken und schafft besseren Überblick im dichten Verkehr.

Modell:	Mitsubishi Colt Spezial
Baujahr:	2004
PS/kW:	100 PS/74 kW
Hubraum ccm:	2977
Motortyp:	R/6 Zylinder

Mitsubishi Super Truck

Leicht übertrieben erscheint der Name „Super Truck" beim An-blick dieses eher bescheidenen Tanklastwagens aus Indonesien. Ähnlich kompakte Laster fahren allerdings dort mit deutlich weni-ger PS übers bergige Land.

Modell:	Mitsubishi Super Truck
Baujahr:	2004
PS/kW:	190 PS/140 kW
Hubraum ccm:	14 600
Motortyp:	V8 Zylinder

Moxy MT36

Moxy war der erste Hersteller einer runden, herabgezogenen Front, mit der heute alle modernen Knicklenker-Muldenkipper von Volvo, Cat, Bell und den anderen Herstellern ausgerüstet sind. Der Vorteil: bessere Sichtverhältnisse für den Fahrer. Beim MT36 beträgt das Leergewicht 13 300 kg und die maximale Zuladung 32 700 kg. Damit im strengen skandinavischen Winter die Erde nicht in der Mulde festfriert, kann eine Abgasheizung eingebaut werden, die das Anfrieren zuverlässig verhindert.

Modell:	Moxy MT36
Baujahr:	2003
PS/kW:	400 PS/296 kW
Hubraum ccm:	11 700
Motortyp:	R/6 Zylinder, DI 12

Moxy MT26

Ohne etwas Komfort kann niemand im Akkord arbeiten. Selbst der kleinste Moxy ist deshalb mit einer wirksamen Airconditionanlage ausgerüstet. Das ganze Fahrerhaus ist zentral auf Gummilagern montiert, und der Fahrersitz kann vertikal und horizontal eingestellt werden. Durch die weichen Reifen kommt es durchaus vor, dass die gestressten Fahrer seekrank werden.

Modell:	Moxy MT26
Baujahr:	2004
PS/kW:	318 PS/336 kW
Hubraum ccm:	9000
Motortyp:	R/6 Zylinder

Moxy MT36 II

Der Grund, weshalb Knicklenker-Muldenkipper immer häufiger gegenüber konventionellen Trucks auf Großbaustellen eingesetzt werden liegt am schnelleren Umschlag von Punkt A nach B und an der wesentlich geringeren Bodenbelastung durch die breiten Spezialreifen.

Modell:	Moxy MT36 II
Baujahr:	2004
PS/kW:	400 PS/294 kW
Hubraum ccm:	11 700
Motortyp:	R/6 Zylinder

Moxy MT31

Der norwegische Hersteller Moxy steht etwas im Schatten von Volvo, aber technisch gesehen sind die Moxy-Knicklenker ganz vorne mit dabei. Ausschließlich wassergekühlte Scania-Motoren werden montiert. Im MT 31 ist der Scania-DC 9-Motor eingebaut. Bei dem formschönen MT 31 beträgt die maximale Zuladung 28 000 kg, das zulässige Gesamtgewicht ist 50 650 kg.

Modell:	*Moxy MT31*
Baujahr:	*2003*
PS/kW:	*340 PS/252 kW*
Hubraum ccm:	*9000*
Motortyp:	*R/6 Zylinder*

Moxy MT41

Der Moxy MT 41 verträgt eine maximale Zuladung von 37 200 kg bei einem Gesamtgewicht von 66 700 kg. Der Wendekreis von diesem beeindruckenden Knicklenker beträgt schmale 8,42 Meter, gerade so viel wie bei einem Kleinwagen. Mit einer Höchstgeschwindigkeit von 53 km/h bei voller Last gilt der Moxy MT41 als eines der schnellsten Fahrzeuge dieser Bauart.

Modell:	*Moxy MT41*
Baujahr:	*2004*
PS/kW:	*448 PS/332 kW*
Hubraum ccm:	*11 700*
Motortyp:	*R/6 Zylinder DC 12*

Modell:	*Navistar Eagle*
Baujahr:	*1996*
PS/kW:	*420 PS/309 kW*
Hubraum ccm:	*13 890*
Motortyp:	*R/6 Zylinder*

Navistar-International F 383

Durch eigene Fabriken in den USA, Kanada und Mexiko profitierte der Konzern 2004 von der wiederbelebten Konjunktur in ganz Nord- und Südamerika. Dies betraf auch die Kommunen, die nun wieder den Mut zu Investitionen in Form von neuen Löschwagen etc. aufbrachten. Der F 383 wird mit einem kleineren Achtzylinder VT 365 mit sechs Litern Hubraum und 215 bis 230 PS ausgeliefert, oder mit dem frischen HT 570 mit neun Litern Hubraum und einer Leistung von 295 bis 340 PS.

Modell:	*Navistar-International F 383*
Baujahr:	*2004*
PS/kW:	*295 PS/217 kW*
Hubraum ccm:	*9 300*
Motortyp:	*R/6 Zylinder*

Navistar Eagle

Mit dem geglückten Versuch eines Comeback war Navistar wieder mit einer vollständigen Modellpalette in Nord- und Südamerika vertreten. Navistar entstand aus der Fusion mit International Harvester, dem ältesten Nutzfahrzeughersteller Amerikas. Unser Foto wurde im Mittleren Westen aufgenommen, wo zwei Hänger noch erlaubt sind.

Navistar-International 9400 i PV

Die Konzernmutter Navistar stellt im Gegensatz zu Kenworth und Peterbilt selbst entwickelte Motoren für ihre mittelschweren Trucks her. Unser Foto zeigt den Fernlastwagen vom Typ 9400, der mit einem modernen, sparsamen Sechszylinder „europäischer Bauart" ausgerüstet ist. Bezeichnung HT 570. Wer noch mehr Leistung benötigt, kann auch mit Cummins- und Caterpillar-Motoren bis 565 PS versorgt werden.

Modell:	Navistar-International 9400 i PV
Baujahr:	2004
PS/kW:	340 PS/250 kW
Hubraum ccm:	9300
Motortyp:	R/6 Zylinder

Navistar-International F 350

In der mittelschweren Klasse ist Navistar sehr gut vertreten. Beste Kontakte unterhalten die Navistar-Händler mit der Landwirtschaft. Hier bietet der Konzern seine international bekannte Traktorenreihe an, und so liegt es nur nahe, dass viele landwirtschaftliche Betriebe dann auch einen F 350 für den Verteilerbedarf kaufen. Navistar setzt im mittelschweren Segment meist eigene Sechszylinder-motoren ein, die auf dem neuesten Stand sind.

Modell:	Navistar-International F 350
Baujahr:	2004
PS/kW:	210 PS/154 kW
Hubraum ccm:	5980
Motortyp:	R/6 Zylinder

Nissan Diesel Big Thumb V10

Die japanischen Nissan Diesel-Trucks gehören nicht nur in den asiatischen Ländern wie hier in Malaysia ins gewohnte Straßenbild. Auch in Australien, China, Südafrika usw. werden Nissan-Trucks montiert.

Modell:	*Nissan Diesel Big Thumb V10*
Baujahr:	*2000*
PS/kW:	*420 PS/309 kW*
Hubraum ccm:	*14 800*
Motortyp:	*V10 Zylinder*

Nissan Diesel – Stark in den Entwicklungsländern

In allen Entwicklungsländern sind einfach aufgebaute Trucks gefragt. Die meisten Mechaniker genossen dort ihre Ausbildung durch „Learning by doing". Elektronische Motorsteuerungen, ABS, ESP werden erst in einigen Jahren dort Standard sein. Nissan Diesel war einer der ersten japanischen Hersteller, der in China, Indonesien und Südafrika sowie Australien eigene Montagewerke etablierte und damit erfolgreich ist. Seit 2007 gehört das Unternehmen zum Volvo-Konzern.

Nissan Diesel Big Thumb 6

Noch ein südafrikanischer Nissan Diesel Big Thumb bei der Arbeit. Beim Baustellengewerbe sind die japanischen Autobauer in fast allen Exportländern der „Dritten Welt" stark vertreten. Günstige Preise, einfache Wartung und lange Garantiezeiten zählen hier mehr als geringerer Spritverbrauch bei maximaler Leistung.

Modell:	*Nissan Diesel Big Thumb 6*
Baujahr:	*2000*
PS/kW:	*300 PS/250 kW*
Hubraum ccm:	*13 100*
Motortyp:	*R/6 Zylinder*

Nissan Diesel Thumb 6

Ein schneller Modellwechsel ist in den Entwicklungsländern nicht gefragt. So wird dieser Nissan Diesel Thumb 6 seit Jahren nahezu unverändert in Südafrika montiert, während in Japan schon längst der Generationenwechsel vollzogen wurde.

Modell:	*Nissan Diesel Thumb 6*
Baujahr:	*2000*
PS/kW:	*210 PS/154 kW*
Hubraum ccm:	*11 800*
Motortyp:	*R/6 Zylinder*

Nissan Diesel CW A45

Aus der chinesischen Produktionsstätte entstammt dieser Nissan-Truck, der hier in Singapur für Ordnung sorgt. Nissan liefert seine bewährten Dieselmotoren auch an kooperierende Firmen wie UD Australia und UD Malaysia, oder an Yachtausrüster, die Lastwagenmotoren mit einer Zweikreis-Kühlanlage schiffstauglich machen.

Modell:	Nissan Diesel CW A45
Baujahr:	2002
PS/kW:	340 PS/250 kW
Hubraum ccm:	13 100
Motortyp:	R/6 Zylinder T

Nissan Diesel Big Thumb V8

Dieser Nissan Diesel-Baustellenlaster stammt aus der südafrikanischen Fabrikation. Je nach Produktionsstätte werden unterschiedliche Motortypen eingebaut. Meist sind es moderne Reihen-Sechszylindermotoren, aber auch V8- und V10-Motoren kommen zum Einbau, wie bei diesem Typ.

Modell:	Nissan Diesel Big Thumb V8
Baujahr:	2001
PS/kW:	360 PS/265 kW
Hubraum ccm:	12 890
Motortyp:	V8 Zylinder

Nissan Diesel Condor

Etwas Schmuck muss sein. Die indonesischen Trucker sind geradezu verliebt in ihre Fahrzeuge und verschönern sie recht fantasievoll, um sich optisch von der Konkurrenz abzusetzen. Der Nissan Diesel Condor gehört zur mittelschweren Baureihe.

Modell:	Nissan Diesel Condor
Baujahr:	2003
PS/kW:	240 PS/176 kW
Hubraum ccm:	11 800
Motortyp:	R/6 Zylinder

Nissan UD LKA 221

Leichte bis mittelschwere Nissan-Trucks werden in Spanien als Atleon montiert, in Malaysia ist es die Baureihe UD. Unser Foto wurde im Herbst 2004 in Kuala Lumpur/Malaysia geschossen.

Modell:	Nissan UD LKA 221
Baujahr:	2003
PS/kW:	111 PS/82 kW
Hubraum ccm:	5600
Motortyp:	R/4 Zylinder

ÖAF-MAN 42.464

Kurz vor dem Zweiten Weltkrieg übernahm MAN die renommierten österreichischen Fahrzeugwerke ÖAF und nach dem Krieg Gräf & Stift, die zu einer Tochtergesellschaft mit MAN fusionierten. Heute werden in Wien-Liesing Schwerstlastwagen, Busse und Spezialfahrzeuge mit bis zu 660 PS unter der Regie von MAN entwickelt, hergestellt und verkauft. Das Geschäft läuft bestens und zeigt, dass große Hersteller mehr denn je lukrative Marktnischen sehen, die früher Spezialisten wie Faun, Kaelble usw. bedienten.

Modell:	ÖAF-MAN 42.464
Baujahr:	2000
PS/kW:	464 PS/341 kW
Hubraum ccm:	15 953
Motortyp:	V10 Zylinder

Opel – Pfiffige Transporter

Mit der von Renault initiierten Zusammenarbeit setzte Opel Ende der 90er Jahre auf das richtige Pferd. Die baugleichen Transporter von Opel, Renault und der Renault-Tochter Nissan überzeugen durch pfiffige Detaillösungen, lange Serviceintervalle sowie ein breit gefächertes Servicenetz in ganz Europa.

Opel Movano 1,9 CDTI

Für den innerstädtischen Verteilerverkehr oder im kommunalen Bereich reicht der Zweilitermotor aus. Das zulässige Gesamtgewicht beträgt 2,8 Tonnen.

Modell:	Opel Movano 1,9 CDTI
Baujahr:	2004
PS/ kW:	82 PS/ 60 kW
Hubraum ccm:	1870
Motortyp:	R/ 4 Zylinder

Opel Movano 2,5 CDTI

Über 40 unterschiedliche Ausführungen bietet der Opel Movano. Mit drei verschieden hohen Wagendächern lassen sich die meisten Transportprobleme meistern.

Modell:	Opel Movano 2,5 CDTI
Baujahr:	2004
PS/kW:	114 PS/84 kW
Hubraum ccm:	2463
Motortyp:	R/4 Zylinder

Opel Movano 3,0 CDTI

Nahezu baugleich, gehören der Opel Movano, Renault Master und Nissan Interstar zu einer Familie fortschrittlicher Transporter, die den Mitbewerbern einige Sorgen bereiten. Beim Opel Movano wird nun seit der IAA im Herbst 2004 auch ein agiler Dreilitermotor angeboten, der voll beladene Schnelltransporte ermöglicht.

Modell:	Opel Movano 3,0 CDTI
Baujahr:	2004
PS/kW:	136 PS/100 kW
Hubraum ccm:	2953
Motortyp:	R/4 Zylinder

Opel Vivaro 2,5 CDTI

Das Transportergeschäft verläuft mit der Einführung des Vivaro überraschend erfolgreich. Mit dazu bei tragen die frischen Linien der Vivaro-Modelle und günstige Preise im Komplettpaket. Der moderne 2,5-Liter-Motor ist die stärkste Motorisierung dieser Baureihe.

Modell:	Opel Vivaro 2,5 CDTI
Baujahr:	2004
PS/kW:	135 PS/99 kW
Hubraum ccm:	2463
Motortyp:	R/4 Zylinder

Oshkosh Firefighter 8x8

Aus der militärisch orientierten Grundversion fertigt Oshkosh geländegängige Feuerwehrfahrzeuge. Dieser allradbetriebene TT-Löschwagen wird für den schnellen Einsatz bei Flugzeugbränden benötigt. Je nach Bedarf kann ein bis zu 700 PS starker Detroit-, Caterpillar- oder Cummins-Dieselmotor eingebaut werden.

Modell:	Oshkosh Firefighter 8x8
Baujahr:	1996
PS/kW:	500 PS/368 kW
Hubraum ccm:	18 308
Motortyp:	V3 Zylinder

Oshkosh T-2200 ARFF

Hier sieht man deutlich die Modulbauweise der Oshkosh-Tanklöschwagen. Eine zweite angetriebene Hinterachse lässt auch Einsätze im unwegsamen Gelände zu.

Modell:	Oshkosh T-2200 ARFF
Baujahr:	1996
PS/kW:	650 PS/478 kW
Hubraum ccm:	18 600
Motortyp:	V12 Zylinder

Oshkosh TF-1700 ARFF

Jedes Oshkosh-Fahrzeug wird auf Bestellung individuell gefertigt. Das größte Oshkosh-Feuerlöschfahrzeug für die Bekämpfung von Flugzeugbränden verfügt über eine Löschkapazität von über 220 000 Liter. Bei diesem kleinen Tanklöschwagen werden knapp 13 000 Liter Löschmittel eingesetzt.

Modell:	Oshkosh TF-1700 ARFF
Baujahr:	1996
PS/kW:	590 PS/434 kW
Hubraum ccm:	17 800
Motortyp:	V10 Zylinder

311

Oshkosh T-5600 ARFF

Auf dem Großflughafen von Los Angeles ist dieser Oshkosh-Tanklöschwagen seit 1998 im Einsatz. Zwei V8-Motoren von Detroit Diesel sorgen mit je 492 PS mit Hilfe der vier angetriebenen Achsen für die nötige Power im schweren Gelände.

Modell:	Oshkosh T-5600 ARFF
Baujahr:	1998
PS/kW:	984 PS/723 kW
Hubraum ccm:	32 680
Motortyp:	Zwei V8 Zylinder, Diesel

Pierce-Super Aerial Ladder

In den USA bestimmt der Stadtrat, in welcher Farbe die Löschfahrzeuge lackiert werden. Dieser Pierce-Super ist mit einer Teleskopleiter ausgerüstet, die auf eine maximale Höhe von 55 Meter ausgefahren werden kann. Die Niveauregulierung mittels der Stützen erfolgt automatisch in waagrechter und senkrechter Abstützung.

Modell:	Pierce-Super Aerial Ladder
Baujahr:	2001
PS/kW:	360 PS/265 kW
Hubraum ccm:	14 890
Motortyp:	V8 Zylinder, Diesel

Praga Truck Trial

Seit 1907 ist der tschechische Konzern Praga im Automobilbau tätig. Heute fertigt man auch Getriebe, Motorräder, Flugzeugkomponenten und leichte bis mittelschwere Offroad-Fahrzeuge in Kooperation mit Tatra.

Modell:	Praga Truck Trial
Baujahr:	1996
PS/kW:	90 PS/66 kW
Hubraum ccm:	3600
Motortyp:	R/4 Zylinder

Renault – Präsent in jeder Klasse

Mit einer lückenlosen Baureihe vom leichten Transporter bis hin zum schweren Fernverkehrszug ist Renault in den letzten Jahren zu einem Premium-Anbieter gewachsen. Nur Mercedes-Benz bietet eine vergleichbare Modellpalette an. Das Unternehmen Renault Trucks mit Hauptsitz in Saint-Priest, gehört seit 2001 zur Volvo-Gruppe.

Renault Magnum AE

1990 vorgestellt, wird der imposante Renault Magnum AE 1991 mit großem Abstand zum „Truck des Jahres 1991" gekürt. Der Motor stammt aus der Verbindung mit der amerikanischen Firma Mack, die heute vollständig zum Renault-Volvo-Nutzfahrzeug-Konzern gehört.

Modell:	Renault Magnum AE
Baujahr:	2003
PS/kW:	480 PS/353 kW
Hubraum ccm:	12 000
Motortyp:	R/6 Zylinder

Renault Magnum 440.18

In den Ländern des Mittleren Ostens war und ist Renault schon immer stark vertreten. Der nicht weniger rasante Aufbau des deutschen Postvertriebsnetzes DHL liegt inzwischen voll in Händen großer Speditionen. Der Renault Magnum gilt heute schon als Klassiker unter den Fernverkehrslastwagen moderner Bauart.

Modell:	Renault Magnum 440.18
Baujahr:	2003
PS/kW:	440 PS/324 kW
Hubraum ccm:	12 000
Motortyp:	R/6 Zylinder

Renault Premium

Renault ist der „Erfinder" einer neuen leichten und preisgünstigen Sattelzug-Klasse, die sich bestens verkauft. Den Premium gibt es in zahlreichen Ausführungen für den Fern- und Verteilerverkehr. Das Premium-Fahrerhaus wird im Baukastensystem auch für den Baulaster Kerax verwendet.

Modell:	Renault Premium
Baujahr:	2003
PS/kW:	412 PS/303 kW
Hubraum ccm:	11 100
Motortyp:	R/6 Zylinder

Renault Premium

Drei verschieden hohe Fahrerhäuser und spezielle Niedrigkabinen wie bei diesem Personenwagentransporter steigern den Nutzwert dieser so erfolgreichen Baureihe.

Modell:	Renault Premium
Baujahr:	2003
PS/kW:	311 PS/229 kW
Hubraum ccm:	11 100
Motortyp:	R/6 Zylinder

Renault Premium Lander

Ein preiswerter und leichter Sattelzug genügt vielen Transporteuren wie diesem französischen Spediteur, der seine Kundschaft innerhalb Frankreichs beliefert. Hier reicht der mittelstarke Sechszylindermotor zum flotten Vorankommen.

Modell:	Renault Premium Lander
Baujahr:	2003
PS/kW:	362 PS/266 kW
Hubraum ccm:	11 100
Motortyp:	R/6 Zylinder

Renault Kerax 8x4

Schwere Arbeitsbedingungen für Mensch und Maschine herrschen im Tagebau. Das Foto, aufgenommen in Chile, zeigt den wandlungsfähigen Renault Kerax als allradbetriebenen 8x4 mit der stärksten Motorisierung, die es derzeit für den kernigen Baulaster gibt.

Modell:	Renault Kerax 8x4
Baujahr:	2003
PS/kW:	412 PS/303 kW
Hubraum ccm:	11 100
Motortyp:	R/6 Zylinder

Renault Midlum

Von der 7,5-Tonner-Klasse aufwärts bewegt sich der agile Renault Midlum, der sich zum wahren Exportschlager entwickelte und in vier Ländern, wie auch im Iran, montiert wird. Renault ist in fast allen afrikanischen Ländern stark engagiert, wie das Foto zeigt.

Modell:	Renault Midlum
Baujahr:	2004
PS/kW:	152 PS/112kW
Hubraum ccm:	4000
Motortyp:	R/4 Zylinder

Renault Master 120

Die meistverkauften Renault Master-Modelle sind die Kastenwagen mit kurzem, mittlerem und langem Radstand. Wie bei den Mitbewerbern wird die ganze Master Transporter-Serie im Baukastensystem montiert, wobei auch Teile aus der PKW-Produktion stammen.

Modell:	Renault Master 120
Baujahr:	2003
PS/kW:	114 PS/86 kW
Hubraum ccm:	2463
Motortyp:	R/4 Zylinder

Renault Midlum 220

Hochklassige Pferde brauchen einen schnellen Transporter wie den Renault Midlum-Auflieger, der auch mit einem starken Sechszylindermotor verkauft wird.

Modell:	Renault Midlum 220
Baujahr:	2003
PS/kW:	215 PS/158 kW
Hubraum ccm:	6180
Motortyp:	R/6 Zylinder

Renault Mascott

Dem Beispiel von Iveco mit dem Ducato folgend brachte Renault den Mascott in Zusammenarbeit mit Opel auf den Markt. Nach einem verhaltenen Start verkauft sich nun der Mascott bestens. Einer der Pluspunkte dieser modernen Konstruktion ist das solide Lastwagenchassis mit einer Vielzahl von Aufbauvarianten.

Modell:	Renault Mascott
Baujahr:	2004
PS/kW:	156 PS/115 kW
Hubraum ccm:	2953
Motortyp:	R/4 Zylinder

Renault Master 140

Die Zusammenarbeit mit Opel zahlte sich auch beim Renault Master aus, der mit steigenden Zulassungszahlen den Mitbewerbern kräftig zusetzte. Der agile Transporter kann auch mit dem durchzugsstarken Dreilitermotor bestellt werden.

Modell:	Renault Master 140
Baujahr:	2003
PS/kW:	136 PS/100 kW
Hubraum ccm:	2953
Motortyp:	R/4 Zylinder

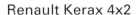

Renault Kerax 4x2

Renault setzt mit dem allradbetriebenen Kerax die Tradition der legendären Berliet-Lastwagen fort. In ganz Westafrika, wie auf unserem Bild in Mali am Rande der Sahara, überstehen nur knochenharte Lastwagen die Torturen des Alltags.

Modell:	Renault Kerax 4x2
Baujahr:	2002
PS/kW:	311PS/229 kW
Hubraum ccm:	11 100
Motortyp:	R/6 Zylinder

Renault Kerax 6x6

Die allradbetriebenen Renault Kerax werden in Spanien gebaut, und ein Großteil der Produktion wird nach Afrika, Asien, Südamerika und in den Vorderen Orient verschifft. Das Foto zeigt den schweren Kerax 6x6 in einem afrikanischen Kieswerk.

Modell:	Renault Kerax 6x6
Baujahr:	2004
PS/kW:	362 PS/266 kW
Hubraum ccm:	11 100
Motortyp:	R/6 Zylinder

Renault Kerax Schlesser

Jo Schlesser gilt als der bekannteste und erfolgreichste französische Offroad-Rennfahrer. Ein funktionierender Service ist bei der Streckenlänge von gut 11 000 Kilometern ein absolutes Muss. Renault rüstete bei der Rallye Paris-Dakar Servicewagen vom Typ Kerax 666 aus. Das Foto zeigt einen getunten Kerax vom Schlesser-Team bei einer Aufholjagd am Rande der Sahara in Mali.

Modell:	Renault Kerax Schlesser
Baujahr:	2003
PS/kW:	450 PS/331 kW
Hubraum ccm:	11 100
Motortyp:	R/6 Zylinder

Renault Kerax 666

Die berühmte, manche Leute sagen auch die berüchtigte, Rallye Paris-Dakar mauserte sich im Laufe der letzten 20 Jahre von der schicken Veranstaltung der Gentlemen-Driver zum knallharten Langstreckenrennen für Profi-Rallyefahrer. Die erstklassig präparierten Servicefahrzeuge Kerax 666 von Renault sind mit einem Reifenluftdrucksystem ausgerüstet, bei dem der Luftdruck vom Cockpit aus geregelt werden kann.

Modell:	Renault Kerax 666
Baujahr:	2003
PS/kW:	412 PS/303 kW
Hubraum ccm:	11 100
Motortyp:	R/6 Zylinder

Renault Mack Race Truck

Seitdem Renault Hauptaktionär der amerikanischen Unternehmensgruppe Mack ist, werden auch Mack-Motoren in Renault-Trucks eingebaut. Mit dem silbernen Renault Mack wurde Dominique Lacheze dreimaliger französischer Meister. Dominique bewegt seinen wuchtigen Hauber auch auf regennasser Piste am Limit, wie das Foto von der Zielgeraden des Nürburgring zeigt.

Modell:	Renault Mack Race Truck
Baujahr:	2000-2004
PS/kW:	800 PS/592 kW
Hubraum ccm:	12 000
Motortyp:	R/6 Zylinder Mack

Renault Premium Race Truck

Frankie Voijtisek ist mit seinem werksunterstützten Renault Premium bei nasser Fahrbahn ganz vorne mit dabei. Es fehlt den französischen Race Trucks in der Beschleunigung gegenüber den um etwa 80 PS stärkeren und im Hubraum größeren MAN-Race Trucks etwas an Leistung, aber in der Straßenlage sind die Renault jetzt schon Spitzenklasse.

Modell:	Renault Premium Race Truck
Baujahr:	2004
PS/kW:	980 PS/726 kW
Hubraum ccm:	11 800
Motortyp:	R/6 Zylinder

Renault Radiance

Zur IAA 2004 präsentierte Renault die Aufsehen erregende Studie Radiance. Im Gegensatz zu manchen anderen Designerstudien ist der Radiance voll fahrfähig und mit den modernsten Sicherheitssystemen ausgerüstet. Wie bei einem Airbus-Passagierflugzeug wird der Radiance über ein elektronisches Lenksystem gesteuert. Die verletzungsträchtige Lenksäule fällt beim Steer by wire-System weg. Der Renault Radiance ist also weit mehr als eine elegante Designerstudie.

Modell:	Renault Radiance
Baujahr:	2004
PS/kW:	480 PS/353 kW
Hubraum ccm:	12 000
Motortyp:	R/6 Zylinder

Scania R500

Nicht ganz zu unrecht bezeichnet der deutsche Besitzer seinen tollen Scania-Show Truck als „Monument Truck". Das fahrende Kunstwerk entstand bei der Firma HS Schoch in Lauchheim.

Modell:	Scania R500
Baujahr:	2002
PS/kW:	500 PS/368 kW
Hubraum ccm:	15 600
Motortyp:	V8 Zylinder

Scania 124L

Das Foto zeigt die oft relativ schmalen Fernstraßen in Skandinavien. Bei schlechten Sichtbedingungen und frühem Wintereinbruch wird hier den Fahrern alles abverlangt. Scania gilt deshalb als einer der schlagkräftigsten Pioniere im Bereich der Sicherheitstechnik von schweren Trucks.

Modell:	Scania 124L
Baujahr:	2002
PS/kW:	470 PS/345 kW
Hubraum ccm:	11 700
Motortyp:	R/6 Zylinder

Scania – Hartnäckigkeit zahlt sich aus

Im Vergleich zum schwedischen Bruder Volvo ist Scania etwas kleiner geraten. Dennoch holen die Scanias auf fast allen Exportmärkten kontinuierlich in den Zulassungszahlen auf und erfreuen sich auch in Deutschland größter Beliebtheit unter den Fernfahrern. Mit ein Grund für den Erfolg ist die konsequente Modellpflege aller vier Baureihen und sicher auch das unverwechselbare Aussehen. Mit eigenen Fabriken in ganz Europa, aber auch in Argentinien, Brasilien und Mexiko ist Scania bestens aufgestellt.

Scania 93M

Dieses Entsorgungsfahrzeug von Scania trifft man in Norwegen fast in jeder Gemeinde an. Über Scania/Deutschland wurden im Jahr 2008 ca. 4700 Scania-Lastwagen verkauft.

Modell:	Scania 93M
Baujahr:	2002
PS/kW:	230 PS/169 kW
Hubraum ccm:	8900
Motortyp:	R/5 Zylinder

Scania R500 4x2

Ist der Wagen dicht? Wo dringt Wasser zwischen den Blechen ein und löst damit Korrosion aus? Der Wasserdichtheitstest ist ein wichtiger Schritt für die Serienproduktion, denn selbst kleinste Änderungen in der Karosserieform können zu Problemen führen, die letztlich dem Image der Marke schaden. Die Scania R-Serie wurde 2005 zum „Truck of the Year" gekürt.

Modell:	Scania R500 4x2
Baujahr:	2003
PS/kW:	500 PS/368 kW
Hubraum ccm:	15 600
Motortyp:	V8 Zylinder

Scania T500

Holländische Spediteure sind bekannt für die raffinierten Lackierungen ihrer Trucks. Wiedererkennungswert: top. Die berühmten italienischen Designer Giorgio Giugiaro und Bertone waren in den letzten Jahren maßgeblich für das Styling der attraktiven Scania-Linien verantwortlich.

Scania R470 4x2

Wie im Juli 2004 geschehen, kann es in Norwegen noch in den Höhenlagen schneien. Entsprechend rigoros fallen die Testfahrten bei winterlichen Bedingungen aus. Auf unserem Foto wird gerade ein ESP-Test mit der R-Baureihe angegangen.

Modell:	Scania R470 4x2
Baujahr:	2003
PS/kW:	470 PS/345 kW
Hubraum ccm:	11 700
Motortyp:	R/6 Zylinder

Modell:	Scania T500
Baujahr:	2003
PS/kW:	500 PS/368 kW
Hubraum ccm:	15 600
Motortyp:	V8 Zylinder

Scania 144G

Auch im hohen Norden Skandinaviens sind die Palfinger-Ladekrane die ideale Lösung für den Einmannbetrieb. Derzeit kann der schwedische Hersteller über ein Vertriebsnetz in über 100 Ländern seine Lastwagen, Busse sowie Industrie- und Bootsmotoren anbieten.

Modell:	Scania 144G
Baujahr:	2003
PS/kW:	460 PS/338 kW
Hubraum ccm:	11 700
Motortyp:	R/6 Zylinder

Scania T124 Race Truck

Der Holländer Cees Zandbergen investierte viel Zeit und Geld in diesen hervorragend präparierten Scania T124. Bei der hart umkämpften Europameisterschaft der Race Truck-Klasse ist dieser Scania-Hauber ganz vorn mit dabei.

Modell:	Scania T124 Race Truck
Baujahr:	2003/2004
PS/kW:	930 PS/683 kW
Hubraum ccm:	11 900
Motortyp:	R/6 Zylinder

Scania P 124 Race Truck

Ohne technische und finanzielle Werksunterstützung fiel in der hochentwickelten Klasse der Super Race Trucks den privaten Teams das Siegen schwer. Dennoch lebt die Serie nicht zuletzt von couragierten privaten Teams, die neue Fahrzeuge wie diesen Scania P 124 tunen. Seit 2006 finden nur noch Rennen der Race Truck-Klasse statt.

Modell:	Scania P 124 Race Truck
Baujahr:	2003
PS/kW:	900/667
Hubraum:	11 860 ccm
Motortyp:	R/6 Zylinder

Scania R580 6x2

Mit 580 PS ist dieser Scania einer der starken Trucks, die weltweit in Serie gebaut werden. Hier arbeitet ein weiterentwickelter V8-Motor mit fast 16 Litern Hubraum unter der Motorhaube. Beeindruckend ist das maximale Drehmoment von 2700 Nm/min zwischen 1100 und 1300 U/min. Für Schwersttransporte wird diese Leistung heute verlangt.

1996 bis heute

Modell:	Scania R580 6x2
Baujahr:	2004
PS/kW:	580 PS/426 kW
Hubraum ccm:	15 600
Motortyp:	V8 Zylinder

Modell:	Scania P 420
Baujahr:	2005
PS/kW:	420 PS/309 kW
Hubraum ccm:	12 000
Motortyp:	R/6 Zylinder

Scania P 420

Weitverbreitet ist der P 420 als Transporter im regionalen Verteiler- und Baustellenverkehr sowie mit diversen Spezialausrüstungen wie beispielsweise als Kühlwagen oder Autotransporter. Antrieb, Bremsen und Fahrgestell sind für häufiges Anfahren und Bremsen im Regionalverkehr ausgelegt. Die Scania P-Serie wird mit 230 bis 420 PS angeboten.

Scania R470

Mit voller Last den Pass hinauf? Hier zeigt sich die Stärke der neuen Motorengeneration. Scanias Sechszylindermotor entwickelt zwischen 1050 und 1350 U/min das maximale Drehmoment mit 2200 Nm/min, was ein sehr guter Wert ist.

Modell:	Scania R470
Baujahr:	2004
PS/kW:	470 PS/345 kW
Hubraum ccm:	11 700
Motortyp:	R/6 Zylinder

Seddon-Atkinson Strato Race Truck

Von 1907 bis 1970 war die berühmte, für ihre solide Technik bekannte britische Firma Atkinson selbstständig. Dann wechselten die Besitzverhältnisse alle paar Jahre. Heute gehört die Firma zum Iveco-Konzern. Mit einer recht innovativen Modellreihe sieht die Zukunft wieder positiver aus. Der Strato war das Spitzenmodell in der mittelschweren Baureihe.

Modell:	Seddon-Atkinson Strato Race Truck
Baujahr:	2003/2004
PS/kW:	920 PS/681 kW
Hubraum ccm:	11 980
Motortyp:	R/6 Zylinder

Sisu 12/460

Renault vertreibt die soliden finnischen Sisu-Trucks in Europa. In Finnland oder den osteuropäischen Ländern sieht man die Sisu-Laster häufig beim schwierigen Holztransport in den endlosen Wäldern. Neben den bekannten Caterpillar-Motoren kommen nun auch Cummins-Sechszylinder zum Einbau.

Modell:	Sisu 12/460
Baujahr:	2003
PS/kW:	460 PS/338 kW
Hubraum ccm:	12 800
Motortyp:	R/6 Zylinder

Modell:	Sisu SR 340
Baujahr:	1997-1999
PS/kW:	980 PS/726 kW
Hubraum ccm:	12 000
Motortyp:	R/6 Zylinder

Sisu – Starker Finne

Obwohl Renault die starken Sisu-Trucks in Europa vertreibt, ist Sisu nach wie vor ein eigenständiges Unternehmen, das mehrheitlich dem finnischen Staat gehört. Sisu baut seine schweren Trucks nach Kundenwunsch und rüstet sie mit den amerikanischen Cummins- und Caterpillar-Motoren aus.

Sisu SR 340 Race Truck

Die finnischen Sisu-Renntrucks gaben in den 90er Jahren in der Race Truck-Klasse oft den Ton an. Mit zwei Europameisterschaften auf dem Konto düpierte Martin Koloc 1995 und 1996 die Kollegen aus den Lagern von MAN und Mercedes-Benz. Dann übernahm Heinz-Werner Lenz auf dem Mercedes 1838-S das Ruder und siegte in den nächsten drei Jahren. Der Sisu SR 340 wird von einem amerikanischen Caterpillar-Motor angetrieben.

Sisu E 18

Das Modell war 2003 Europas stärkster Serientruck mit 630 PS an den Hinterachsen und wurde in Finnland hergestellt. Die Sisu-Trucks errangen schon einige Titel bei der Europameisterschaft der Trucks. Technisch gesehen bestehen die Sisu aus einem Fahrerhaus vom Renault Premium und Caterpillar-Motoren mit Fuller-Getriebe.

Modell:	Sisu E 18
Baujahr:	2003
PS/kW:	630 PS/463 kW
Hubraum ccm:	18 000
Motortyp:	R/6 Zylinder

Sisu SL 250 Race Truck

Dieser aufregend gestylte finnische Sisu SL 250 startet 2004 mit beachtlichem Erfolg bei der Britischen Meisterschaft. Fahrer ist David Jenkins. Durch die Hubraumbeschränkung auf 12 000 ccm ist ein Start bei der Europameisterschaft im Jahr 2004 leider nicht mehr erlaubt.

Modell:	Sisu SL 250 Race Truck
Baujahr:	2003/2004
PS/kW:	1050 PS/778 kW
Hubraum ccm:	13 600
Motortyp:	R/6 Zylinder

Skoda 400 Xena Race Truck

Der kompakte Skoda 400 wird von einem Sechszylinder von Detroit Diesel angetrieben. Frankie Vojtisek gelang 1998 das Kunststück, vier Mal als Sieger bei der Europameisterschaft zu punkten. Bei vier weiteren Läufen war Frankie in den Qualifikationsrennen ganz vorne. Ein Jahr später sah die Bilanz für das tschechische Team weniger erfreulich aus. Laut Reglement darf die 160 km/h-Marke nicht überschritten werden. Der Skoda war mehrfach zu schnell und bekam einige Zeitstrafen verpasst, die sich in den Platzierungen negativ auswirkten.

Modell:	Skoda 400 Xena Race Truck
Baujahr:	1998/1999
PS/kW:	960 PS/706 kW
Hubraum ccm:	11 980
Motortyp:	R/6 Zylinder

Tatra Swing Betonpumpe

Mit bedeutenden Militäraufträgen konnten alle osteuropäischen Hersteller jahrzehntelang immer rechnen. Die luftgekühlten Tatra-Lastwagen lassen sich einfach warten und überzeugen durch ihre Robustheit im schwierigen Terrain. Glasnost brachte dann die Wende. Tatra musste sich nach neuen Abnehmern umsehen. Seit 2006 gehört das Unternehmen zur tschechischen Blue River Group.

Modell:	Tatra Swing Betonpumpe
Baujahr:	1996
PS/kW:	360 PS/265 kW
Hubraum ccm:	12 700
Motortyp:	V8 Zylinder

Modell:	Tatra Terrno 4x4
Baujahr:	1996
PS/kW:	310 PS/228 kW
Hubraum ccm:	12 700
Motortyp:	V8 Zylinder

Tatra Terrno 4x4

Mittelständische Hersteller müssen sich auf wenige Grundtypen konzentrieren, sonst laufen die Kosten für Entwicklung und Herstellung aus dem Ruder. Tatra behielt in seiner langen, oft schwierigen Firmengeschichte die Kontrolle und steht heute weitaus besser da als vor 20 Jahren.

Tatra Terrno

Im schweren Offroad-Einsatz haben sich die kernigen Baustellentrucks von Tatra bestens bewährt. Hier zeigen sich die Stärken des Allradkonzepts mit dem von vielen Experten als genial bezeichneten Zentralrohrrahmen und der Einzelradaufhängung. Unser Foto zeigt einen Kässbohrer Leichtmetallauflieger mit Hinterkippeinrichtung.

Modell:	Tatra Terrno
Baujahr:	1996
PS/kW:	310 PS/228 kW
Hubraum ccm:	12 700
Motortyp:	V8 Zylinder

Tatra 815

Seit 1998 wird die Baureihe Tatra 815 mit deutlich sichtbarem Erfolg verkauft. Die meisten osteuropäischen Bauunternehmen setzen auf diesen robusten Laster, der mit einem luftgekühlten V8-Motor ausgerüstet ist. Das Foto wurde im Herbst 2004 bei Marienbad aufgenommen. Der Wagen verfügt über einen Zentralrohrrahmen mit Pendelachsen und natürlich Allradantrieb.

Modell:	Tatra 815
Baujahr:	2000
PS/kW:	283 PS/208 kW
Hubraum ccm:	12 700
Motortyp:	V8 Zylinder

Tatra Jamal Evo 2 Super Race Truck

Der Renneinsatz der werksunterstützten Tatra verläuft derzeit noch in bescheidenen Bahnen, aber das Zeug zum Siegertyp hat der Tatra Jamal allemal. Stan Matejovsky fährt seit vielen Jahren Truck-Rennen und setzt alles daran, auf das Siegertreppchen zu gelangen. Dazu treibt ihn der höchst erfolgreiche Einsatz der Buggyra Super Race Trucks aus dem eigenen Land wohl an.

Modell:	Tatra Jama Evo 2 Super Race Truck
Baujahr:	2003/2004
PS/kW:	1250 PS/926 kW
Hubraum ccm:	12 000
Motortyp:	R/6 Zylinder MAN

Wochenlange Vorarbeiten sind für jeden Schwersttransport in den Alpen nötig. Hier wird die berühmte Schweizer Präzisionsarbeit am Julierpass demonstriert. Der Scheuerle-Seitenträger lässt sich in der Breite um einen Meter verstellen. Auch in der Höhe kann die Last um 1,5 Meter über Normal mittels Hydraulik verändert werden.

Toyota Dyna 125 HT

Mit deutlich gefälligeren Formen und modernen Motoren zeigt sich der Toyota-Kleinlaster vom Typ Dyna. Common rail-Dieseltechnik und Turbolader gehören nun zum Standard dieser sehr erfolgreichen Baureihe, die bislang noch nicht in Deutschland verkauft wird.

Modell:	Toyota Dyna 125 HT
Baujahr:	2004
PS/kW:	125 PS/92 kW
Hubraum ccm:	2980
Motortyp:	R/4 Zylinder

Modell:	Volvo FH12 Globetrotter
Baujahr:	2000
PS/kW:	340 PS/252 kW
Hubraum ccm:	12 100
Motortyp:	R/6 Zylinder

Toyota Dyna 125 LT

Vergleicht man die Kleinlastwagen von Toyota und die der Tochtergesellschaft Hino, dann fällt auf, dass hier zweigleisig gefahren wird. Der Hino Dudro entspricht äußerlich diesem Toyota Dyna. Unter der Motorhaube arbeiten jedoch unterschiedlich starke Motoren.

Modell:	Toyota Dyna 125 LT
Baujahr:	2004
PS/kW:	125 PS/92 kW
Hubraum ccm:	2980
Motortyp:	R/4 Zylinder CDi

Volvo – Wachstum auf breiter Front

In der Nutzfahrzeugbranche gelten andere Gesetze als im Markt für Personenwagen. Volvo verdiente in den 90er Jahren durch seine besonders erfolgreiche Modellserie F88/F89 so viel Geld, dass sich der schwedische Konzern in der Lage sah, nicht nur White in den USA zu übernehmen. Volvo ist nun fast auf jedem Kontinent mit eigenen Fabriken vertreten, sei es in Australien, Südamerika, Nordamerika oder auch Indien. So nimmt es nicht Wunder, dass sich Volvo hinter DaimlerChrysler zum zweitgrößten Lastwagenproduzenten weltweit entwickelte. Mit der Übernahme von Renault wurde diese Position auch in Europa gefestigt.

Volvo FH12 Globetrotter

Ab 1993 verkaufte Volvo seinen FH12 mit bestem Erfolg. Ein wesentlicher Grund für diesen Kassenschlager war das deutlich komfortablere Fahrerhaus gegenüber den Vorgängern. Der Name Globetrotter trifft den Nagel auf den Kopf, denn die meisten Fahrer im Fernverkehr sehen sich durchaus in dieser Rolle.

Volvo FH12 6x4

In Norwegen reduziert sich der Straßenbau auf wenige Monate im Jahr. 2004 schneite es noch am 1. Juli hier in der Nähe von Trondheim, 14 Tage später brannte die Sonne mit fast 30 Grad auf Mensch und Laster herab. Die robusten Volvo FH12 6x4 sind hier auf fast jeder Großbaustelle an der Arbeit. Die Motorisierung reicht von 340 bis 460 PS, dieser Truck ist mit 460 PS ausgerüstet.

Modell:	Volvo FH12 6x4
Baujahr:	2001
PS/kW:	460 PS/341 kW
Hubraum ccm:	12 100
Motortyp:	R/6 Zylinder

Volvo FH12 Globetrotter XL

Der Größenvergleich zwischen den unterschiedlich großen Schlafkabinen der Globetrotter- Baureihe ist beeindruckend und entspricht „amerikanischen Vorstellungen". Die Globetrotter-Kabinen können mit so praktischen Dingen wie einem Mikrowellenherd, Kühlschrank, einer Toilette mit Waschgelegenheit, aber auch als fahrendes Büro eingerichtet werden.

Modell:	Volvo FH12 Globetrotter XL
Baujahr:	2003
PS/kW:	460 PS/341 kW
Hubraum ccm:	12 100
Motortyp:	R/6 Zylinder

Volvo FM12

Bei der neuen Bauserie FM baute Volvo im Jahr 2004 den neuen D9A-Motor ein, der statt 12,1 Litern Hubraum 9,4 Liter aufweist. Unter identischen Bedingungen werden sechs Prozent weniger Kraftstoff verbraucht als beim bisherigen D10-Motor mit 9,6 Litern Hubraum. Dafür verantwortlich sind das elektronische Motormanagement und die Mikroprozessortechnologie, die für optimale Betriebsbedingungen sorgen.

Modell:	Volvo FM12
Baujahr:	2004
PS/kW:	380 PS/281 kW
Hubraum ccm:	9400
Motortyp:	R/6 Zylinder

Volvo FH16

Mit schwerer Last wartet dieser norwegische Volvo FH16 auf das Startkommando, wenn der Pass zum Geirangerfjord frei ist. Bei teilweise 10-prozentiger Steigung entwickelt der 610 PS starke D16 C-Motor ein Drehmoment von 2 800 Nm. Die 550 PS-Ausführung bringt es auf beachtliche 2500 Nm.

Modell:	Volvo FH16
Baujahr:	2003
PS/kW:	610 PS/452 kW
Hubraum ccm:	16 000
Motortyp:	R/6 Zylinder

Modell:	Volvo FM12 Race Truck
Baujahr:	2002/2004
PS/kW:	980 PS/726 kW
Hubraum ccm:	11 880
Motortyp:	R/6 Zylinder

Volvo FH16 700

Der FH16 700 ist seit Januar 2009 der stärkste Serien-Truck der Welt und natürlich das Flaggschiff bei Volvo. Mit diesem aerodynamischen und im Innenraum luxuriösen Giganten ernten Trucker Bewunderung und neidvolle Blicke. Er bewältigt spielend schwerste Anforderungen, ob in den Wüsten Australiens oder in den Rocky Mountains.

Modell:	Volvo FH16 700
Baujahr:	2009
PS/kW:	700 PS/515 kW
Hubraum ccm:	16 000 ccm
Motortyp:	R/6 Zylinder Turbolader

Volvo FM12 Race Truck

In der Europa- und bei der Britischen Meisterschaft startete der Engländer Paul Alan McCuminsky mit seinem blauen Volvo FM12. Das Chassis ist länger als beim ähnlich aufgebauten FL10-Typ der sich nach Aussagen der Fahrer meist besser für die oft relativ engen Kurvenkombinationen eignet. Dafür sind die Geradeaus-Lauf-eigenschaften bei Regen mit dem langen Fahrwerk deutlich angenehmer, meint der Besitzer mit einem Augenzwinkern.

Volvo-White Class 5 Race Truck

Die amerikanischen Werke White Truck wurden in den 90er Jahren von Volvo übernommen und gründlich modernisiert. Dieser kompakte Class 5-Truck arbeitete in den USA fünf Jahre lang im Nahverkehr und diente dem Briten Rob Gibbon als passendes Trainingsgerät für größere Taten bei der nationalen Meisterschaft.

Modell:	Volvo White Class 5 Race Truck
Baujahr:	1998
PS/kW:	600 PS/444 kW
Hubraum ccm:	12 980
Motortyp:	R/6 Zylinder CAT

Volvo-White Short Track Racer

Etwa 50 Meter vor der nächsten Kurve wird der Wagen durch eine kurze Lenkbewegung angestellt, und dann geht es mit dosierter Power quer durch die Kurve. Neulinge müssen sich vor dem ersten Rennen einem Track-Test unterziehen, denn wenn einer die Kunst des Driftens nicht beherrscht, gefährdet er das gesamte bis zu 33 Wagen starke Feld.

Modell:	*Volvo-White Short Track*
Baujahr:	*1999*
PS/kW:	*850 PS/630 kW*
Hubraum ccm:	*11 800*
Motortyp:	*R/6 Zylinder*

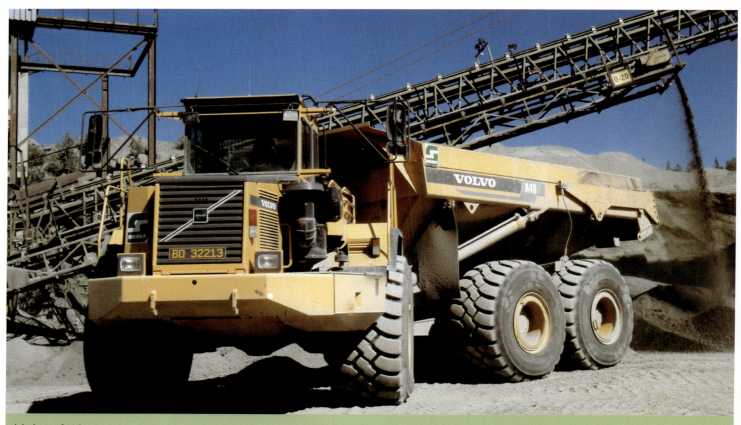

Volvo A40

Alle Volvo-Knicklenker werden im Baukastensystem gefertigt. Die Bezeichnung A40 bedeutet eine Nutzlast von 40 sht (amerikanische Tonneneinheit), die 37 DIN-Tonnen bei uns entspricht. Eine patentierte Be- und Entladebremse verkürzt die Wartezeiten auf ein Minimum bei der täglichen Akkordarbeit in diesem Gewerbe, wo jede Sekunde zählt.

Modell:	*Volvo A40*
Baujahr:	*2000*
PS/kW:	*426 PS/313 kW*
Hubraum ccm:	*12 000*
Motortyp:	*R /6 Zylinder*

Volvo A30 D

Volvo ist inzwischen weltweit der Marktführer bei knickgelenkten Dumpern. Mit dazu beigetragen hat eine konsequente Erneuerung der ganzen Baureihe D in den letzten Jahren. Schon optisch unterscheiden sich die neuen Typen durch ihre runden Fahrerkabinen von den älteren, recht kantigen Vorgängern.

Modell:	*Volvo A30 D*
Baujahr:	*2004*
PS/kW:	*343 PS/254 kW*
Hubraum ccm:	*9400*
Motortyp:	*R/6 Zylinder*

VW – Die südamerikanische Erfolgsstory

VW do Brasil gelang es, aus dem Nichts eine Modellreihe auf die Beine zu stellen, die auch in Deutschland einschlagen könnte. Innerhalb weniger Jahre avancierte VW do Brasil dort zum Spitzenreiter der Branche, obwohl auch Mercedes do Brasil, Iveco und die amerikanischen Hersteller hier seit vielen Jahren aktiv sind. Im Frühjahr 2009 verkaufte die Volkswagen AG das südamerikanische Unternehmen an die MAN-Gruppe.

1996 bis heute

VW T5 Langholzwagen

Nicht alle Tage sieht man diesen VW T5 als Langholztransporter. Schweizer Spediteure schwören auf die kleinen Sattelzugmaschinen, mit denen man ohne Mühe kurvenreiche Strecken im Eiltempo bewältigen kann.

Modell:	VW T5 Langholzwagen
Baujahr:	2004
PS/kW:	130 PS/96 kW
Hubraum ccm:	2460
Motortyp:	R/5 Zylinder TDI

VW L80

Der etwas nüchtern auftretende VW L80 überzeugt kühle Rechner durchaus mit seinen inneren Qualitäten. So bringt der 4,3-Liter-Motor sein bestes Drehmoment von 430 Nm schon bei 1600 U/min. Maximales Gesamtgewicht 7700 kg. Auf der Basis des L80 entwarfen die Wolfsburger die Baureihe Titan in Brasilien, die sich hervorragend verkauft.

Modell:	VW L80
Baujahr:	2000
PS/kW:	140 PS/103 kW
Hubraum ccm:	4300
Motortyp:	R/4 Zylinder

VW Titan 17.200

Im Jahr 2004 wurde in Mexiko ein weiteres südamerikanisches VW-Montagewerk eröffnet, das mit Teilen der brasilianischen Titan-Produktion beliefert wird. Bei diesem VW Titan ist ein sparsamer Sechsliter-Cummins-6BTAA-Turbo-Intercooler eingebaut. Das Tankvolumen beträgt bei den riesigen Entfernungen, die in diesem Land gefahren werden, bis zu 2 x 275 Liter.

Modell:	VW Titan 17.200
Baujahr:	2004
PS/kW:	214 PS/157 kW
Hubraum ccm:	5883
Motortyp:	R/6 Zylinder Cummins

VW Titan Allrad 15.180

Die brasilianischen Kunden bevorzugen bei der Titan-Bauserie die amerikanischen Cummins-6BTAA-Intercooler-Motoren oder setzen auf die brasilianischen MWM-6.10 TCA-Sechszylinder. Die Lenkung kommt von ZF, das Getriebe von Eaton. In der modularen Produktion sind Sonderwünsche kein Problem, wie dieser ansehnliche Allradler beweist.

Modell:	VW Titan Allrad 15.180
Baujahr:	2004
PS/kW:	310 PS/228 kW
Hubraum ccm:	8270
Motortyp:	R/6 Zylinder Cummins

Modell:	VW Titan 18.310
Baujahr:	2004
PS/kW:	303 PS/223 kW
Hubraum ccm:	8270
Motortyp:	R/6 Zylinder Cummins

VW Titan 18.310

Mit einem Marktanteil von 34,3 Prozent und 21 006 verkauften Lastwagen zwischen sieben und 45 Tonnen wurde VW do Brasil 2003 erstmals Marktführer im gesamten brasilianischen Truck-Markt, der als besonders hart umkämpft gilt.

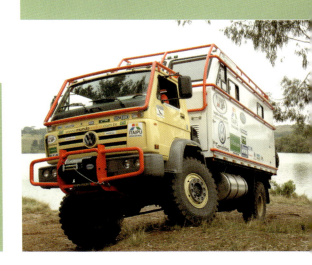

VW-Titan SRT

VW steigt ins Renngeschäft ein. Das war zu Beginn der Rennsaison 2004 die beste Schlagzeile seit Jahren, in denen sich immer deutlicher abzeichnete, dass selbst DaimlerChrysler, MAN und Caterpillar die kostspielige Rennbeteiligung auf den Prüfstand setzte. Der inzwischen überaus sieggewohnte gelbe VW-Titan SRT startete in der Super Race Truck-Europameisterschaft und gewann auf Anhieb mit Markus Oesterreich die Europameisterschaft von 2004.

Modell:	VW-Titan SRT
Baujahr:	2004
PS/kW :	1300 PS/957 KW
Hubraum ccm:	12 000
Motortyp:	R/6 Zylinder PAM

VW Constellation 31.370

Der Constellation wurde entwickelt für die Märkte südlich des Äquators und tritt hierzulande nur als Renn-Truck in Erscheinung. Während man in Europa den Giganten also nur auf abgesperrten Pisten begutachten kann, ist er auf der Südhalbkugel dieser Erde ein Arbeitsgerät. In Brasilien, wo VW Marktführer unter den Lkw-Herstellern ist, wird der Constellation seit dem Frühjahr 2006 ausgeliefert. Das Foto zeigt den Truck bei der Zuckerrohrernte in Brasilien, wo er seine 63 Tonnen Zugkraft voll ausspielen kann.

Modell:	VW Constellation 31.370
Baujahr:	2006
PS/kW:	367 PS/273 kW
Hubraum ccm:	9 354
Motortyp:	R/6 Zylinder

War-Wagon Jet Truck

Was mag wohl der „Feind" denken, wenn er dieses sagenhafte Gefährt erblickt? Mit 16 000 PS im Heck beschleunigt dieser „Panzer" von Null auf 410 km/h in knapp fünf Sekunden! Der Afterburner gibt die Kraft, wie man sieht. Unser Fahrer ist Versicherungskaufmann und war bislang schon drei Mal verheiratet. Kein Wunder bei diesem Hobby, das nur von ganz nervenstarken Ehefrauen akzeptiert werden dürfte.

Modell:	War-Wagon Jet Truck
Baujahr:	2004
PS/kW:	16 000 PS/11 852 kW
Hubraum ccm:	entfällt
Motortyp:	General Electric Gasturbine

Western-Cummins Short Track Racer

Den Gegner im Nacken! Beim finalen Rennen starten die Sieger der Qualifikationsrennen ganz hinten als letzte im Feld der 33 Starter. Die Aufholjagd durch den ganzen Pulk gelingt in den seltensten Fällen, denn die Konkurrenz profitiert von jeder Runde an der Spitze durch zusätzliche Preisgelder, die für die jeweils drei führenden Fahrer ausgeschüttet werden.

Modell:	Western-Cummins Short Track Racer
Baujahr:	1998
PS/kW:	1100 PS/815 kW
Hubraum ccm:	14 800
Motortyp:	R/6 Zylinder

Modell:	Western Star Jet Truck
Baujahr:	1999–2002
PS/kW:	18 000 PS/13 333 kW
Hubraum ccm:	entfällt
Motortyp:	Gasturbine

Western Star Jet Truck

Mit 18 000 PS über die Ziellinie. Jet-befeuerte Show Trucks sind eine Attraktion, die jeden Zuschauer vom Sitz reißen. Dieser Anfang der 2000er Jahre schnellste amerikanische Renntruck mit Jetantrieb wurde von einer Pratt & Whitney befeuert, die aus einem Jagdflugzeug stammte. Die deutlich tiefer gelegte Karosserie besteht aus Kevlar und GFK. Das verwindungssteife Chassis wurde aus Aluminium zusammengeschweißt, das mit einem soliden Gitterrohrrahmen kombiniert wird. Mit 320 km/h Spitze nach 402 Metern „Anlauf" hat sich die Arbeit gelohnt.

White-Molson Short Track Racer

Rußfilter waren in den 90er Jahren bei den amerikanischen Short Track Racern noch ein Fremdwort, aber das änderte sich, weil jeder Staat eigene Abgasgesetze erlassen kann.

Modell:	White-Molson Short Track
Baujahr:	1996
PS/kW:	850 PS/630 kW
Hubraum ccm:	14 800
Motor:	R/6 Zylinder

Western Short Track Racer

Dieser in Kanada gebaute Western Truck errang zwei Mal die amerikanische Meisterschaft der Oval-Racer, die nicht ausschließlich auf Sandpisten ausgetragen wird. Von den über 2000 (!) ovalen Rennstrecken sind 73 Rennstrecken zwischen 400 und 800 Metern Streckenlänge asphaltiert. In einer Saison werden 36 Rennen zur Meisterschaft gewertet.

Modell:	Western Short Track
Baujahr:	2000
PS/kW:	1350 PS/1000 kW
Hubraum ccm:	15 800 ccm
Motortyp:	V8

Bildquellen

Besonderer Dank gilt dem Kollegen Reinhard Lintelmann aus Espelkamp, der in diesem Buch seine einmaligen Dampflastwagenraritäten auffahren ließ, und Hanspeter Tschudy aus Chur/Schweiz, der sich in besonderer Weise für die Pflege der legendären Schweizer Automobilgeschichte einsetzt. Die folgenden Firmen unterstützten uns mit wertvollen historischen und aktuellen Bildern und Dokumenten: Adam Opel AG, Citroen Deutschland, DAF Trucks Deutschland, DaimlerChrysler, MediaServices Team, Dr. Ing. h.c. Porsche AG, Faun-Tadano, Fiat Automobil AG, Foden Cars LTD, Ford Werke, International Navistar Inc., Iveco-Communication, Kässbohrer Geländefahrzeuge, Kamaz Russland, Kenworth Truck Company, MAN Nutzfahrzeuge, Mitsubishi Motors Deutschland, Moxy Engineering AS Norwegen, PACCAR Inc. USA, Renault Trucks Deutschland, Saurer Oldtimer Club Arbon/CH, Scania Deutschland, Steyr MAN Österreich, Volvo Trucks Deutschland, VW Nutzfahrzeuge, Western Star Inc. USA
Alle weiteren Aufnahmen entstammen dem Archiv des Autors.